致 Kyriaki 和 G. G. G.

一沙一世界，

一花一天堂。

无限掌中置，

刹那成永恒。

威廉·布莱克，《天真的预言》(1803)

——徐志摩　译

光 子 晶 体

——控制光流

(原书第二版)

Photonic Crystals

Molding the Flow of Light

(Second Edition)

〔美〕John D. Joannopoulos　Steven G. Johnson
Joshua N. Winn　Robert D. Meade　著
谭海云　吴雪梅　译

科 学 出 版 社
北　京

图字：01-2020-4020 号

内 容 简 介

本书为光子晶体领域的经典教科书。第 1 章对全书进行了综述。第 2 章描述了混合介质系统的宏观电磁理论，证明描述磁场的方程是哈密顿方程。基于此事实，第 3 章对磁场行为做出了描述。第 4~6 章分别研究了一维、二维、三维光子晶体的电磁特性，阐述了光子带隙的物理起源，以及与之相关的电磁现象。第 7~9 章研究了一维周期介质波导、二维光子晶体板和光子晶体光纤。第 10 章阐述了时间耦合模式理论，以及与之相关的应用设计，还描述了光子晶体中的光学现象，如折射、衍射等。本书附录部分可以帮助读者了解相关基础知识。

本书主要用于光学工程、微波通信领域，可供本科生、研究生以及相关研究人员阅读和参考。

图书在版编目(CIP)数据

光子晶体：控制光流：原书第二版/(美)约翰 D.乔安普勒斯(John D. Joannopoulos) 等著；谭海云，吴雪梅译. —北京：科学出版社，2020.9
书名原文：Photonic Crystals: Molding the Flow of Light (Second Edition)
ISBN 978-7-03-066235-4

Ⅰ.①光… Ⅱ.①约… ②谭… ③吴… Ⅲ.①光学晶体–研究 Ⅳ.①O7

中国版本图书馆 CIP 数据核字(2020) 第 182483 号

责任编辑：周 涵 田轶静／责任校对：彭珍珍
责任印制：吴兆东／封面设计：无极书装

科学出版社 出版
北京东黄城根北街 16 号
邮政编码：100717
http://www.sciencep.com

涿州市般润文化传播有限公司印刷
科学出版社发行 各地新华书店经销
*
2020 年 9 月第 一 版 开本：720 × 1000 B5
2025 年 1 月第四次印刷 印张：15 1/4
字数：305 000

定价：148.00 元
(如有印装质量问题，我社负责调换)

译　者　序

书籍翻译是国际之间交流知识的重要手段。翻译本书的目的便是希望帮助国内的学者，特别是本科生和刚刚进入研究生阶段的学生。希望这本书能够提高他们对光子晶体相关课题的研究兴趣，帮助他们快速理解和掌握光子晶体的相关物理知识，甚至激发他们的灵感，帮助他们解决更加实际的问题。

本书大致可以分为以下部分：第 1 章为概述，第 2 章和第 3 章建立了本书的数学基石，并引出固体电磁学。第 4~6 章分别仔细描述了一维到三维光子晶体的电磁特性，包括光子带隙、点缺陷、线缺陷、表面态等。第 7~10 章着重于实际的应用分析。其中，第 7 章和第 8 章描述了有限高光子晶体的电磁特性，第 9 章对光子晶体光纤进行了大量实例分析，第 10 章着重介绍如何设计基于光子晶体的应用，本章还介绍了波在光子晶体内传输的有关现象。本书附录部分，既是对全书的总结，也简单介绍了相关物理背景知识。值得一提的是，本书包含大量注释，读者应当注意这些注释。尽管正文是主体，但是要想真正了解固体电磁学，这些注释以及背后的参考文献必不可少。

本书内容与原著内容尽量保持一致。当然，由于译者水平有限，翻译无法做到与原著完全契合。对于此，除了希望读者给予批评指正外，还建议读者在遇到疑惑时，可以参考英文原著，以正确理解相关知识。

我们衷心感谢苏州大学物理学院金成刚、黄天源、杨燕、崔美丽、胡一波、杨佳奇、季佩宇、陈佳丽、冯诚、张潇漫、戴佳敏、金雪莲、周铭杰、周岩、李茂洋、刘满星、胡胜胜提供的帮助。我们还要感谢苏州大学物理学院罗杰和光电科学与工程学院张程在翻译方面提供的专业见解。

苏州大学，苏州，2020 年

第二版序言

人们对本书第一版做出了积极回应，为此我们感到非常高兴。一个新领域诞生后，当人们在撰写第一本与之相关的教科书时，总会自然地产生一种担忧。人们非常希望这一领域能够继续发展壮大，但是，本书的主题会很快过时吗？为了缓解这一担忧，我们在第一版中进行了努力，着眼于这个新领域的基本概念和基础，并将任何有待商榷的研究排除在外。目前看来，即使该领域经历了十年之久，人们对第一版教科书仍然持续关注，因此第一版教科书已经取得了初步成功。当然，随着研究的深入，该领域出现了许多新现象，同时人们对旧现象有了更深刻的理解。因此，我们觉得是时候对第一版进行更新和扩展了。

在第二版中，我们力求阐述易于理解的新概念、现象和描述。随着时间发展，这些材料将经受住考验。

在第二版中，我们对第一版的一些章节进行了数次修订，同时对诸多章节进行了更新扩展。例如，在第二版中，第 2 章包含了微扰分析的章节，以及帮助人们了解离散频率和连续频率之间细微差异的章节。第 3 章介绍折射率引导的基础知识，并介绍了如何理解布洛赫波的传播速度。第 4 章添加了关于如何量化光子晶体带隙的章节，以及描述多层膜系统中全向反射现象的章节。第 5 章包含了关于点缺陷的扩展章节以及关于线缺陷和波导的章节。第 6 章进行了重大修订，以帮助人们了解三维光子晶体的许多新结构，包括几种众所周知的几何形状。第 7~9 章都是新的，分别描述了一维周期介质波导、二维光子晶体板和光子晶体光纤的混合光子晶体结构。第 10 章 (第一版的第 7 章) 仍然基于光子晶体的应用，但包含了更多示例。这一章也进行了章节扩展，包括关于时间耦合模式理论的介绍和应用，这是一种非常简单、方便但功能强大的分析技术，可以帮助人们了解和预测多种光子器件的行为表现。

我们也对第一版的两个附录进行了扩展。第二版中，在附录 C 中添加了二维和三维光子晶体的带隙大小以及最佳参数与折射率对比度的关系图。附录 D 对计算光子学进行了全新描述，并在频域和时域中进行了测量计算。

第二版还有两个主要改动。首先是国际单位制的改变，这只影响第 2 章和第 3 章中的一些方程，但 “主方程” 保持不变。其次，绘制电场和磁场的颜色表发生了变化。新颜色表是一个重大改进，它可以对场的局域性和符号相关性进行更清晰的描述，我们希望读者会认同。

我们要衷心地感谢麻省理工学院凝聚态理论小组的行政助理 Margaret O’Meara

所付出的所有时间和精力。我们也非常感谢我们的编辑 Ingrid Gnerlich，我们未能按时完成任务，感谢她的耐心和理解，以及她在整个过程中表现出的非凡善意。

我们也非常感谢以下同事：Eli Yablonovitch，David Norris，Marko Lončar，Shawn Lin，Leslie Kolodziejski，Karl Koch 和 Kiyoshi Asakawa，他们为我们提供了研究工作的原始插图。我们也感谢 Yoel Fink，Shanhui Fan，Peter Bienstman，Mihai Ibanescu，Michelle Povinelli，Marin Soljacic，Maksim Skorobogatiy，Lionel Kimerling，Lefteris Lidorikis，K. C. Huang，Jerry Chen，Hermann Haus，Henry Smith，Evan Reed，Erich Ippen，Edwin Thomas，David Roundy，David Chan，Chiyan Luo，Attila Mekis，Aristos Karalis，Ardavan Farjadpour 和 Alejandro Rodriguez，感谢他们与我们的合作。

剑桥，马萨诸塞州，2006 年

第一版序言

目前，光子晶体仍然是一个活跃的研究主题，因此，撰写一本关于光子晶体的书很困难。一部分挑战在于如何将研究论文直接翻译成教科书的文本，如果没有数十年课堂教学的经验，就没有现成的教学论据和练习可以借鉴。

更大的挑战在于确定本书应该包含哪些内容。人们不可能知道哪种方法经得起时间考验。因此，在本书中，我们只试图介绍我们认为光子晶体领域最有可能永恒的主题。也就是说，我们将介绍基本原理和已证实的结果，希望读者在阅读之后能够充分理解最新的文献。当然，随着研究深入，这些内容还有很多需要补充的地方，但是我们尽量保证不再删减任何东西。因此，我们忽略了新的、令人兴奋的结果，这些结果仍然有待商榷。

如果我们成功完成了上述挑战，那肯定是因为有数十名同事和朋友的帮助。与 Oscar Alerhand, G. Arjavalingam，Karl Brommer，Shanhui Fan，Ilya Kurland，Andrew Rappe，Bill Robertson，Eli Yablonovitch 的合作给了我们很大帮助。我们还要感谢 Paul Gourley 和 Pierre Villeneuve 对本书的贡献。此外，我们还要感谢 Tomas Arias 和 Kyeongjae Cho 的有益见解和启发性的谈话。最后，我们要感谢正在准备这本书稿的美国海军研究办公室和美国陆军研究办公室。

剑桥，马萨诸塞州，1995 年

目　录

第1章 简 介

1.1 控制材料的属性

人类对技术的许多真正突破都是基于对材料属性更深入的了解。从石器时代到铁器时代的崛起，可以说是人类对天然材料加深认知的故事。史前人类了解了石头的耐用性和铁的硬度，并使用它们制造工具。人类明白了地球上某一物质的属性，并学会了利用这种属性。

最终，早期的工程师学会了更多，而不是仅将从地球上获得的材料以原始形式呈现出来。通过对现有材料的反复改性，他们生产出了具有更理想性能的物质，包括早期带有光泽的青铜器，到如今坚固的钢材和混凝土等。今天，由于冶金、陶瓷和塑料的发展，人们拥有了一系列具有广泛机械性能的全人工材料。

在 21 世纪，人类对材料的控制已深入到电子层面。半导体物理学的进步使人们能够调整某些材料的导电性能，并在电子工业领域掀起了晶体管革命。这些领域对现代社会的影响极其深远，怎么说都不为过。借助新的合金及陶瓷，科学家发明了高温超导体和其他奇特的材料，这些材料可能构成未来技术的基础。

在过去的几十年中，人们开辟了一个新的领域。在这个领域内，人们希望能够控制材料的光学属性。如果设计出能够在理想频率范围内对光波做出预期反应的材料，比如，使其能够完美反射或允许它们仅在特定方向上传播，或者将它们约束在指定空间内，那么，未来的科技发展必将出现巨大进步。目前，一种简单的，用以引导光传播的光缆已经彻底改变了电信行业。而进一步的激光工程、高速计算和光谱学则是未来应用广泛的几个领域，它们将从光学材料的进步中获益。本书就是带着这些目标，希望促进光学材料发展而撰写的。

1.2 光 子 晶 体

哪种材料可以帮助人们完全控制光的传播？为了回答这个问题，可以参考已经取得成功的电子材料。其中，晶体是原子或分子的周期排列。原子或分子在空间中重复的模式是**晶格**。电子在具有周期势的晶体中运动，晶体的组成元素和晶格的几何形状决定了晶体的导电属性。

周期势中的量子力学理论曾经解释了物理学的一个巨大谜团：在导体中，为什么电子能够像气体扩散那样自由传播？它们是如何避免从连续分布的晶格中散射出来的？答案是：电子以波的形式传播，并且满足一些特定条件的电子波能够在周期势中传播，而不会发生散射 (但它们会被缺陷与杂质所散射)。

但是重要的是，晶格也能阻止特定电子波传播。晶体的能带结构中可能存在**带隙**，这意味着拥有特定能量的电子在特定方向无法传播。如果晶格势足够强，则带隙可以延伸并覆盖所有可能的传播方向，从而导致**完全带隙**。例如，半导体在价带与导带之间就有一个完全带隙。

在光子晶体中，通常以拥有不同介电常数的宏观介质替代原子或分子，以周期介电常数 (或等效地，以周期折射率) 替代周期势。如果晶体中材料的介电常数差异足够大，并且材料对光的吸收很小，那么来自不同界面的反射与折射可以使光子表现出类似于周期势中电子的行为。因此，**光子晶体**(一种低损耗的周期介质) 是控制和操控光的一种方法。特别是，可以设计并构造拥有**光子带隙**的光子晶体，来阻止光以特定频率 (或者特定波长范围，或光的 “颜色”) 在特定方向传播。此外，光子晶体可以操控光，使其以反常而有用的方式传播。

为了进一步发展这一概念，先来考虑金属波导和金属空腔与光子晶体的关系。金属波导和金属空腔广泛用于微波传播。金属空腔的壁使得频率低于某个阈值的电磁波无法传播；金属波导仅允许微波沿着它的轴向进行传播。对于频率不在微波范围内的电磁波，如可见光，某个拥有与金属波导和金属空腔相同电磁功能的材料将是非常有用的。但是，可见光能量在金属中会迅速耗散，致使金属波导或金属空腔无法推广应用于可见光。而光子晶体则可以涵盖更宽的频率范围，使空腔和波导的有用属性得以推广和扩展。人们可以构造具有给定几何结构的光子晶体来控制电磁波，比如，用毫米尺寸的光子晶体控制微波，或用微米尺寸的光子晶体控制红外光。

另一种广泛使用的光学器件是多层介质镜，比如，1/4 *波长多层膜*，由具有不同介电常数的交替材料层组成。特定波长的光照射到这种材料表面会被全反射。原因是：在每一层交界面，光波的一部分都发生了反射，如果传播空间是周期的，那么入射波的多重反射会产生相消干涉，从而消除前向传播波。Lord Rayleigh (瑞利爵士) 在 1887 年第一次对这一著名的现象做出了解释。此现象也是诸多应用的基础，包括介质镜，介质法布里–珀罗滤波器，以及分布式反馈激光器。它们都是具有一维周期结构的低损耗介质，这种结构就定义为*一维光子晶体*。即使是这些最简单的光子晶体也具有惊人特征。这种分层介质可设计成一种全向反射器。它可以反射以任意角度入射的任意偏振光，尽管人们普遍认为只有在接近正入射的情况下才能发生反射。

如果在某个频率范围内，光子晶体禁止来自任何波源的，任何方向的，任何极化的电磁波进行传播，则说明该晶体拥有一个**完全光子带隙**。一个拥有完全带隙的光子晶体显然是一个全向反射器，但反过来就不好这么说了。正如刚刚提到的层状介质，它虽然不具有完全带隙，但是仍可以设计为全向反射器 (仅限于光源离得足够远的情况下)。一般来说，为了产生完全带隙，介质结构需要在三个方向上都具有周期性，由此构成三维光子晶体。但也有例外：在某些周期介质中，少量扰动 (局部的无序) 不会破坏带隙 (Fan et al., 1995b; Rodriguez et al., 2005)；某些高度无序的介质能通过"**安德森局域化**"(John, 1984) 机制来有效阻止波的传播；另一种具有完全光子带隙的非周期材料具有准晶体结构 (Chan et al., 1998)。

1.3 本书大纲

编写这本书是为了给人们提供一个光在光子晶体中传播的全面描述，逐渐增加光子晶体的复杂性，并逐步讨论光子晶体的特点。因此，本书从最简单的一维光子晶体入手，然后深入到更为复杂的二维及三维系统 (见图 1)，并研究其更为实用的属性。利用合适的理论工具，本书试图提高人们的直觉性：什么样的介质结构产生什么样的电磁属性，以及为什么？

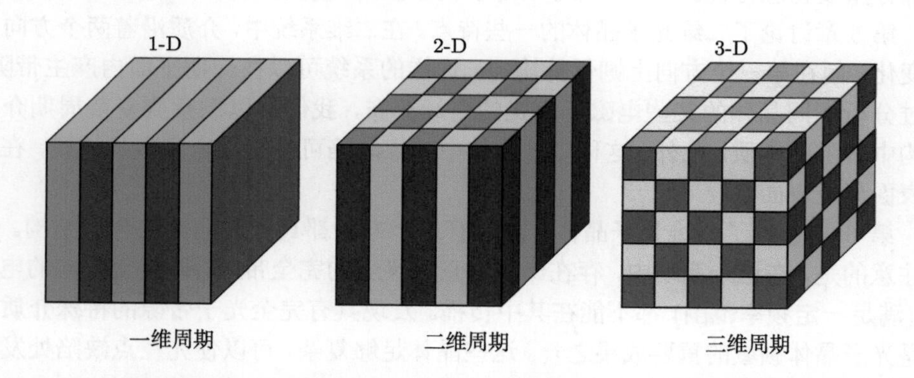

图 1　不同维度光子晶体的示意图，不同的颜色代表具有不同介电常数的材料。光子晶体的特征便是介质材料沿着一个或多个轴周期排列

这本书是面向广大读者编写的，希望读者熟悉宏观麦克斯韦方程组，并对谐波模式的概念 (这引自其他概念，比如本征模、简正模及傅里叶模) 有所了解。在此基础上，本书发展了一套完整的数学及物理工具。希望对此感兴趣的大学生读这本书时不会感到太生硬，同时也希望那些研究者在设计自己的光子晶体材料时，能从这本书中获得启发式的思考及指导。

如果读者熟悉量子力学和固体物理，那么他们在读这本书时会更加容易理解。因为光子晶体中的许多术语都来源于这些领域。附录 A 对此做出了详细展示。光子晶体是固体物理与电磁学的结合，晶体结构是固体物理的范畴，但是在光子晶体中，电磁波替代了电子。因此，在讲解光子晶体之前，会先回顾这两个学科的基本概念。第 2 章讨论了电磁波在介质中传播的宏观麦克斯韦方程组。这些方程被等效为一个单一的厄米微分方程。在此情形下，利用模的正交性、电磁变分原理，以及介质系统的比例定律 (缩放定律)，等等，人们更容易理解材料诸多有用的属性。

第 3 章介绍了固体物理学和对称性理论在光子晶体中的一些基本概念。人们常常利用对称性来理解电子在周期势中的传播行为；人们也可以利用对称性理解光在光子晶体中的传播行为。书中研究了光子晶体中的平移对称性、旋转对称性、镜面反射对称性、空间反演对称性，以及时间反演对称性，并引入了固体物理中的一些术语。

为了进一步理解光子晶体中的基础概念，书中会首先回顾一维光子晶体的特点。在第 4 章可以看到一维系统表现出的三个重要现象：光子带隙、局域模和表面态。由于折射率只沿着一个方向变化，光子带隙与表面态也被约束在这个方向。不过，这个简单而又经典的一维系统却阐述了更为复杂的二维及三维结构所拥有的大部分重要物理特征。甚至，它可以用来设计全向反射器。

第 5 章讨论了二维光子晶体的一些特点。在二维系统中，介质沿着两个方向周期变化，而在第三个方向上则保持均匀。这样的系统可以在周期平面内产生带隙。通过分析不同晶体的某些电磁场模式的电场分布，我们得以洞察到复杂周期介质结构中带隙的本质。此外，这种二维晶体中的点缺陷可在平面内引入局域模，在晶体表面形成表面态。

第 6 章讨论了三维光子晶体，即沿着三个方向都具有周期性的介质结构。值得注意的是，在这一系统中，存在一个真正意义上的完全带隙，即任意方向的电磁波 (满足一定频率范围) 都不能在其中传播。发现具有完全光子带隙的特殊介质结构是光子晶体领域的重要成果之一。这些晶体足够复杂，可以使光在点缺陷处发生局域，并沿线缺陷传播。

第 7 章和第 8 章进一步讨论了一些复合结构，其中，某一个或某两个方向上存在带隙，而在其他方向上则是折射率引导 (类似于全内反射)。这样的结构可以近似获得三维完全带隙，同时更容易制造。第 9 章提出了另一种非完全带隙结构，**光子晶体光纤**，其利用带隙或基于一维或二维周期结构的折射率来引导光沿着光纤传播。

最后，第 10 章基于前几章所介绍的工具和思想设计了一些简单光学元件。具体来说，我们会看到谐振腔和线波导是如何组合以形成滤波器、弯波导、分束器、非线性“晶体管”和其他设备的。在此过程中，本书发展了一个有效的理论分析框架：时间耦合模式理论，以帮助人们轻松预测上述组合的行为。同时，第 10 章也回顾了光在光子晶体表面发生的折射与反射现象。这些示例不仅说明了光子晶体的应用，而且还简要回顾了本书中的其他内容。

最后是附录部分，其简明扼要地描述了固体物理中倒易晶格的概念；调研了二维和三维光子晶体中出现的各种带隙；概述了计算机数值模拟的方法。

第 2 章 混合介质中的电磁理论

本章从麦克斯韦方程组入手，研究电磁波在光子晶体中的传播现象。通过引入一个特别的混合电介质结构，将麦克斯韦方程组转化为一个线性厄米本征值问题。这使得电磁问题与薛定谔方程极为相似，也使人们可以最大化地利用量子力学已经建立的结果，比如模的正交性、变分理论，还有微扰理论。电磁学与量子力学最大的不同在于: 光子晶体没有一个基本尺度——无论是空间坐标还是势的强度 (介电常数)，这使得光子晶体的可伸缩性与传统晶体不同，正如将在本章后面所看到的那样。

2.1 宏观的麦克斯韦方程组

所有宏观的电磁学，包括电磁波在光子晶体中的传播都可以用**麦克斯韦方程组**描述。在国际单位制中①，它们是

$$\begin{cases} \nabla\cdot\mathbf{B}=0, \quad \nabla\times\mathbf{E}+\dfrac{\partial\mathbf{B}}{\partial t}=0 \\ \nabla\cdot\mathbf{D}=\rho, \quad \nabla\times\mathbf{H}-\dfrac{\partial\mathbf{D}}{\partial t}=\mathbf{J} \end{cases} \tag{1}$$

其中，$\mathbf{E}$ 和 $\mathbf{H}$ 是宏观的电场和磁场；$\mathbf{D}$ 和 $\mathbf{B}$ 分别是位移场和磁感应场；ρ 和 $\mathbf{J}$ 是自由电荷密度和电流密度。上述方程组的一个更完善的出处请参见 Jackson(1998) 的文献。

现在，假设一束电磁波在一个**混合介质**中传播。在该混合介质中，介电常数是位置 $\mathbf{r}$ (笛卡儿) 的函数，但其不随时间变化，内部也没有自由电荷或电流。这种组合不需要周期性，如图 1 所示。假设电磁波在这种类型的介质中传播，且介质内没有波源，那么人们可以设置 $\rho=0$，$\mathbf{J}=0$。

为了求解方程，需要引入 $\mathbf{D}$ 和 $\mathbf{E}$ 以及 $\mathbf{B}$ 和 $\mathbf{H}$ 的本构关系。一般来说，位移场 $\mathbf{D}$ 的分量 D_i 与电场 $\mathbf{E}$ 的分量 E_i 的关系具有幂级数形式，参见 Bloembergen (1965) 的文献：

$$\frac{D_i}{\varepsilon_0}=\sum_j\left(\varepsilon_{ij}E_j\right)+\sum_{j,k}\left(\chi_{ijk}E_jE_k\right)+O\left(E^3\right) \tag{2}$$

① 第一版使用了厘米–克–秒单位，其中常数 (如 ε_0 和 μ_0) 被包含 4π 和 c 的因子取代，但单位的选择基本上是没什么影响的。它们不会影响 “主” 方程 (7) 的形式。此外，我们将把所有感兴趣的频率、几何形状、带隙大小等表示为无量纲数；另请参见第 4 章 “带隙的大小” 一节。

图 1　一些均匀电介质在宏观区域内的组合，其中没有自由电荷与电流。一般来说，方程 (1) 中的 $\varepsilon(\mathbf{r})$ 可以有任意空间分量，但本书将注意力集中在均匀介质片的复合材料上

其中，$\varepsilon_0 \approx 8.854\times10^{-12}\mathrm{F/m}$，是真空介电常数。上述方程很难求解，但对于大多数介质来说，可以使用以下近似对方程进行简化。第一，假设电场强度足够小以至于可以忽略非线性效应，这样，χ_{ijk} 就可以忽略 (包括后续所有的更高阶项)。第二，假设材料是宏观和各向同性的，[①]这样，$\mathbf{D}(\mathbf{r},\omega)$ 和 $\mathbf{E}(\mathbf{r},\omega)$ 可以通过 ε_0 乘上一个**介电函数**$\varepsilon(\mathbf{r},\omega)$ 而建立联系。其中 $\varepsilon(\mathbf{r},\omega)$ 也称为**相对介电常数**[②]。第三，忽略考虑频率范围外的**材料色散**(即假设介电常数不随频率变化)。第四，假设材料无损，即 $\varepsilon(\mathbf{r},\omega)$ 是实数[③]和正数[④]。

基于以上四个假设，人们可以得到 $\mathbf{D}(\mathbf{r})=\varepsilon_0\varepsilon(\mathbf{r})\mathbf{E}(\mathbf{r})$ 以及一个类似的方程 $\mathbf{B}(\mathbf{r})=\mu_0\mu(\mathbf{r})\mathbf{H}(\mathbf{r})$(其中，$\mu_0=4\pi\times10^{-7}\mathrm{H/m}$ 是真空磁导率)。对于绝大多数材料来说，相对磁导率 $\mu(\mathbf{r})\approx1$，所以 $\mathbf{B}(\mathbf{r})=\mu_0\mathbf{H}$[⑤]。在这种情况下，$\varepsilon$ 等于**折射率**n 的平方，这可以从 Snell(斯内尔) 定律和其他经典光学公式中得到 (一般来说，$n=\sqrt{\varepsilon\mu}$)。

于是，麦克斯韦方程组 (1) 变为如下形式：

$$\begin{cases}\nabla\cdot\mathbf{H}(\mathbf{r},t)=0, & \nabla\times\mathbf{E}(\mathbf{r},t)+\mu_0\dfrac{\partial\mathbf{H}(\mathbf{r},t)}{\partial t}=0\\ \nabla\cdot[\varepsilon(\mathbf{r})\mathbf{E}(\mathbf{r},t)]=0, & \nabla\times\mathbf{H}(\mathbf{r},t)-\varepsilon_0\varepsilon(\mathbf{r})\dfrac{\partial\mathbf{E}(\mathbf{r},t)}{\partial t}=0\end{cases}\tag{3}$$

① 可以将这种形式推广到各向异性介质中，其中 $\mathbf{D}$ 和 $\mathbf{E}$ 与厄米介质张量 $\varepsilon_0\varepsilon_{ij}$ 有关。

② 有些作者用 ε_r(或 K，或 k，或 κ) 表示相对介电常数，用 ε 表示介电常数 $\varepsilon_0\varepsilon_r$。这里采用去掉下标 r 的共同约定，因为只处理无量纲的 ε_r。

③ 复介电常数用于解释损耗吸收，如 Jackson (1998) 所述。稍后，在“微扰的作用”一节中将展示如何处理小吸收损耗。

④ 负介电常数确实是一些材料 (如金属) 的有用描述。极限 $\varepsilon\to-\infty$ 对应于光不能穿透的**完美金属**。金属和透明电介质的组合也可用于制造光子晶体 [对于该领域的一些早期工作，见文献 (McGurn and Maradudin,1993; Kuzmiak et al.,1994; Sigalas et al.,1995; Brown and McMahon, 1995; Fan et al., 1995c; Sivenpiper et al., 1996)]，第 9 章“标量极限和 LP 模式”一节将返回到这个主题。

⑤ 包含 $\mu\neq1$ 的情况也很容易；见本书 10 页脚注①。

读者可能会好奇，这样做 (将材料认为是线性的、无损的) 会不会错过一些有趣的物理现象。答案是肯定的，本书会在本章“微扰的作用”一节以及第 10 章重新讨论这个问题。尽管如此，许多有趣和有用的性质都产生于线性、无损材料构成的光子晶体。此外，关于这种理想化材料的理论让人更容易理解，也很准确。这使得它能够成为构建关于更复杂介质理论的基石。基于这些原因，本书大部分讨论将集中在线性的、无损的介质上。

一般来说，$\mathbf{E}$ 和 $\mathbf{H}$ 是时间和空间的函数。但是，由于麦克斯韦方程组是线性的，所以可以通过将场变为**谐波模式**而将时间和空间函数分离。接下来的所有讨论将基于以下限定：麦克斯韦方程组作用在随时间正弦变化 (谐波) 的场模式上。这并不会有很大的局限性，因为通过傅里叶分析，人们可以将任何波分解为一系列谐波的叠加。一般而言，将这些谐波简单地称为系统的模或态。

为了数学上的方便，采用复数形式来表示场，并记住只需要取其实部即可获得真实的物理场。因此可以将谐波写成一个空间模式 (或者称之为“模式分布”) 乘上一个复数因子：

$$\begin{cases} \mathbf{H}(\mathbf{r},t)=\mathbf{H}(\mathbf{r})\,\mathrm{e}^{-\mathrm{i}\omega t} \\ \mathbf{E}(\mathbf{r},t)=\mathbf{E}(\mathbf{r})\mathrm{e}^{-\mathrm{i}\omega t} \end{cases} \tag{4}$$

为了找出描述给定频率下模式分布的方程，将上述方程代入方程组 (3)，得到

$$\nabla\cdot\mathbf{H}(\mathbf{r})=0,\quad \nabla\cdot[\varepsilon(\mathbf{r})\,\mathbf{E}(\mathbf{r})]=0 \tag{5}$$

方程 (5) 是发散方程，也是条件方程。它代表着介质中不存在位移电场以及磁场的点源。与之等效的描述为：电磁波为**横波**，即如果有一束**平面波**$\mathbf{H}(\mathbf{r})=\mathbf{a}\exp(\mathrm{i}\mathbf{k}\cdot\mathbf{r})$，对于一个特定的波矢 $\mathbf{k}$，方程 (5) 要求 $\mathbf{a}\cdot\mathbf{k}=0$。有了上述的条件方程后，人们就能把注意力集中在麦克斯韦方程中的另外两个方程上。

与 $\mathbf{H}(\mathbf{r})$ 和 $\mathbf{E}(\mathbf{r})$ 有关的两个旋度方程为

$$\begin{cases} \nabla\times\mathbf{E}(\mathbf{r})-\mathrm{i}\omega\mu_0\mathbf{H}(\mathbf{r})=0 \\ \nabla\times\mathbf{H}(\mathbf{r})+\mathrm{i}\omega\varepsilon_0\varepsilon(\mathbf{r})\,\mathbf{E}(\mathbf{r})=0 \end{cases} \tag{6}$$

可以利用一些手段来简化方程组 (6)。先将第二个方程除以 $\varepsilon(\mathbf{r})$，然后计算其旋度。再利用第一个方程，用含 $\mathbf{H}(\mathbf{r})$ 的方程代替 $\mathbf{E}(\mathbf{r})$。另外，ε_0 和 μ_0 可以用光速代替：$c=1/\sqrt{\varepsilon_0\mu_0}$。最终得到只含有 $\mathbf{H}(\mathbf{r})$ 的方程：

$$\nabla\times\left(\frac{1}{\varepsilon(\mathbf{r})}\nabla\times\mathbf{H}(\mathbf{r})\right)=\left(\frac{\omega}{c}\right)^2\mathbf{H}(\mathbf{r}) \tag{7}$$

这便是**主方程**。联合条件方程 (5)，便得到了所有关于 $\mathbf{H}(\mathbf{r})$ 的信息。在这种情况下，分析问题的思路如下：对于一个给定 $\varepsilon(\mathbf{r})$ 的结构，通过求解主方程来得到空

间模式 $\mathbf{H}(\mathbf{r})$ 和对应的频率，当然，解必须满足方程 (5)。再利用方程组 (6) 的第二个方程，就可以解出

$$\mathbf{E}(\mathbf{r})=\frac{\mathrm{i}}{\omega\varepsilon_0\varepsilon(\mathbf{r})}\nabla\times\mathbf{H}(\mathbf{r}) \tag{8}$$

由此可以保证 $\mathbf{E}(\mathbf{r})$ 满足条件 $\nabla\cdot[\varepsilon(\mathbf{r})\mathbf{E}(\mathbf{r})]=0$，因为一个旋度的散度总是为 0。这说明，只需要保证方程组 (6) 中的一个方程满足条件，就可以同时保证两个方程都满足条件。而使用 $\mathbf{H}(\mathbf{r})$ 而非 $\mathbf{E}(\mathbf{r})$ 来表示场则完全是为了数学上的方便，这将在本章“磁场和电场”这一节进行讨论。不过，根据方程组 (6)，人们也可以通过 $\mathbf{E}(\mathbf{r})$ 来得到 $\mathbf{H}(\mathbf{r})$：

$$\mathbf{H}(\mathbf{r})=-\frac{\mathrm{i}}{\omega\mu_0}\nabla\times\mathbf{E}(\mathbf{r}) \tag{9}$$

2.2　将电磁学看成一个本征值问题

正如前一节所讨论的，对于一个描述在混合介质中传播的谐波模式的麦克斯韦方程组来说，其核心便是关于 $\mathbf{H}(\mathbf{r})$ 的微分方程 (7)。方程的内涵如下：对函数 $\mathbf{H}(\mathbf{r})$ 进行一系列运算，如果 $\mathbf{H}(\mathbf{r})$ 真的是被允许的电磁波模式，那么运算之后得到的结果必定是一个常数乘上这个初始函数 $\mathbf{H}(\mathbf{r})$。这种情况经常出现在数学物理方法中，它被称为**本征值问题**。如果对一个函数进行运算之后得到的仅仅是函数本身与一些常数的乘积，那么这个函数被称为该运算符的**本征函数**或**本征向量**①，而乘积因子称为**本征值**。

现在，将主方程 (7) 的左边定义为这样一个形式：一个运算符 $\widehat{\Theta}$ 作用在函数 $\mathbf{H}(\mathbf{r})$ 上，以使方程 (7) 看起来更像一个传统的本征值问题：

$$\widehat{\Theta}\mathbf{H}(\mathbf{r})=\left(\frac{\omega}{c}\right)^2\mathbf{H}(\mathbf{r}) \tag{10}$$

因此，定义 $\widehat{\Theta}$ 是一个微分算符：先计算旋度，然后除以因子 $\varepsilon(\mathbf{r})$，最后再计算旋度：

$$\widehat{\Theta}\mathbf{H}(\mathbf{r})\triangleq\nabla\times\left(\frac{1}{\varepsilon(\mathbf{r})}\nabla\times\mathbf{H}(\mathbf{r})\right) \tag{11}$$

本征向量 $\mathbf{H}(\mathbf{r})$ 是谐波模的空间分布，本征值 $\left(\dfrac{\omega}{c}\right)^2$ 则正比于这些模频率的平方。需要注意的是，算符 $\widehat{\Theta}$ 是一个**线性算符**。即它的解的任何线性组合仍然是它的解；如果 $\mathbf{H}_1(\mathbf{r})$ 和 $\mathbf{H}_2(\mathbf{r})$ 都是方程 (10) 在频率 ω 下的解，那么 $\alpha\mathbf{H}_1(\mathbf{r})+\beta\mathbf{H}_2(\mathbf{r})$ 也是它的解，α 和 β 是常数。比如，给定一个特定的模式分布，通过简单地双倍增

---

① 物理学家倾向于把本征写在解的自然名称之前。因此，这里也使用诸如本征场、本征模、本征态等术语。

强其场强 ($\alpha=2,\beta=0$)，就可以得到一个真实存在的，拥有同样频率的模式分布。由于这个原因，我们将那些差异仅仅体现在一个乘数因子上的场归类为同一个模。

算符的标记来源于量子力学，在量子力学中，作用在哈密顿波函数上的算符让人们得到了一个本征值方程。熟悉量子力学的读者也许立刻会回想起哈密顿本征函数的几个关键特点：它们有实数解，它们是正交的，它们能够由变分原理得到，甚至它们能被它们的对称特性所归纳 (Shankar,1982)。

电磁学保留了量子力学中所有有用的特点。在这两种不同的情况下，这些特点所依赖的条件是运算符是一种特殊的线性算符，比如**厄米算符**。接下来的章节中将会多次使用这些特点。最后，我们来说明一下一个厄米算符意味着什么。首先，类比于两个波函数的内积，定义两个矢量场 $\mathbf{F}(\mathbf{r})$ 和 $\mathbf{G}(\mathbf{r})$ 的内积为

$$(\mathbf{F},\mathbf{G})\triangleq\int \mathrm{d}^3\mathbf{r}\mathbf{F}^*(\mathbf{r})\cdot\mathbf{G}(\mathbf{r}) \tag{12}$$

其中，“*” 代表复共轭。可以得到一个简单的结论是，对于任何 $\mathbf{F}(\mathbf{r})$ 和 $\mathbf{G}(\mathbf{r})$，均有 $(\mathbf{F},\mathbf{G})=(\mathbf{G},\mathbf{F})^*$。同样，即使 $\mathbf{F}$ 是复数，$(\mathbf{F},\mathbf{F})$ 也是非负的实数。事实上，如果 $\mathbf{F}(\mathbf{r})$ 是电磁波系统中的一个谐波模，那么总可以找到一组函数使得 $(\mathbf{F},\mathbf{F})=1$①。给定一个函数 $\mathbf{F}'(\mathbf{r})$，$(\mathbf{F}',\mathbf{F}')\neq1$，可以创造一个 $\mathbf{F}(\mathbf{r})$

$$\mathbf{F}(\mathbf{r})=\frac{\mathbf{F}'(\mathbf{r})}{\sqrt{(\mathbf{F}',\mathbf{F}')}} \tag{13}$$

根据之前的讨论，$\mathbf{F}(\mathbf{r})$ 和 $\mathbf{F}'(\mathbf{r})$ 是同一个模，因为它们只相差一个常数因子。但是此时，$(\mathbf{F},\mathbf{F})=1$。此时，$\mathbf{F}(\mathbf{r})$ **被归一化**了。在正式讨论中，归一化模式很有用。但是，如果一个人更关注场的能量而不是空间分布，那么常数因子则变得重要了。②

对于任意矢量场 $\mathbf{F}(\mathbf{r})$ 和 $\mathbf{G}(\mathbf{r})$，如果经过算符 $\widehat{\Xi}$ 作用后，$\left(\mathbf{F},\widehat{\Xi}\mathbf{G}\right)=\left(\widehat{\Xi}\mathbf{F},\mathbf{G}\right)$，则称 $\widehat{\Xi}$ 为**厄米算符**。即在采取内积运算之前，被操作函数可以是任意形式。更明确地说，并不是所有的算符都是厄米算符。不过，可以证明 $\widehat{\Theta}$ 是厄米算符③(采用分部积分④)。

$$\left(\mathbf{F},\widehat{\Theta}\mathbf{G}\right)=\int \mathrm{d}^3\mathbf{r}\mathbf{F}^*\cdot\nabla\times\left(\frac{1}{\varepsilon}\nabla\times\mathbf{G}\right)$$

---

① 平凡解 $\mathbf{F}=0$ 不是一个合适的本征函数。

② 在方程 (24) 之后再讨论这种区别。

③ $\widehat{\Theta}$ 的厄米性质与洛伦兹互易定理密切相关，如附录 D 的频域响应部分所述。

④ 特别地，使用向量恒等式 $\nabla\cdot(\mathbf{F}\times\mathbf{G})=(\nabla\times\mathbf{F})\cdot\mathbf{G}-\mathbf{F}\cdot(\nabla\times\mathbf{G})$，对两边同时积分并应用散度定理。可以发现 $\int\mathbf{F}\cdot(\nabla\times\mathbf{G})$ 等于 $\int(\nabla\times\mathbf{F})\cdot\mathbf{G}$ 加上一个表面项，而表面项在 $\nabla\cdot(\mathbf{F}\times\mathbf{G})$ 的积分中消失，如前所述。

$$
\begin{aligned}
&= \int \mathrm{d}^3\mathbf{r}(\nabla\times\mathbf{F})^* \cdot \frac{1}{\varepsilon}\nabla\times\mathbf{G} \\
&= \int \mathrm{d}^3\mathbf{r}\left[\nabla\times\left(\frac{1}{\varepsilon}\nabla\times\mathbf{F}\right)\right]^* \cdot \mathbf{G} = \left(\widehat{\Theta}\mathbf{F},\mathbf{G}\right)
\end{aligned} \tag{14}
$$

在分部积分时，我们忽略了场在边界积分所得到的表面项。这是因为在接下来讨论的所有例子中，场在无限远处都会衰减为 0，或者是场在积分区域内都是周期的。在这两种情况下，表面项为 0。

2.3　谐波模的一般特性

既然已经确定了$\widehat{\Theta}$ 是厄米算符，就可以说 $\widehat{\Theta}$ 的本征值肯定是实数。假设 $\mathbf{H}(\mathbf{r})$ 是 $\widehat{\Theta}$ 的一个本征向量，其本征值为 $\left(\frac{\omega}{c}\right)^2$。对主方程 (7) 与 $\mathbf{H}(\mathbf{r})$ 进行如下内积运算：

$$
\begin{aligned}
&\widehat{\Theta}\mathbf{H}(\mathbf{r}) = \left(\frac{\omega}{c}\right)^2\mathbf{H}(\mathbf{r}) \\
&\Rightarrow \left(\mathbf{H},\widehat{\Theta}\mathbf{H}\right) = \left(\frac{\omega}{c}\right)^2(\mathbf{H},\mathbf{H}) \\
&\Rightarrow \left(\mathbf{H},\widehat{\Theta}\mathbf{H}\right)^* = (\omega^2/c^2)^*(\mathbf{H},\mathbf{H})
\end{aligned} \tag{15}
$$

因为 $\widehat{\Theta}$ 是厄米算符，所以 $\left(\mathbf{H},\widehat{\Theta}\mathbf{H}\right) = \left(\widehat{\Theta}\mathbf{H},\mathbf{H}\right)$。此外，根据内积的定义，对于任何形式的算符 $\widehat{\Xi}$，$\left(\mathbf{H},\widehat{\Xi}\mathbf{H}\right) = \left(\widehat{\Xi}\mathbf{H},\mathbf{H}\right)^*$。利用这两点，可以进一步得到

$$
\left\{
\begin{aligned}
&\left(\mathbf{H},\widehat{\Theta}\mathbf{H}\right)^* = \left(\frac{\omega^2}{c^2}\right)^*(\mathbf{H},\mathbf{H}) = \left(\widehat{\Theta}\mathbf{H},\mathbf{H}\right) = \left(\frac{\omega}{c}\right)^2(\mathbf{H},\mathbf{H}) \\
&\Rightarrow \left(\frac{\omega^2}{c^2}\right)^* = \left(\frac{\omega}{c}\right)^2
\end{aligned}
\right. \tag{16}
$$

这说明，$(\omega^2) = (\omega^2)^*$，或者说 ω^2 是实数。而通过另一种论证，也可以证明对于任何 $\varepsilon > 0$ 的情况，ω^2 总是非负的实数。在方程 (14) 的第二个式子中，令 $\mathbf{F} = \mathbf{G} = \mathbf{H}$，得到

$$
(\mathbf{H},\mathbf{H})\left(\frac{\omega}{c}\right)^2 = \left(\mathbf{H},\widehat{\Theta}\mathbf{H}\right) = \int \mathrm{d}^3\mathbf{r}\frac{1}{\varepsilon}|\nabla\times\mathbf{H}|^2 \tag{17}
$$

因为 $\varepsilon > 0$，所以，右边的积分结果一定非负。所以算符 $\widehat{\Theta}$ 也被称为**半正定矩阵**。因此，所有本征值 ω^2 都是非负的，ω 是实数。

此外，算符 $\widehat{\Theta}$ 的厄米性也要求拥有不同频率 ω_1 和 ω_2 的谐波模 $\mathbf{H}_1(\mathbf{r})$ 和 $\mathbf{H}_2(\mathbf{r})$ 的内积一定为零。证明如下：假设有两个归一化的模，$\mathbf{H}_1(\mathbf{r})$ 和 $\mathbf{H}_2(\mathbf{r})$。它们对应

的频率为 ω_1 和 ω_2：

$$\begin{cases} {\omega_1}^2 (\mathbf{H}_2, \mathbf{H}_1) = c^2 \left(\mathbf{H}_2, \widehat{\Theta}\mathbf{H}_1\right) = c^2 \left(\widehat{\Theta}\mathbf{H}_2, \mathbf{H}_1\right) = {\omega_2}^2 (\mathbf{H}_2, \mathbf{H}_1) \\ \Rightarrow \left({\omega_1}^2 - {\omega_2}^2\right) (\mathbf{H}_2, \mathbf{H}_1) = 0 \end{cases} \tag{18}$$

如果 ω_1 和 ω_2 不相等，那么 $(\mathbf{H}_2, \mathbf{H}_1)$ 必须为零，我们称 $\mathbf{H}_1$ 和 $\mathbf{H}_2$ 是**正交**模。如果 ω_1 和 ω_2 相等，则称这两个模为**简并**模，此时它们也不必正交。两个模式简并，从表面看来，具有很惊人的巧合性：两个不同的场分布恰巧有一样的频率。通常来说，这种巧合来源于**对称性**。比如，如果一个介质结构在旋转 120° 之后保持不变，那么那些空间分布仅仅相差 120° 旋转的模必定拥有同样的频率。这样的模是简并的，不必保证正交性。

但是，因为 $\widehat{\Theta}$ 是线性算符，所以这些简并模的任何线性组合仍然是这个模本身 (具有相同频率)。所以正如在量子力学中那样，人们总是可以得到正交的线性组合 (Merzbacher,1961)。大体上 (不是严格的) 说，不同的模式正交，或者可以被表达为正交。

利用一维函数，我们可以很容易地理解正交的概念。接下来一个简单的解释 (并非数学推导，但有利于理解) 可以让读者了解正交的意义。对于两个一维函数 $f(x)$ 和 $g(x)$，如果它们正交，那么意味着：

$$(f, g) = \int f(x)\, g(x)\, \mathrm{d}x = 0 \tag{19}$$

一定意义上讲，$f(x)\, g(x)$ 在积分区域内的负值与正值必须一样，所以净积分才能为零。比如，函数 $f_n(x) = \sin(n\pi x/L)$ 在 $x = 0$ 到 $x = L$ 的区间内正交。值得注意的是，这组方程中，每一个方程都有节点 ($f_n(x) = 0$ 的位置，不包括末尾的点)，这些点的数量不同。实际上，f_n 有 $n-1$ 个节点。任何两个不同的 f_n 的乘积在节点两边为异号，内积为零。

更高维度的函数则不那么容易讨论了，因为积分变得不那么容易了。但是，不同频率的正交模拥有不一样的空间节点数，这一特性却仍然有效。事实上，一个频率较高的谐波模比频率较低的谐波模包含更多的节点数。这就类似于：端点固定的某一级弦振动模式所包含的节点，至少比处于它次序之下 (低阶) 的振动模式所拥有的节点要多出一个。这一特点在第 5 章的讨论中显得尤为重要。

2.4 电磁能量和变分原理

虽然介质中的谐波模有可能很复杂，但仍然有一些简单的方法来理解它们的特征。通俗地讲，一个模倾向于将它的电场能量集中在高介电常数区域，而比其频率更低的模将与之保持正交。这个有效而模糊的概念可以通过电磁**变分原理**来准确表达。也就是说，最低本征值 ω_0^2/c^2，或者最低频率的模，对应于一个将以下函数最小化的场分布：

$$u_f(\mathbf{H}) \triangleq \frac{\left(\mathbf{H}, \widehat{\Theta}\mathbf{H}\right)}{(\mathbf{H}, \mathbf{H})} \tag{20}$$

即 ω_0^2/c^2 使得函数 $u_f(\mathbf{H})$ 对所有可想到的空间模式 $\mathbf{H}$(除了满足条件 $\nabla \cdot \mathbf{H} = 0$ 的模) 来说都是最小值。函数 u_f 有时也被称为**瑞利商**，并且对于任何厄米算符，u_f 在变分原理中的表达形式都是类似的。为了与量子力学中相似的变分原理和经典物理中的能量最小原理进行区分，我们也将 u_f 称为电磁场的“能量”函数。

为了进一步确定 u_f 对于拥有最低频率的模而言已经“最小化”，我们需要考虑 $\mathbf{H(r)}$ 中的一个微小变化会引起 u_f 怎么样的变化。假设 $\mathbf{H(r)}$ 发生了微小的变化，产生了额外的量 $\delta\mathbf{H}(\mathbf{r})$，那么能量函数 u_f 的变化量 δu_f 应该是多少呢？如果 u_f 真的已经最小了，那么 δu_f 应该为零。这就像一个普通函数在极值处的导数为零一样。为了求得 $\delta\mathbf{H}$，我们可以分别估算 u_f 在 $\mathbf{H} + \delta\mathbf{H}$ 和 $\mathbf{H}$ 处的取值，然后计算它们的差值 δu_f：

$$\begin{aligned} u_f(\mathbf{H} + \delta\mathbf{H}) &= \frac{\left(\mathbf{H} + \delta\mathbf{H}, \widehat{\Theta}\mathbf{H} + \widehat{\Theta}\delta\mathbf{H}\right)}{(\mathbf{H} + \delta\mathbf{H}, \mathbf{H} + \delta\mathbf{H})} \\ u_f(\mathbf{H}) &= \frac{\left(\mathbf{H}, \widehat{\Theta}\mathbf{H}\right)}{(\mathbf{H}, \mathbf{H})} \\ \delta u_f(\mathbf{H}) &\triangleq u_f(\mathbf{H} + \delta\mathbf{H}) - u_f(\mathbf{H}) \end{aligned} \tag{21}$$

忽略掉 $\delta\mathbf{H}$ 中的高次项，δu_f 可以写成这样的形式：$\delta u_f \approx \dfrac{[(\delta\mathbf{H}, \mathbf{G}) + (\mathbf{G}, \delta\mathbf{H})]}{2}$，其中，

$$\mathbf{G}(\mathbf{H}) = \frac{2}{(\mathbf{H}, \mathbf{H})}\left(\widehat{\Theta}\mathbf{H} - \left[\frac{\left(\mathbf{H}, \widehat{\Theta}\mathbf{H}\right)}{(\mathbf{H}, \mathbf{H})}\right]\mathbf{H}\right) \tag{22}$$

$\mathbf{G}$ 是 $\mathbf{H}$ 对应函数 u_f 的梯度 (变化率)①。因为对于任何 $\delta\mathbf{H}$，δu_f 都是零，所以 $\mathbf{G} = 0$。这暗示着方程 (22) 中大括号里的值为零，换句话说，$\mathbf{H}$ 是 $\widehat{\Theta}$ 的本征向量。因此，当且仅当 $\mathbf{H}$ 是谐波模式时，u_f 为极值。更详细的讨论则说明，最低频率 ω_0 的电磁场本征模 $\mathbf{H}_0$ 将 u_f 最小化。第二低频率 (高一阶) 的电磁场本征模将在一个保证与 $\mathbf{H}_0$ 正交的函数子空间内最小化 u_f，以此类推。

① 根据梯度 ∇f，实向量 $\mathbf{x}$ 的函数 $f(\mathbf{x})$ 的类似表达式是 $\delta f \approx \delta\mathbf{x} \cdot \nabla f = [\delta\mathbf{x} \cdot \nabla f + \nabla f \cdot \delta\mathbf{x}]/2$。这是当 $\mathbf{x}$ 受到少量 $\delta\mathbf{x}$ 扰动时 ∇f 的一阶变化。

除了对算符 $\hat{\Theta}$ 所对应的模 $\mathbf{H}$ 提供一个有效的特征描述，变分原理也是本节前面提到的关于模态的启发式规则的源头。特别是当我们用电场 $\mathbf{E}$ 来重写能量函数时，更容易看到这样的启发。仍然假设一个本征模 $\mathbf{H}$ 使得能量函数 u_f 最小化，利用方程 (11)，(8)，(9) 来重写方程 (20) 的分子，而分母则用方程 (17) 和 (8) 来重写。最终结果如下：

$$\begin{aligned} u_f(\mathbf{H}) &= \frac{(\nabla\times\mathbf{E},\nabla\times\mathbf{E})}{(\mathbf{E},\varepsilon(\mathbf{r})\mathbf{E})} \\ &= \frac{\int \mathrm{d}^3\mathbf{r}\,|\nabla\times\mathbf{E}|^2}{\int \mathrm{d}^3\mathbf{r}\varepsilon(\mathbf{r})\,|\mathbf{E}|^2} \end{aligned} \tag{23}$$

从这个方程我们可以直观地看到，最小化 u_f 的方法是：将电场 $\mathbf{E}$ 集中在 ε 较大的地方 (最大化分母)，并在最小的空间内进行振荡 (最小化分子)，同时保证与较低频率模的正交性①。虽然方程 (23) 是从磁场本征模 $\mathbf{H}$ 出发，并由电场 $\mathbf{E}$ 重写的，但仍然可以认为方程 (23) 是一个有效的变分理论 (下一节将讨论电场本征值问题)：最低频率的本征模式可以由使得方程 (23) 最小化的电场 $\mathbf{E}$ 给出，当然它要满足条件：$\nabla\cdot\varepsilon\mathbf{E}=0$。

能量函数必须与电磁场的**物理能量**区分开来。物理能量 (时间平均效应) 可以分成关于电场和磁场的两部分：

$$\begin{cases} u_{\mathbf{E}} \triangleq \dfrac{\varepsilon_0}{4}\displaystyle\int \mathrm{d}^3\mathbf{r}\varepsilon(\mathbf{r})\,|\mathbf{E}(\mathbf{r})|^2 \\ u_{\mathbf{H}} \triangleq \dfrac{\mu_0}{4}\displaystyle\int \mathrm{d}^3\mathbf{r}\,|\mathbf{H}(\mathbf{r})|^2 \end{cases} \tag{24}$$

对于一个谐波模而言，物理能量在电场和磁场之间周期转换，并且 $u_{\mathbf{E}}=u_{\mathbf{H}}$。②物理能量与能量函数是有关的，却又有很大的不同。能量函数的分子和分母上都有场，因此与场的强度无关。而物理能量则正比于场强度的平方。换句话说，如果一个场乘上一个常数，那么物理能量将发生改变，而能量函数不变。如果要研究物理能量，必须知道场的振幅；而如果人们只对场的模式分布感兴趣，则需要将其进行归一化。

最后提一下能量流动速率的表达式，这由**坡印亭矢量S** 表示：

$$\mathbf{S}\triangleq\frac{1}{2}\mathrm{Re}\left[\mathbf{E}^*\times\mathbf{H}\right] \tag{25}$$

---

① 量子力学中类似的启发式规则是将波函数集中在低电势区，同时使动能最小化，并保持与低能量本征态正交。

② 这可以从方程 (8) 和 (9) 中得出，再加上 ∇x 是厄米算符 (见第 10 页脚注④)。因此，$(\mu_0\mathbf{H},\mathbf{H}) = \left(\mu_0\mathbf{H},-\dfrac{\mathrm{i}}{\omega\mu_0}\nabla\times\mathbf{E}\right) = \left(+\varepsilon_0\varepsilon\dfrac{\mathrm{i}}{\omega\varepsilon_0\varepsilon}\nabla\times\mathbf{H},\mathbf{E}\right) = (\varepsilon_0\varepsilon\mathbf{E},\mathbf{E})$。

Re 意味着取实部。方程 (25) 代表在一个单位时间内，一个时谐电磁场沿着方向 $\mathbf{S}$ 流过单位面积的平均能量通量。有时候也会将 $\mathbf{S}$ 在某个方向上的分量称为光强。能量通量与能量密度的比值称为能量传输的速度 (群速度)，这将在第 3 章“布洛赫波的传播速度”一节进行讨论。[①]

2.5　磁场和电场

求解的对象为什么是磁场而不是电场？前几节将麦克斯韦方程组重新定义为关于磁场谐波模 $\mathbf{H}(\mathbf{r})$ 的本征值问题。这一思路是对于一个给定频率解出 $\mathbf{H}(\mathbf{r})$，然后通过方程 (8) 得到电场 $\mathbf{E}(\mathbf{r})$。按理说，反过来操作也可以：先求电场 $\mathbf{E}(\mathbf{r})$，再求磁场 $\mathbf{H}(\mathbf{r})$。那为什么没这么做呢？

如果先求电场 $\mathbf{E}(\mathbf{r})$, 那么方程形式如下：

$$\nabla\times\nabla\times\mathbf{E}(\mathbf{r})=\frac{\omega^2}{c^2}\varepsilon(\mathbf{r})\mathbf{E}(\mathbf{r}) \tag{26}$$

上述方程的两边都有一个运算符，这种方程被称为广义本征值问题。很容易想到的是，可以将方程两边同时除以系数 $\varepsilon(\mathbf{r})$。但是这样一来，得到的算符将不是厄米算符。但是，如果保留广义本征值方程的形式，就可以得到与上一节类似的简单定理，这是因为广义本征值方程中的两个算符 $\nabla\times\nabla\times$ 和 $\varepsilon(\mathbf{r})$，都是厄米算符和半正定矩阵[②]。特别地，我们仍然可以得到频率 ω 是实数，而不同频率的两个解 $\mathbf{E}_1$ 和 $\mathbf{E}_2$ 满足正交：$(\mathbf{E}_1,\varepsilon\mathbf{E}_2)=0$。

对于一些解析计算而言，比如变分方程 (23) 的推导以及下一节将会讲到的微扰理论，$\mathbf{E}$ 的本征值问题会更简单。但对于仿真计算来说，由于条件 $\nabla\cdot\varepsilon\mathbf{E}=0$ 的存在 (它反过来又取决于 ε)，求解 $\mathbf{E}$ 会变得极不方便。

如果我们用位移场 $\mathbf{D}$ 来代替 $\mathbf{E}$，情况会变得不太一样 (因为 $\nabla\cdot\mathbf{D}=0$)。利用 $\mathbf{D}/\varepsilon\varepsilon_0$ 代替方程 (26) 中的 $\mathbf{E}$，然后两边同时除以 ε (保持算符的厄米性)，得到

$$\frac{1}{\varepsilon(\mathbf{r})}\nabla\times\nabla\times\frac{1}{\varepsilon(\mathbf{r})}\mathbf{D}(\mathbf{r})=\frac{\omega^2}{c^2}\frac{1}{\varepsilon(\mathbf{r})}\mathbf{D}(\mathbf{r}) \tag{27}$$

这是一个完全有效的本征值问题方程，但是它带来了一些不必要的复杂性：含有三个 $\dfrac{1}{\varepsilon}$ 因子 (在关于 $\mathbf{H}$ 或者 $\mathbf{E}$ 的方程中只有一个这样的因子)。出于以上种种原因，

---

① 这些能量密度和通量的方程是从 Jackson (1998) 所著文献的能量守恒原理中导出的。注意，当存在不可忽略的材料色散时，能量方程会发生变化。

② 右边的 $\varepsilon(\mathbf{r})$ 算符实际上是正定的：$(\mathbf{E},\varepsilon\mathbf{E})$ 对于任何不是零的 $\mathbf{E}$ 都是严格为正的。这对于广义本征值问题的良好表现是必要的。

为了数学上的方便，我们在仿真计算中倾向于求解 $\mathbf{H}$。[①]

2.6 微扰的作用

完全线性、无损的介质是非常理想化的，大部分真实的介质都只是这种理想化模型的近似。当然，没有什么介质是完全线性的、“完全透明” 的。但是，利用适用于线性厄米本征值问题的，得到充分研究的**微扰理论**，可以将理想化模型的范围稍微扩大一点：允许一点点非线性和材料损耗。一般来说，很多与理想化的物理问题有一点点偏离的问题也令人很感兴趣。具体的处理思路是：先从求解理想问题得到的谐波模入手，然后利用分析工具去近似估测介电函数 $\varepsilon(\mathbf{r})$ 中的微小变化会对空间模式和它们的频率造成什么影响。对于许多真实问题而言，这种近似产生的误差是微不足道的 (近似是有效的)。

在很多关于量子力学的教材中，关于厄米本征值问题微扰理论的推导都很直观而又繁杂，比如 Sakurai(1994) 的文献。假设一个厄米算符 $\widehat{O}$ 改变了一个微小的量 $\Delta\widehat{O}$，这个被扰动的算符的本征值和本征向量可以写成一系列展开式，这些表达式取决于扰动 $\Delta\widehat{O}$ 的强度。而最终的方程则可以依次使用为扰动的 $\widehat{O}$ 所对应的本征解来一一求解。

因为 $\varepsilon(\mathbf{r})$ 变成了 $\varepsilon(\mathbf{r})+\Delta\varepsilon(\mathbf{r})$，方程 (7) 中关于 $\varepsilon(\mathbf{r})$ 的旋度将变得难以计算，而这种情况在方程 (26) 中则得到了解决。可以看到，在方程 (26) 中，如果 $\varepsilon(\mathbf{r})$ 变化了一个微小的量 $\Delta\varepsilon(\mathbf{r})$，频率将会移动一段微小的距离 $\Delta\omega$：

$$\Delta\omega=-\frac{\omega}{2}\frac{\displaystyle\int \mathrm{d}^3\mathbf{r}\Delta\varepsilon(\mathbf{r})\left|\mathbf{E}(\mathbf{r})\right|^2}{\displaystyle\int \mathrm{d}^3\mathbf{r}\varepsilon(\mathbf{r})\left|\mathbf{E}(\mathbf{r})\right|^2}+O\left(\Delta\varepsilon^2\right) \tag{28}$$

在上述方程中，ω 和 $\mathbf{E}$ 分别是线性、无损材料 (介电常数为 ε) 的本征频率和模式分布。$\Delta\omega$ 的计算误差与 $\Delta\varepsilon$ 的平方成正比，并且在许多真实情况中都可以忽略，因为大多情况下，$|\Delta\varepsilon|/\varepsilon<1\%$。

对于方程 (28) 的详细推导，推荐读者在其他教材中阅读，这里只给出它的直观解释。假设一个折射率为 $n=\sqrt{\varepsilon}$ 的材料，不过在这个材料的某些区域，折射率有微小的变化 Δn。方程 (28) 的分子的体积分仅仅在微扰区域内有不是零值的贡献。现在，将 $\Delta\varepsilon$ 写成 $\Delta\varepsilon\approx\varepsilon\cdot2\Delta n/n$，然后假设 $\Delta n/n$ 在所有微扰区域内都相等

① 如果包含相对磁导率 $\mu\neq1$，则 $\mathbf{E}$ 和 $\mathbf{H}$ 本征值问题的形式类似。在这种情况下，$\nabla\times\frac{1}{\varepsilon}\nabla\times\mathbf{H}=\left(\frac{\omega}{c}\right)^2\mu\mathbf{H},\nabla\cdot\mu\mathbf{H}=0$ 对应于 $\nabla\times\frac{1}{\mu}\nabla\times\mathbf{E}=\left(\frac{\omega}{c}\right)^2\varepsilon\mathbf{E},\nabla\cdot\varepsilon\mathbf{E}=0$。例如，参见 Sigalas 等 (1997) 和 Drikis 等 (2004) 所著文献。

(因此可以移到积分外面)，可以得到

$$\frac{\delta\omega}{\omega} \approx -\frac{\Delta n}{n} \cdot \left(\int \varepsilon \left|\mathbf{E}\right|^2 \text{在微扰区域的比例} \right) \tag{29}$$

可以看到，频率的分数变化等于折射率的分数变化乘上电场能量在微扰区域内的比例。而负号的出现是因为增加折射率会降低频率，这可以从变分方程 (23) 中看出。

介质中微小的吸收可以用含有虚部的介电常数来表示，且这不足以构成微扰理论的障碍。有扰动的物理问题完全可以是非厄米的 (它仅仅需要 "非扰动" 的物理问题是厄米的)。因此，介电常数中的虚部 $\Delta\varepsilon = \mathrm{i}\delta$ 导致 $\Delta\omega$ 中出现虚部，$\Delta\omega = -\mathrm{i}\gamma/2$，其中，$\gamma = \omega \int \left|\mathbf{E}\right|^2 \delta \Big/ \int \varepsilon \left|\mathbf{E}\right|^2$。这就是说，电磁场随着时间以指数 $\mathrm{e}^{-\gamma t/2}$ 衰减，γ 是模能量的衰减率。当然，通过反转虚部 $\Delta\varepsilon$ 的符号，我们也可以得到一个**增益**介质，在这个介质中，外部的能量源促使其中的原子或分子激发出一些 "态"，对应的电磁波模式将呈指数增益 (尽管在自然界中，这样的增益最终会停止在一个有限的数值上)。

如果材料的非线性很弱，那么它的介电常数的扰动 $\Delta\varepsilon$ 将正比于外加电场的振幅或强度 (取决于材料)。微扰理论在光学非线性现象的分析中通常非常准确，因为材料折射率变化的典型值要远远小于 1%。尽管扰动强度是如此之小，但如果扰动持续很长时间，带来的影响将是深远的。非线性系统价值的评估已经超出了本书的范围，不过在第 9 章和第 10 章仍会做出一些相关的讨论。

方程 (28) 可以适用于很多种微扰情况。这些微扰包括了一些人们最感兴趣的情况：例如，由于外部电磁场或介电常数随温度的变化而产生的变化。但同时应该注意到，有些情况下，方程 (28) 会失效。比如，两个材料在交界面的微小移动当然也算是小扰动。但是，如果这两个材料的介电常数 ε_1 和 ε_2 相差很大，那么介电常数在空间上的不连续性会使得方程 (28) 失效。在这种情况下，如果 ε_1 材料沿着垂直于边界的方向向 ε_2 材料移动一段距离 Δh，则频率移动所对应的展开式中会包含表面积分项 (Johnson et al., 2002a)：

$$\Delta\omega = -\frac{\omega}{2} \frac{\iint \mathrm{d}^2\mathbf{r} \left[\left(\varepsilon_1 - \varepsilon_2\right) \left|\mathbf{E}_{\parallel}\left(\mathbf{r}\right)\right|^2 - \left(\frac{1}{\varepsilon_1} - \frac{1}{\varepsilon_2}\right) \left|\varepsilon\mathbf{E}_{\perp}\left(\mathbf{r}\right)\right|^2 \right] \Delta h}{\int \mathrm{d}^3\mathbf{r}\varepsilon\left(\mathbf{r}\right)\left|\mathbf{E}\left(\mathbf{r}\right)\right|^2} + O\left(\Delta h^2\right) \tag{30}$$

在这个展开式中，$\mathbf{E}_{\parallel}$ 是 $\mathbf{E}$ 平行于表面的分量，$\varepsilon\mathbf{E}_{\perp}$ 是 $\varepsilon\mathbf{E}$ 垂直于表面的分量 (这些分量满足电场穿过介质表面时的连续性)。这个表达式已经假设 Δh 远小于材料沿着位移方向的横向延伸。反之，如果平行于材料表面的横向延展与 Δh 相当或者更小 (此时，微扰更像一个 "跳跃"，而不是微微移动)，那么表达式会变得更加复杂，有兴趣的读者可以参见文献 (Johnson et al., 2002)。

前面的例子是在查阅文献之后所得到的关于微扰理论的几个最新的发展。像求解光子晶体这样的材料 (介质的差异明显，且呈周期分布)，经典微扰方法需要新的突破。

2.7　麦克斯韦方程组的比例缩放特点

对介质中的电磁学来说，除了假设系统是宏观的，它并不存在一个基本尺度。在原子物理中，势函数的空间尺度以基本长度 (玻尔半径) 为单位。因此，那些不同的材料，哪怕仅仅是结构上不同的空间尺度，也会拥有截然不同的物理属性。而对于光子晶体来说，在空间维度上没有一个基本长度——主方程是尺度不变量。因此，在那些仅仅是在空间结构上收缩或扩大的不同的系统中，电磁现象将变得十分相似。

举个例子，比如对于一个材料，其介电常数分布为 $\varepsilon(\mathbf{r})$，它的本征频率为 ω，本征模式为 $\mathbf{H}(\mathbf{r})$。重新回顾方程 (7)：

$$\nabla \times \left(\frac{1}{\varepsilon(\mathbf{r})}\nabla \times \mathbf{H}(\mathbf{r})\right) = \left(\frac{\omega}{c}\right)^2 \mathbf{H}(\mathbf{r}) \tag{31}$$

现在假设介电常数的空间分布变为 $\varepsilon'(\mathbf{r}) = \varepsilon(\mathbf{r}/s)$，那么此时谐波模式会发生什么样的变化呢？将变化后的介电常数空间分布代入方程 (31)，$\mathbf{r}' = s\mathbf{r}$，$\nabla' = \nabla/s$：

$$s\nabla' \times \left(\frac{1}{\varepsilon(\mathbf{r}'/s)}s\nabla' \times \mathbf{H}(\mathbf{r}'/s)\right) = \left(\frac{\omega}{c}\right)^2 \mathbf{H}(\mathbf{r}'/s) \tag{32}$$

其中，$\varepsilon(\mathbf{r}'/s)$ 正是 $\varepsilon'(\mathbf{r}')$。提取出比例因子 s，可以得到

$$\nabla' \times \left(\frac{1}{\varepsilon'(\mathbf{r}')}\nabla' \times \mathbf{H}(\mathbf{r}'/s)\right) = \left(\frac{\omega}{cs}\right)^2 \mathbf{H}(\mathbf{r}'/s) \tag{33}$$

这又是一个主方程，这一次它的模式分布变成了 $\mathbf{H}'(\mathbf{r}') = \mathbf{H}(\mathbf{r}'/s)$，本征频率变成了 $\omega' = \omega/s$。这说明新的谐波的模式分布和频率仅仅是在原来的模式分布上进行了简单缩放。也就是说，只要求解该系统在某一个特定尺度上的解，其他尺度的解全都可以得到。

这个简单的事实却有着极其重要的实用意义。比如，制造微观尺度极其复杂的微小光子晶体非常困难，但是它的模型通过放大后 (比如厘米级)，却可以很容易地被制造与测试。只要材料的介电常数相似，那么测试结果可以提供很好的帮助。

在光子晶体中，不仅空间没有基本尺度，介电常数也没有最小的基本单位。与刚刚一样，设想一个材料，其介电常数分布为 $\varepsilon(\mathbf{r})$，它的本征频率为 ω，空间模式为 $\mathbf{H}(\mathbf{r})$。现在，假设介电常数整体变小为：$\varepsilon'(\mathbf{r}) = \varepsilon(\mathbf{r})/s^2$。在方程 (31) 中，用

$s^2\varepsilon'(\mathbf{r})$ 代替 $\varepsilon(\mathbf{r})$，然后得到

$$\nabla \times \left(\frac{1}{\varepsilon'(\mathbf{r})}\nabla \times \mathbf{H}(\mathbf{r})\right) = \left(\frac{s\omega}{c}\right)^2 \mathbf{H}(\mathbf{r}) \tag{34}$$

这个新系统的谐波模式 $\mathbf{H}(\mathbf{r})$ 没有发生变化，①但是频率变为 $\omega' = s\omega$。也就是说，如果将一个系统的介电常数整体缩减为原来的 1/4，那么新系统谐波的模式分布不会变化，同时它们的频率翻倍。

基于以上两个事实，如果将 $\varepsilon(\mathbf{r})$ 除以 s^2，同时将 $\mathbf{r}$ 乘上 s，频率将保持不变。在更为广义的坐标变化中，这样一个简单的尺度不变性是一个特殊的例子。更让人惊奇的是，不管坐标怎样变化，都可以通过改变 ε 和 μ 来保持 ω 不变 (Ward and Pendry, 1996)。这是一个极其有用的思想工具，因为它允许人们任意扭曲变形一个结构，同时让它的麦克斯韦方程组形式保持一定的相似性。只不过，此时，ε 和 μ 的改变不再是简单地乘上一个常数因子。

2.8 频率的离散与连续性

对光子晶体来说，它的谱表示所有本征频率 ω 的集合。那么这个谱看起来应该是什么样的？它的值是一个连续的范围，像彩虹那样，还是一系列离散的值 ω_0，ω_1，ω_2，$\cdots$，就像钢琴谱上的音符一样？下一章会讨论一些特殊的例子，但是这一节只讨论这个问题的更为广义的属性。

答案是，这取决于模式分布 $\mathbf{H}(\mathbf{r})$(或者 $\mathbf{E}(\mathbf{r})$) 的空间域。如果场在有界的空间内，无论是因为被局域在一个特定的点附近还是在任意三个方向上是周期的 (代表一个有界空间的周期排布)，频率 ω 都是离散的。否则，它们会在一个频率范围，或几个频率范围内连续分布，又或者是在几个连续范围内一部分连续分布，一部分离散 (局域模和扩展模的集合)。

这样的特点对于很多厄米本征值问题都是有效的，并且它们来自模式的正交性。许多表面上看起来毫无联系的物理现象，从氢气光谱能级的不连续性 (电子波局域在原子核附近)，到管风琴的明显泛音 (其中的振动发生在有限的长度内)，都可以归因于这个抽象的数学结果。其他一些物理学者熟悉的例子包括：一个盒子里的一个粒子的量子力学问题 (Liboff, 1992) 以及金属谐振腔中的电磁波的问题 (Jackson, 1998)。接下来的章节将会展示这一数学结果给光子晶体带来的一些概念：离散的频带和晶体缺陷附近的局域模式。

本征模的有界空间域和离散频谱之间关系的一个直观的解释如下：②假定有一些连续的本征值 ω，这意味着可以连续变化 ω，并且每一个 ω 都有一个对应的本

① 然而，请注意，与方程 (8) 相比，$\mathbf{E}$ 和 $\mathbf{H}$ 之间的关系已经改变了 s 倍。
② 有关更正式的讨论，请参见 Courant 和 Hilbert (1953, chap. 6) 所著文献。

征模 $\mathbf{H}_\omega(\mathbf{r})$。现在来论证，对于空间有界的谐波模来说，这种**连续**谱不存在。可以合理地认为，既然 ω 连续地变化，磁场 $\mathbf{H}_\omega$ 也应该连续地变化。即对于任一小的频率变化 $\delta\omega$，磁场也应该对应一个任一小的变化 $\delta\mathbf{H}$。对于一个场来说，任何激烈的变化都会引起它的能量函数数值的变化，并改变频率 (一个特例是一些空间对称的系统使得模式发生了简并，这将在下一章讨论，但同样可以说明，对于一个有界的系统，在一个特定的本征频率下，只能有有限数量的简并模式)。另一方面，这两个空间有界的模 $\mathbf{H}$ 和 $\delta\mathbf{H}$ 无论多么相似，都不是正交的：它们的内积是 $(\mathbf{H},\mathbf{H})+(\mathbf{H},\delta\mathbf{H})$，第一项是正的，而第二项在一个有限域内 (比如，模式分布有限的系统) 的积分为任一小的值。因此，连续谱显然无法满足模的正交性，除非这些模的空间分布是无限延展的。

下一章将会看到，很多有趣的电磁系统内同时存在离散的局域模和一个连续的扩展态。这和氢原子体系并没有太大的不同，对于电子动能远大于离子动能的情况，氢原子体系中也包含拥有离散能量的局域电子态和连续的自由电子态。

2.9　电动力学与量子力学的比较

现在，列出描述电介质的电动力学与描述无相互作用的电子的量子力学的一些基本方程 (见表 1)。这既作为本章的一个主题摘要，同时也有益于那些熟悉量子力学的读者。这种类比在附录 A 中得到了进一步细化。

表 1　量子力学与混合介质中电动力学的对比

	量子力学	电动力学
场	$\Psi(\mathbf{r},t)=\Psi(\mathbf{r})\,\mathrm{e}^{-\mathrm{i}\omega t}$	$\mathbf{H}(\mathbf{r},t)=\mathbf{H}(\mathbf{r})\,\mathrm{e}^{-\mathrm{i}\omega t}$
本征值问题	$\widehat{H}\Psi=E\Psi$	$\widehat{\Theta}\mathbf{H}=\left(\dfrac{\omega}{c}\right)^2\mathbf{H}$
厄米算符	$\widehat{H}=-\dfrac{\hbar^2}{2m}\nabla^2+V(\mathbf{r})$	$\widehat{\Theta}=\nabla\times\dfrac{1}{\varepsilon(\mathbf{r})}\nabla\times$

首先，它们的物理场都被描述为带有相位因子 $\mathrm{e}^{-\mathrm{i}\omega t}$ 的谐波模的振荡。在量子力学中，波函数是复标量场；在电动力学中，磁场是真实的矢量场，而复数形式的指数只是为了数学描述的方便。

其次，这两个体系中的模态都由厄米本征值方程所描述。在量子力学中，频率 ω 与本征值 E 有这样的关系：$E=\hbar\omega$，这个值只有在达到总加常数 V_0 时才有意义。①而在电动力学中，本征值和频率的平方成正比，且没有任何加常数。

从表 1 中能明显看到的一个差异是：在量子力学中，如果 $V(\mathbf{r})$**可分离**，那么哈密顿函数也可以分离。比如说，如果 $V(\mathbf{r})$ 是三个一元函数的相加：$V(\mathbf{r})=$

① 这里 $\hbar\triangleq h/2\pi$ 由普朗克常量 h 给出，这是一个基本常数，近似值 $h\approx6.626\times10^{-34}\mathrm{J\cdot s}$。

$V_x(x)+V_y(y)+V_z(z)$，则波函数 Ψ 可以写成这样的形式：$\Psi(\mathbf{r}) = X(x)Y(y)Z(z)$，被分离为三个更容易求解的问题，每一个问题只有一个维度。在电动力学中，这样的因式分解几乎不可能：即使 $\varepsilon(\mathbf{r})$ 可以分离，算符 $\widehat{\Theta}$ 仍然是不同坐标的耦合结果，因此除非在极为简单的体系中，否则很难得到解析解。[①]基于此原因，通常使用数值仿真解来描述与光子晶体有关的很有趣的现象。

在量子力学中，最低频率的本征态的波函数的振幅多集中在低势的区域内，而在电动力学中，最低频率的模态却将它们的电场能量集中在高介电常数区域。当然，它们都由变分理论来定量地描述。

最后，在量子力学中，有一个基本尺度，这使得人们无法将那些仅仅相差一个乘法因子的数值解联系起来。在电动力学中，这种基本尺度不存在，所求得的数值解可以在空间尺度和频率上自由缩放。

2.10 深入阅读

Griffiths (1989) 所著文献是一本特别适合研究生阅读的，描述详细的电磁学教材。而更为全面详细地介绍宏观麦克斯韦方程组，包括它们微观机理的推导的书籍，可以参见 Jackson (1998) 所著文献。如果想进一步探索和比较本章所提出的方程与薛定谔方程，读者可以参考任何量子力学教材里的前几章。特别是，Shankar(1982)、Liboff(1992) 和 Sakurai(1994) 在论证厄米算符的本征态的特点时，与本章使用的方法很相似。前两本是研究生教材，第三本是本科生教材。而关于诸如厄米算符的更为形式化的数学方法导致了功能分析领域的发展，这在一些文献中有所介绍，比如参见 Gohberg 等 (2000) 所著文献。

① 有可能在二维或圆柱对称系统中实现类似的麦克斯韦方程分离，但即使在这些情况下，分离通常也只在特定极化下实现 (Chen, 1981; Kawakami, 2002; Watts et al., 2002)。在这些特殊情况下，麦克斯韦方程可以用薛定谔形式来写 [Eisenhart (1948) 列举了薛定谔方程的可分离情况]。另外，如果 ε 不依赖于特定坐标，那么问题的特定尺寸总是可分离的，正如我们将在第 3 章的“连续平移对称”一节中看到的那样。

第 3 章 对称性与固体电磁学

如果一个介质结构存在一定的对称性，那么这种对称性可以对该结构内电磁波的模式进行分类。本章研究各种各样的对称性和与之对应的电磁波模式之间的关系。对光子晶体来说，平移对称性 (无论是连续的还是离散的) 是很重要的一个性质，因为它们为讨论带隙提供了一个很自然的背景。与此同时，固体物理中的一些术语也适用于光子晶体，并且本章将会引入这些术语。本章也会研究旋转对称性、镜像对称性、反演对称性和时间反演对称性。

3.1 利用对称性来分类电磁场模式

无论是经典力学还是量子力学，人们都可以根据系统的**对称性** 对系统的行为做出广义的描述。从上一章所给出的数学类比来看，某个系统的对称性自然也可以帮助人们更好地理解该系统的电磁特性。本章从一个关于对称性的实例入手，然后分析这样的对称性会有什么结论，进而对电磁学中的对称性进行更正式的讨论。

假设人们想在如图 1 所示的金属腔中找到一些可能存在的模。金属腔形状任意，很难写下它准确的边界，以及严格的解析解。但是这个空腔有一个很重要的对称性：如果将这个腔体围绕其中心翻转，得到的腔体形状将保持不变。所以，如果以某种方法得到了一个频率为 ω 的特定模式分布 $\mathbf{H}(\mathbf{r})$，那么，$\mathbf{H}(-\mathbf{r})$ 一定也是频率为 ω 的模式分布。这个腔体无法分辨这两个模式，因为它无法分辨 $\mathbf{r}$ 和 $-\mathbf{r}$。

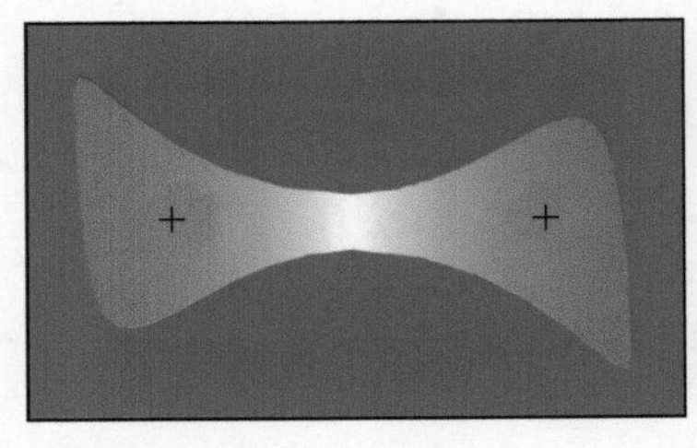

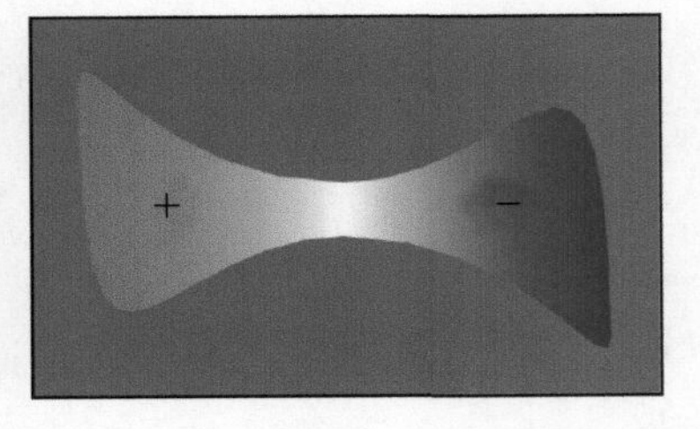

图 1 拥有反演对称性的二维金属腔。红色和蓝色表示场的正极和负极。左图中，**偶模**占据了空腔，其中 $\mathbf{H}(\mathbf{r})=\mathbf{H}(-\mathbf{r})$。右图中，**奇模**占据了空腔，其中 $\mathbf{H}(\mathbf{r})=-\mathbf{H}(-\mathbf{r})$

第 2 章指出，同一频率的两个不同空间模式是**简并态**。因此，除非 $\mathbf{H}(\mathbf{r})$ 是这些简并态中的一个模式，不然，如果 $\mathbf{H}(-\mathbf{r})$ 和 $\mathbf{H}(\mathbf{r})$ 有一样的频率，那么 $\mathbf{H}(-\mathbf{r})$ 和 $\mathbf{H}(\mathbf{r})$ 一定是**同一个模式**。这两个模式无非是相差一个乘数因子：$\mathbf{H}(-\mathbf{r})=\alpha\mathbf{H}(\mathbf{r})$。

那么 α 是多少呢？如果将这个系统翻转两次，也就是再一次乘上因子 α，人们就再次得到了 $\mathbf{H}(\mathbf{r})$。也就是说 $\alpha^2\mathbf{H}(\mathbf{r})=\mathbf{H}(\mathbf{r})$，所以 $\alpha=1$ 或 -1。一个特定的非简并模式一定是下面这两种情况中的一种：要么，它反演不变，$\mathbf{H}(-\mathbf{r})=\mathbf{H}(\mathbf{r})$，称之为**偶模**；要么反演之后变成了它的对立面：$\mathbf{H}(-\mathbf{r})=-\mathbf{H}(\mathbf{r})$，称之为**奇模**。① 图 1 展示出了这些可能性。根据系统内的电磁模式对系统的某一个对称运算的响应，我们将这些模式进行了分类。

利用这个例子，人们可以用更抽象的语言得到一些本质的结论。假设 I 是一个运算符 (3×3 的矩阵)，它作用在一个向量 (3×1 的矩阵) 上可以使得其反转。即 $I\mathbf{a}=-\mathbf{a}$。为了反转一个向量场，使用算符 $\widehat{O}_I$ 来反转向量 $\mathbf{f}$ 和它的自变量 $\mathbf{r}$，即 $\widehat{O}_I\mathbf{f}=I\mathbf{f}(I\mathbf{r})$。②反演对称系统的数学描述是什么样的？既然系统是反演对称的，那么无论是直接对其进行 $\widehat{\Theta}$ 运算，还是我们反演坐标，再对其进行 $\widehat{\Theta}$ 运算，都可以使系统得到一样的状态：

$$\widehat{\Theta}=\widehat{O}_I^{-1}\widehat{\Theta}\widehat{O}_I \tag{1}$$

这个方程可以重写为：$\widehat{O}_I\widehat{\Theta}-\widehat{\Theta}\widehat{O}_I=0$。我们定义了 $\widehat{A},\widehat{B}$ 两个算符的对易式 $\left[\widehat{A},\widehat{B}\right]$，就像量子力学中的对易式一样：

$$\left[\widehat{A},\widehat{B}\right]=\widehat{A}\widehat{B}-\widehat{B}\widehat{A} \tag{2}$$

注意对易式本身也是算符。可以看到，只有当 $\left[\widehat{O}_I,\widehat{\Theta}\right]=0$ 时，系统才是反演对称的。如果将对易式作用在系统内的任何一个空间模式 $\mathbf{H}(\mathbf{r})$ 上，能得到

$$\left[\widehat{O}_I,\widehat{\Theta}\right]\mathbf{H}=\widehat{O}_I\left(\widehat{\Theta}\mathbf{H}\right)-\widehat{\Theta}\left(\widehat{O}_I\mathbf{H}\right)=0$$

$$\Rightarrow\widehat{\Theta}\left(\widehat{O}_I\mathbf{H}\right)=\widehat{O}_I\left(\widehat{\Theta}\mathbf{H}\right)=\frac{\omega^2}{c^2}\left(\widehat{O}_I\mathbf{H}\right) \tag{3}$$

这个方程说明：如果 $\mathbf{H}$ 是一个频率为 ω 的谐波空间模式，那么 $\widehat{O}_I\mathbf{H}$ 也是一个频率为 ω 的空间模式。如果它们不是简并态，那么，它们只能是频率为 ω 的同一个模式，也就是说，$\mathbf{H}$ 和 $\widehat{O}_I\mathbf{H}$ 仅仅相差一个乘法因子：$\widehat{O}_I\mathbf{H}=\alpha\mathbf{H}$。但是这个方程的算符是 $\widehat{O}_I$，而本征值是已知的：$\alpha=1$ 或 -1。因此，一个本征向量 $\mathbf{H}(\mathbf{r})$ 经过反演对称算符 $\widehat{O}_I$ 运算后，就可以判断它们是偶模 ($\mathbf{H}\rightarrow+\mathbf{H}$) 还是奇模 ($\mathbf{H}\rightarrow-\mathbf{H}$)。

① 这种二分法对于简并模式并非正确。但简并模式可以通过适当的线性组合来形成偶对称或奇对称的新模式。

② 这是后面在等式 (14) 中定义算符的特殊情况。这里有一个小小的问题，因为 $\mathbf{H}$ 是一个赝矢量，$\mathbf{E}$ 是一个矢量，如 Jackson (1998) 所证明的。这意味着 $\mathbf{H}$ 经过转换是正号：($I\mathbf{H}=+\mathbf{H}$)，而 $\mathbf{E}$ 经过转换是负号：($I\mathbf{E}=-\mathbf{E}$)。即 $\widehat{O}_I\mathbf{H}(\mathbf{r})=+\mathbf{H}(-\mathbf{r})$，$\widehat{O}_I\mathbf{E}(\mathbf{r})=-\mathbf{E}(-\mathbf{r})$。偶模定义为在反演 $\widehat{O}_I$ 下不变的模，这意味着偶模具有的形式为：$\mathbf{H}(\mathbf{r})=\mathbf{H}(-\mathbf{r})$ 和 $\mathbf{E}(\mathbf{r})=-\mathbf{E}(-\mathbf{r})$。

如果系统存在简并说明什么？两个拥有同样频率的空间模式，它们可能不只是简单地相差一个乘法因子。但是，通过这些简并态的线性组合，人们总是可以让空间模式变为偶对称模式或者奇对称模式 (有兴趣的读者可以自行证明)。

一般来说，当两个算符对易时，人们就可以同时构造两个算符的本征函数。因为像 $\hat{O}_I$ 这样简单的对称算符的本征函数和本征值很容易确定，而 $\hat{\Theta}$ 的本征函数和本征值不容易确定。但是，如果算符 $\hat{\Theta}$ 和一个对称算符 $\hat{S}$ 对易，人们就可以利用 $\hat{S}$ 的特点来构建和计算 $\hat{\Theta}$ 的本征函数。在反演对称的例子里，人们可以将 $\hat{\Theta}$ 的本征函数归类为偶数和奇数。在接下来介绍平移对称、旋转对称和镜像对称时，这样的方法依然很有效。

3.2 连续平移对称

一个系统所拥有的另一种可能对称是连续平移对称。该系统在某个特定的方向上通过连续平移是不变的。根据这个信息，人们可以确定这个系统内电磁波空间模式的函数形式。

一个平移对称的系统在移动一个距离 $\mathbf{d}$ 时是不变的。对于每一个 $\mathbf{d}$，可以定义一个平移算符 $\hat{T}_{\mathbf{d}}$，它作用在函数 $\mathbf{f}(\mathbf{r})$ 上，使得自变量偏移了 $\mathbf{d}$。假设系统是平移不变的，于是就有：$\hat{T}_{\mathbf{d}}\varepsilon(\mathbf{r}) = \varepsilon(\mathbf{r}-\mathbf{d}) = \varepsilon(\mathbf{r})$，或者等效的：$\left[\hat{T}_{\mathbf{d}}, \hat{\Theta}\right] = 0$。现在，可以根据 $\hat{\Theta}$ 的空间模式在算符 $\hat{T}_{\mathbf{d}}$ 下的反应来对其做出分类。

一个在 z 方向上是**连续**平移对称的系统在算符 $\hat{T}_{\mathbf{d}}$ 作用于 z 方向时是不变的。那么什么样的函数才是所有可能算符 $\hat{T}_{\mathbf{d}}$ 的本征函数呢？可以证明一个形如 $\mathrm{e}^{\mathrm{i}kz}$ 的空间模式是任何 z 方向平移算符的本征函数：

$$\hat{T}_{\mathbf{d}\hat{\mathbf{z}}}\mathrm{e}^{\mathrm{i}kz} = \mathrm{e}^{\mathrm{i}k(z-d)} = \mathrm{e}^{(-\mathrm{i}kd)}\mathrm{e}^{\mathrm{i}kz} \tag{4}$$

其对应的本征值是 $\mathrm{e}^{-\mathrm{i}kd}$。当然，反过来也可以证明，任何 z 方向平移算符 $\hat{T}_{\mathbf{d}}$ 的本征函数一定正比于 $\mathrm{e}^{\mathrm{i}kz}$($k$ 取特定值)①。本书所研究系统的空间模式可以是任意平移算符 $\hat{T}_{\mathbf{d}}$ 的本征函数，因此它们的函数形式里一定有一个依赖于 z 的函数 $\mathrm{e}^{\mathrm{i}kz}$($z$ 可以分离)。根据数值 k，即**波矢**，可以对这些函数进行归类。(在一个无限的系统里，k 一定是实数，因为一个模的振幅在无穷远处应为有限值。)

如果一个系统在三维方向上都是连续平移对称的，那么它肯定是**均匀介质**：$\varepsilon(\mathbf{r})$ 是一个常数 ε(对于真空来说是 1)。与上面的论证类似，可以证明在这样的介质里，

① 如果 $f(x) \neq 0$ 是一个这样的函数，那么 $f(x-d) = \lambda(d) f(x)$ 对所有的 d 和本征值 $\lambda(d)$ 都成立。比例 $f(x)$ 使 $f(0) = 1$，因此 $f(x) = f(0-[-x]) = \lambda(-x)$。因此，$f(x+y) = f(x) f(y)$，并且具有这个性质的唯一连续函数是 $f(x) = \mathrm{e}^{cx}$(对于某个常数 c)。(例如，参见 Rudin(1964) 所著文献第 8 章练习 6。)

谐波模式必有如下形式：

$$\mathbf{H}_{\mathbf{k}}(\mathbf{r})=\mathbf{H}_0\mathrm{e}^{\mathrm{i}\mathbf{k}\cdot\mathbf{r}} \tag{5}$$

其中，$\mathbf{H}_0$ 是常向量。这些谐波模式是平面波，它们沿着 $\mathbf{H}_0$ 偏振。而第 2 章方程 (5) 所提到的条件则给出了进一步限制：$\mathbf{k}\cdot\mathbf{H}_0=0$。读者可以证明，这些平面波实际上是主方程以 $\left(\dfrac{\omega}{c}\right)^2=|\mathbf{k}|^2/\varepsilon$ 为本征值的解，并存在**色散关系**：$\omega=c|\mathbf{k}|/\sqrt{\varepsilon}$。如此，波矢 $\mathbf{k}$(实际上，波矢 $\mathbf{k}$ 指定了空间模式在连续平移对称算符下的表现) 将平面波进行归类。

另一个拥有连续平移对称性的简单系统是一个无限大的石英平面 (如图 2 所示)。在这种情况下，介电函数 $\varepsilon(\mathbf{r})$ 在 z 方向是变化的，但在平面 $\boldsymbol{\rho}$ 内不变：$\varepsilon(\mathbf{r})=\varepsilon(z)$。这个系统在所有 xy 平面内平移算符的运算下都是不变的。根据面内波矢，$\mathbf{k}=k_x\hat{\mathbf{x}}+k_y\hat{\mathbf{y}}$，可以确定这些空间模式。而 x 和 y 的连续平移对称意味着函数有如下复指数形式：

$$\mathbf{H}_{\mathbf{k}}(\mathbf{r})=\mathrm{e}^{\mathrm{i}\mathbf{k}\cdot\boldsymbol{\rho}}\mathbf{h}(z) \tag{6}$$

这是第一次使用符号 $\boldsymbol{\rho}$ 来描述位于 xy 平面内的矢量。人们无法得到函数 $\mathbf{h}(z)$(取决于 $\mathbf{k}$)，因为系统在这个方向上没有平移对称性。(不过，横向条件限制了 $\mathbf{h}$，将方程 (6) 代入 $\nabla\cdot\mathbf{H}_{\mathbf{k}}=0$ 得到 $\mathbf{k}\cdot\mathbf{h}=\mathrm{i}\partial h_z/\partial z$。)

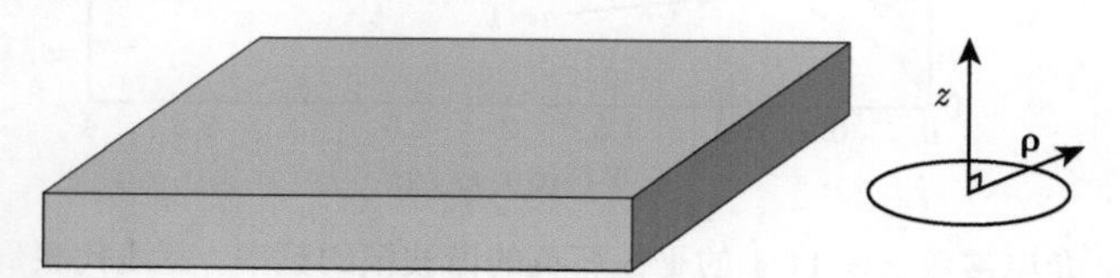

图 2　石英平面。如果石英在 x 和 y 方向上延展得足够远 (远大于 z 方向)，我们就可以认为它是一维的：介电函数 $\varepsilon(\mathbf{r})$ 在 z 方向是变化的，但在平面 $\boldsymbol{\rho}$ 内不变

为什么方程 (6) 可以描述这些空间模式，这里给出一个易于理解的直观解释。假设有三个共面不共线的点 $\mathbf{r}$，$\mathbf{r}+\mathrm{d}\mathbf{x}$，$\mathbf{r}+\mathrm{d}\mathbf{y}$，它们的 z 分量相等。由于面内的连续平移对称性，这三个点应该是等效的，也应该拥有相同的磁场振幅，而唯一的不同应该是相位因子的变化。但是，一旦选择了这三个点的相位差，就定义了每个点之间的相位关系，也就同时确定了每个点的 k_x 和 k_y，当然，它们在这个平面内必须是通用的。不然，就可以根据相位关系来分辨面内的不同位置。但是，沿着 z 方向，这样的限制消失了。沿着这个方向，每个平面与石英底的距离都是不一样的。当然，每个平面也因此有不一样的振幅和相位。

$\mathbf{k}$ 将空间模式进行了归类。虽然还无法确定 $\mathbf{h}(z)$，但在特定的 $\mathbf{k}$ 下，人们仍然可以将这些空间模式 (无所谓它们是什么样的) 按照频率依次排开 (如果是自由空间，频率将排成一条线，如果在周期系统中，这些频率将是一条直线上的一些离散的点)。在这条线上，可以用 n 表示每一个特定空间模式的频率位置，这样一来，就可以通过函数组 $(\mathbf{k}, n)$ 来确定任何空间模式了。当然，如果存在简并，就不得不计入一个额外的指标来命名那些有相同 n 和 $\mathbf{k}$ 的简并态。

n 被称为**带数**，对于一个 $\mathbf{k}$ 来说，如果频谱是离散的，那么 n 为整数。但有时候 n 实际上是连续变化的 (比如均匀介质内)。当 n 增加时，与之对应的频率也在增加。如果画出图 2 所示平板玻璃系统内 $\mathbf{k}$ 和空间模式频率的关系，那么不同的带对应于频率均匀上升的不同的线。**带结构**如图 3 所示 (也叫**带图**或**色散关系**)，并且下面将会对其做出更详细的讨论。本章对第 2 章的主方程 (7) 进行数值计算得到带结构。

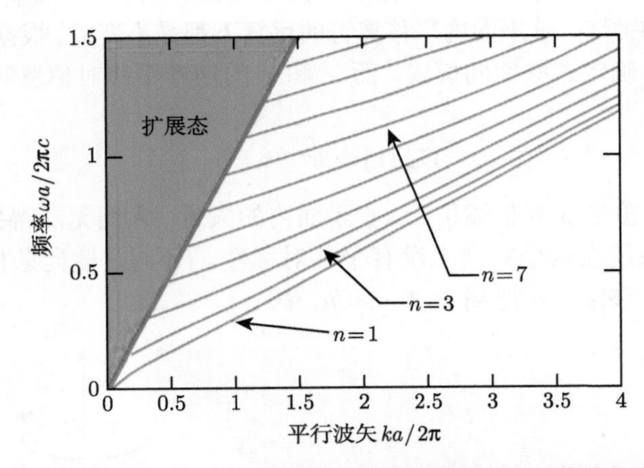

图 3　厚度为 a，介电常数 $\varepsilon = 11.4$ 的平板石英的谐波模的频率。蓝线代表局域在石英里的模式。而蓝色阴影部分表示连续的模式 (连续分布在空气、石英及其周围)。红线代表光线：$\omega = ck$。这幅图只给出了一种极化 (磁场 $\mathbf{H}$ 垂直于 z 和 k 构成的平面) 的模式频率

连续平移对称的重要性在于：波矢 $\mathbf{k}$ 沿着平移对称方向的分量是**守恒量**。如果一个特定场的分布在平移算符 $\hat{T}_{\mathbf{d}}$(与算符 $\hat{\Theta}$ 对易) 的作用下的本征值为 e^{ikd}，那么这个本征值将是不变的。在随后的章节中，这样的守恒定理有着深远的影响。[①]

折射率引导

再次回到无限大的石英平面，并讨论经典光学中一个著名现象：**全内反射**。即石英内的光线在进入空气 (或其他比石英介电常数小的介质) 时，如果入射角小于某个数值，那么光线将会在石英与空气的交界面发生全发射，并因此被限制在石英内 (平面波导)。这一节将会利用关于对称的规则来解释这一现象。在某种意义上，

① 对专家来说，可以更广义地说对称群的不可约表示在线性系统中是守恒的。这一点可以很容易从群的投影算子与时间演化算子的对易性得到证明。

光的这种约束来自平移对称。另外，除了描述射线光学，利用对称性还可以得到关于**折射率引导**的更为广义的概念，这一概念成为第 7 章和第 8 章的基石。

图 4 中所展示的是光线在两个介质 ε_1 和 ε_2 交界面处的折射现象。这样的光学现象一般由**斯内尔定律**表示为：$n_1\sin\theta_1 = n_2\sin\theta_2$，其中，$n_i$ 是折射率 $\sqrt{\varepsilon_i}$，θ_i 是光线与法线的夹角。如果 $\theta_1 > \arcsin(n_2/n_1)$，那么根据斯内尔定律，$\sin\theta_2$ 将大于 1，这样的 θ_2 是不存在实数解的；其对应的物理现象是，光线发生了全反射。而临界角 $\arcsin(n_2/n_1)$ 只有在 $n_2 < n_1$ 时才存在，所以全反射也只发生在高折射率介质内。不过，斯内尔定律只是两个起源于对称性的守恒定律的综合效应：频率 ω 守恒 (来自麦克斯韦方程组的线性与时间不变性) 和波矢 $\mathbf{k}$ 平行于界面的分量 $k_\parallel$ 守恒(来源于界面的连续平移对称性)。根据 $k_\parallel$ 在界面两边守恒，并写出 $k_\parallel = |\mathbf{k}|\sin\theta$，$|\mathbf{k}| = \dfrac{n\omega}{c}$，便得到了斯内尔定律。而利用这种方式来思考这种折射问题的好处是：问题不再是局限于射线光学领域了 (在射线光学领域，宏观尺度必须大于光的波长)。

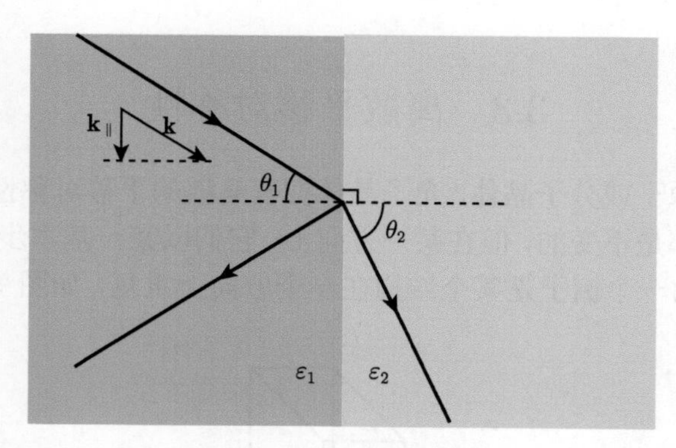

图 4　在两个介质 ε_1 和 ε_2 的交界面，通过斯内尔定律，我们可以将光线分为入射光 (θ_1) 和折射光 (θ_2)。当 ε_2 小于 ε_1 时，对于一个特定的 θ_1，我们无法得到任何关于 θ_2 的解，光将会产生全内反射。这一现象背后更深入的物理原因是，为了遵循平移对称，$k_\parallel$ 必须是守恒的

讲得更具体一点，假设一个宽度为 a 的石英处于某个区域的中央。人们希望理解电磁波模式的带结构 (带图表示频率 ω 随波矢分量 $k_\parallel$ 的变化情况，因为 $k_\parallel$ 拥有平移对称性)。在带图中，频率和波矢分量都是守恒量。之前的图 3 已经画出了这样的关系，接下来开始描述这幅图的信息。

首先考虑那些进入空气并传播到无限远的空间模式 (不是局域在石英中的)。在远离石英的区域，这些空间模式肯定和自由空间中的平面波很像。这些模式是一系列频率为 $\omega = c|\mathbf{k}| = c\sqrt{k_\parallel^2 + k_\perp^2}$ 的平面波的叠加，其拥有实数的波矢垂直分量 $k_\perp$。对于一个给定的 $k_\parallel$，空间模式所有可能的频率都会大于 $ck_\parallel$，因为 $k_\perp$ 可以取

任意值。所以，对于频率处于**光线** $\omega = ck_{\|}$(图 3 中红线所示) 之上的所有电磁场态，它们的频谱是连续的，这个区域 $(\omega > ck_{\|})$ 称为**光锥**。光锥内的空间模式满足斯内尔定律 (光锥内所有的 $k_{\|}$ 都低于临界角对应的 $k_{\|}$)。

在光锥之外，石英平板的存在导致了电磁场有一些处于光线以下的解。由于石英的介电常数大于空气，所以石英中电磁本征模式的频率要比真空中同样电磁本征模式的频率低 (见第 2 章 "电磁能量和变分原理" 一节中的方程 (23))。这些新的解所对应的空间模式肯定局域在石英附近。这些空间模式的波矢垂直分量在空气中是虚数：$k_{\perp} = \pm \mathrm{i}\sqrt{k_{\|}^2 - \omega^2/c^2}$，这意味着电磁场沿着垂直于石英平面的方向呈指数衰减 (倏逝波)。这些模式为**折射率引导**模式。从第 2 章 "频率的离散与连续性" 这一节可以知道，对于一个特定的 $k_{\|}$，这些模式的频率是离散的，因为这些模式是局域的。因此，图 3 中这些处于光线之下模式的带结构 $\omega_n\left(k_{\|}\right)$ 是离散的。在越来越大的 $\left|k_{\|}\right|$ 极值处 (可以想象成光越来越沿着界面的水平方向传播)，人们得到了越来越 "引导" 的带，最终，人们以连续的角度 $\theta > \theta_c$ 接近全内反射光线的射线光线极限。

3.3　离散平移对称性

就像传统的原子或分子晶体，光子晶体拥有离散的平移对称性，即它们不是在平移任何距离时都是不变的，但在某一方向上，它们以某一基本步长的倍数表现出不变性。最简单的一个例子是某个结构在一个方向上重复，如图 5 所示。

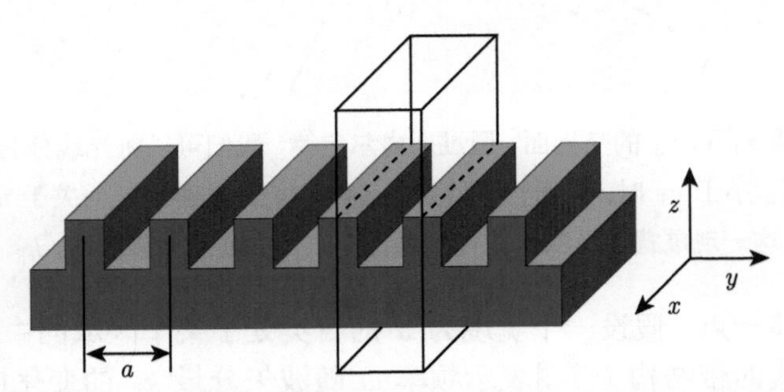

图 5　一个拥有不连续平移对称性的介质示意图。如果这样的介质在 y 方向上永远周期排列，那么将这个体系沿着 y 轴移动 a 的倍数距离，这个体系将是不变的。这个体系的重复单元在图中用盒子标了出来。这样一个特别的结构在工程上被用于分布式反馈激光器 (Yariv，1997)

这样的系统沿着 x 方向是连续平移对称的，但在 y 方向上确实不是连续平移对称的。基本步长称为**晶格常数** a，该方向上的单位矢量称为**晶格基矢**，在图 5 中，晶格基矢量是 $\mathbf{a} = a\mathbf{y}$。因为离散平移对称性，所以 $\varepsilon(\mathbf{r}) = \varepsilon(\mathbf{r} \pm \mathbf{a})$。通过重复这样的平移，可以知道 $\varepsilon(\mathbf{r}) = \varepsilon(\mathbf{r}+\mathbf{R})$ 对于任何整数倍于 $\mathbf{a}$ 的向量 $\mathbf{R}$(即 $\mathbf{R} = \ell\mathbf{a}$) 都成立。

而图 5 中立方体所标注的重复单元是**原胞**。在图例中，原胞是一个在 y 方向上宽度为 a 的 xz 厚板。

由于连续平移对称，算符 $\widehat{\Theta}$ 必须和 x 方向上的任何平移算符对易，当然，在 y 方向上，算符 $\widehat{\Theta}$ 必须和晶格矢量 $\mathbf{R} = \ell a\hat{\mathbf{y}}$ 的平移算符对易。也就是说，$\widehat{\Theta}$ 的空间模式必须同时满足这两种平移算符的本征函数。这些本征函数是平面波：

$$\begin{cases} \widehat{T}_{d\hat{\mathbf{x}}} \mathrm{e}^{\mathrm{i}k_x x} = \mathrm{e}^{\mathrm{i}k_x(x-d)} = \mathrm{e}^{(-\mathrm{i}k_x d)} \mathrm{e}^{\mathrm{i}k_x x} \\ \widehat{T}_{\mathbf{R}} \mathrm{e}^{\mathrm{i}k_y y} = \mathrm{e}^{\mathrm{i}k_y(y-\ell a)} = \mathrm{e}^{(-\mathrm{i}k_y \ell a)} \mathrm{e}^{\mathrm{i}k_y y} \end{cases} \tag{7}$$

现在，可以根据 k_x 和 k_y 来归类这些空间模式了。但是，并不是所有 k_y 都有不一样的本征值。不妨假设两个空间模式，其中一个波矢为 k_y，另一个波矢为 $k_y + 2\pi/a$，将这两个波矢代入方程 (7)，可以发现它们的平移算符 $\widehat{T}_{\mathbf{R}}$ 的本征值是一样的。实际上，任何波矢为 $k_y + m\left(\dfrac{2\pi}{a}\right)$($m$ 为整数) 的模式都是简并的。它们都拥有同样的平移算符本征值 $\mathrm{e}^{(-\mathrm{i}k_y \ell a)}$。也就是说，将 k_y 加上 $b = 2\pi/a$ 的整数倍，本征态将不变。$\mathbf{b}=b\hat{\mathbf{y}}$ 是**倒格子基矢量**。

既然简并态 (空间模式 $\mathbf{H}$) 的线性组合仍然是本征函数在该本征值 (频率 ω) 下的一个解，那么可以对原始模式进行线性组合，使它们变为如下形式：

$$\begin{aligned} \mathbf{H}_{k_x,k_y}(\mathbf{r}) &= \mathrm{e}^{\mathrm{i}k_x x} \sum_m Ck_{y,m}(z)\, \mathrm{e}^{\mathrm{i}(k_y+mb)y} \\ &= \mathrm{e}^{\mathrm{i}k_x x} \cdot \mathrm{e}^{\mathrm{i}k_y y} \cdot \sum_m Ck_{y,m}(z)\, \mathrm{e}^{\mathrm{i}mby} \\ &= \mathrm{e}^{\mathrm{i}k_x x} \cdot \mathrm{e}^{\mathrm{i}k_y y} \cdot \mathbf{u}_{k_y}(y,z) \end{aligned} \tag{8}$$

其中，C 是由显式解所决定的展开系数。$\mathbf{u}_{k_y}(y,z)$ 是 y 方向上的周期函数：通过方程 (9) 可以确定 $\mathbf{u}_{k_y}(y\ell a, z) = \mathbf{u}_{k_y}(y,z)$。

y 方向上离散的周期性使得一个依赖于 y 的空间模式 $\mathbf{H}$ 可以表达为一个平面波乘上一个关于 y 的周期函数。可以把这个空间模式想象成一个平面波，就好像它处于自由空间一样。但由于周期的晶格，这个平面波受到周期函数的调制：

$$\mathbf{H}(\cdots,y,\cdots) \propto \mathrm{e}^{\mathrm{i}k_y y} \cdot \mathbf{u}_{k_y}(y,\cdots) \tag{9}$$

这就是著名的**布洛赫理论**。在固体物理中，方程 (9) 所代表的模式是著名的**布洛赫态**(Kittel，1996)；在数学上，则表示为 "**Floquet 模**"(Mathews and Walker，1964)。本书使用前一种叫法。①

① 事实上，这个定理的本质至少在四个不同的时间 (用四种语言) 被独立地发现，分别被 Hill (1877), Floquet (1883), Lyapunov (1892) 和 Bloch (1928) 发现。考虑到这一点，术语经常混淆并不奇怪。

布洛赫态的一个关键特征是波矢为 k_y 的布洛赫态与波矢为 $k_y + mb$ 的布洛赫态是一样的。从物理意义上讲，如果两个波矢 k_y 仅仅相差 b 的整数倍，那么它们的空间模式是一样的。因此，这些空间模式的频率也一定随着 k_y 而周期变化：$\omega(k_y) = \omega(k_y + mb)$。事实上，只需要考虑 $-\pi/a < k_y \leqslant \pi/a$ 范围内的 k_y 就可以得到所有的解。这个范围是非常重要的，且这个描述 k_y 的简化区域称为**布里渊区**。[①]如果读者对于倒易晶格或者布里渊区的概念不熟悉，可以参看附录 B。

这里简单分析一下介质结构在三个方向上周期变化的情况；这里跳过一些细节直接得到结论。在这种情况下，介质沿着晶格矢量 $\mathbf{R}$ 平移后保持不变。这些晶格矢量都可以写成三个晶格基矢 $(\mathbf{a}_1, \mathbf{a}_2, \mathbf{a}_3)$(它们 “度量” 空间晶格) 的特殊组合。换句话说，$\mathbf{R}$ 可以表示为：$\mathbf{R} = \ell\mathbf{a}_1 + m\mathbf{a}_2 + n\mathbf{a}_3$。$\ell, m, n$ 是某些整数。附录 B 提到矢量 $(\mathbf{a}_1, \mathbf{a}_2, \mathbf{a}_3)$ 对应三个倒格子基矢量 $(\mathbf{b}_1, \mathbf{b}_2, \mathbf{b}_3)$, $\mathbf{a}_i \cdot \mathbf{b}_j = 2\pi\delta_{ij}$。这些倒格矢量是倒易晶格的尺度单位 (波矢所处的空间)。

而三维空间的布洛赫模式由**布洛赫波矢**$\mathbf{k} = k_1\mathbf{b}_1 + k_2\mathbf{b}_2 + k_3\mathbf{b}_3$ 来区分，其中 $\mathbf{k}$ 处于布里渊区。比如，一个原胞是长方体的三维周期晶体的布里渊区由 $|k_i| < 1/2$ 的区域构成。布里渊区内的每个波矢 $\mathbf{k}$ 确定了本征频率为 $\omega(\mathbf{k})$，本征向量为 $\mathbf{H}_\mathbf{k}$ 的 $\widehat{\Theta}$ 的解：

$$\mathbf{H}_\mathbf{k}(\mathbf{r}) = \mathrm{e}^{\mathrm{i}\mathbf{k}\cdot\mathbf{r}}\mathbf{u}_\mathbf{k}(\mathbf{r}) \tag{10}$$

其中，$\mathbf{u}_\mathbf{k}(\mathbf{r})$ 是与晶格有关的周期函数：$\mathbf{u}_\mathbf{k}(\mathbf{r}) = \mathbf{u}_\mathbf{k}(\mathbf{r} + \mathbf{R})$ 对于所有的矢量 $\mathbf{R}$ 均成立。

与连续平移对称使得波矢存在守恒量一样，布洛赫理论的一个推论是，$\mathbf{k}$ 在倒易晶格矢量构成的空间内是一个守恒量。额外引入的倒易晶格矢量并不会改变一个本征模式或者它的传播方向；从本质上讲，这只是标签 $\mathbf{k}$ 的变化，这将在 “布洛赫波的传播速度” 一节继续讨论。这一点和自由空间 (不同的波矢代表了物理上不同的状态) 有很大不同。第 4 章 “光子带隙的物理起源” 将会再次回到这个问题上：先考虑一束平面波在自由空间中传播，然后通过逐渐增加一个周期微扰介质的强度，逐渐打开一个周期性。

3.4　光子带结构

之前根据广义的对称原理证明，在三个方向上拥有离散平移对称的光子晶体内的电磁场模式可以写成布洛赫态 (方程 (10))。而布洛赫态的信息由波矢 $\mathbf{k}$ 和周期函数 $\mathbf{u}_\mathbf{k}(\mathbf{r})$ 所描述。为了求解 $\mathbf{u}_\mathbf{k}(\mathbf{r})$，把布洛赫态的表达式代入主方程：

① 严格来说，这就是著名的第一布里渊区。

$$\widehat{\Theta}\mathbf{H}_{\mathbf{k}} = (\omega(\mathbf{k})/c)^2\mathbf{H}_{\mathbf{k}}$$

$$\nabla \times \frac{1}{\varepsilon(\mathbf{r})}\nabla \times \mathrm{e}^{\mathrm{i}\mathbf{k}\cdot\mathbf{r}}\mathbf{u}_{\mathbf{k}}(\mathbf{r}) = (\omega(\mathbf{k})/c)^2\mathrm{e}^{\mathrm{i}\mathbf{k}\cdot\mathbf{r}}\mathbf{u}_{\mathbf{k}}(\mathbf{r}) \tag{11}$$

$$(\mathrm{i}\mathbf{k}+\nabla) \times \frac{1}{\varepsilon(\mathbf{r})}(\mathrm{i}\mathbf{k}+\nabla) \times \mathbf{u}_{\mathbf{k}}(\mathbf{r}) = (\omega(\mathbf{k})/c)^2\mathbf{u}_{\mathbf{k}}(\mathbf{r})$$

$$\widehat{\Theta}_{\mathbf{k}}\mathbf{u}_{\mathbf{k}}(\mathbf{r}) = (\omega(\mathbf{k})/c)^2\mathbf{u}_{\mathbf{k}}(\mathbf{r})$$

上式定义了一个取决于 $\mathbf{k}$ 的厄米算符 $\widehat{\Theta}_{\mathbf{k}}$:

$$\widehat{\Theta}_{\mathbf{k}} \triangleq (\mathrm{i}\mathbf{k}+\nabla) \times \frac{1}{\varepsilon(\mathbf{r})}(\mathrm{i}\mathbf{k}+\nabla) \times \tag{12}$$

函数 $\mathbf{u}$ 成为新模式分布。通过求解方程 (11) 所表示的本征值问题，可以得到函数 $\mathbf{u}$，并且它还需要满足约束条件 $(\mathrm{i}\mathbf{k}+\nabla)\cdot\mathbf{u}_{\mathbf{k}}=0$ 和周期条件:

$$\mathbf{u}_{\mathbf{k}}(\mathbf{r}) = \mathbf{u}_{\mathbf{k}}(\mathbf{r}+\mathbf{R}) \tag{13}$$

由于这个周期边界条件的存在，可以将本征值问题限制在光子晶体中的一个原胞内求解。将厄米本征值问题限制在一个有界的空间里会导致本征频率谱是离散的。对于每一个波矢 $\mathbf{k}$，可以期望找到一系列有限的空间模式 $\mathbf{u}$，它们的频率是离散分布的，这样，可以根据带数 n 来给它们贴上标签。

由于 $\mathbf{k}$ 在算符 $\widehat{\Theta}$ 中是连续变化的，因此，每一条带中的频率都会随着 $\mathbf{k}$ 的变化而连续变化。这样的变化为人们描述光子晶体内的电磁场模式提供了一个方法：通过带数 n 依次增加频率，可以得到这样一个函数族 $\omega_n(\mathbf{k})$。包含在这些函数中的信息称为光子晶体的**带结构**。而研究光子晶体的带结构使得人们可以有效预测它们的光学特性。

对于一个给定的光子晶体 (有特定的介电常数分布 $\varepsilon(\mathbf{r})$)，如何计算带结构 $\omega_n(\mathbf{k})$? 这都要归功于日益发展的计算机仿真计算，不过在这里不做详细讨论。这本书的目的在于向读者介绍概念和结果，而不是方程的数值求解。附录 D 中有一段关于求解带结构程序的简明概要。本质上来说，仿真技术的正确性依赖于方程组 (11) 的最后一个方程是严格的本征值方程 (对于 $\mathbf{k}$ 的每个值，通过迭代最小化技术能很容易地对该方程进行求解)。

3.5　旋转对称和不可约布里渊区

某些光子晶体可能不只是存在离散平移对称性，也可能存在旋转对称性、镜像对称性，或者反演对称性。首先来了解旋转对称系统内的电磁场模式。

假设一个算符 (3×3 的矩阵)$\mathcal{R}(\hat{\mathbf{n}},\alpha)$ 的作用是将一个矢量沿着方向 $\hat{\mathbf{n}}$ 旋转角度 α。将算符 $\mathcal{R}(\hat{\mathbf{n}},\alpha)$ 简写为 $\mathcal{R}$。为了旋转一个矢量场 $\mathbf{f}(\mathbf{r})$，需要对函数 $\mathbf{f}$ 和它的自变量 $\mathbf{r}$ 都进行旋转：$\mathbf{f}'=\mathcal{R}\mathbf{f},\mathbf{r}'=\mathcal{R}^{-1}\mathbf{r}$，即 $\mathbf{f}'(\mathbf{r}')=\mathcal{R}\mathbf{f}(\mathbf{r}')=\mathcal{R}\mathbf{f}\left(\mathcal{R}^{-1}\mathbf{r}\right)$。由此定义了一个矢量场旋转算符：

$$\widehat{O}_{\mathcal{R}}\cdot\mathbf{f}(\mathbf{r})=\mathcal{R}\mathbf{f}\left(\mathcal{R}^{-1}\mathbf{r}\right) \tag{14}$$

如果经过旋转算符操作后，系统保持不变，那么这个系统的算符与旋转算符一定满足 $\left[\widehat{\Theta},\widehat{O}_{\mathcal{R}}\right]=0$。因此可以进行以下操作：

$$\widehat{\Theta}\left(\widehat{O}_{\mathcal{R}}\mathbf{H}_{\mathbf{k}n}\right)=\widehat{O}_{\mathcal{R}}\left(\widehat{\Theta}\mathbf{H}_{\mathbf{k}n}\right)=\left(\frac{\omega_n(\mathbf{k})}{c}\right)^2\left(\widehat{O}_{\mathcal{R}}\mathbf{H}_{\mathbf{k}n}\right) \tag{15}$$

从上式可以得知，空间模式 $\widehat{O}_{\mathcal{R}}\mathbf{H}_{\mathbf{k}n}$ 也满足主方程，其本征值与 $\mathbf{H}_{\mathbf{k}n}$ 一样。这意味着旋转之后的模式还是它。可以进一步证明 $\widehat{O}_{\mathcal{R}}\mathbf{H}_{\mathbf{k}n}$ 是波矢为 $\mathcal{R}\mathbf{k}$ 的布洛赫态。因此，需要证明 $\widehat{O}_{\mathcal{R}}\mathbf{H}_{\mathbf{k}n}$ 是本征值为 $\mathrm{e}^{-\mathrm{i}\mathcal{R}\mathbf{k}\cdot\mathbf{R}}$ 的平移算符 $\widehat{T}_{\mathbf{R}}$ 的本征函数，其中，$\mathbf{R}$ 是晶格矢量。利用 $\widehat{\Theta}$ 和 $\widehat{O}_{\mathcal{R}}$ 的互换性，以及 $\mathcal{R}^{-1}\mathbf{R}$ 一定还是一个晶格矢量的事实，可以得到

$$\begin{aligned}\widehat{T}_{\mathbf{R}}\left(\widehat{O}_{\mathcal{R}}\mathbf{H}_{\mathbf{k}n}\right)&=\widehat{O}_{\mathcal{R}}\left(\widehat{T}_{\mathcal{R}^{-1}\mathbf{R}}\mathbf{H}_{\mathbf{k}n}\right)\\&=\widehat{O}_{\mathcal{R}}\left(\mathrm{e}^{-\mathrm{i}\left(\mathbf{k}\cdot\mathcal{R}^{-1}\mathbf{R}\right)}\mathbf{H}_{\mathbf{k}n}\right)\\&=\mathrm{e}^{-\mathrm{i}\left(\mathbf{k}\cdot\mathcal{R}^{-1}\mathbf{R}\right)}\left(\widehat{O}_{\mathcal{R}}\mathbf{H}_{\mathbf{k}n}\right)\\&=\mathrm{e}^{-\mathrm{i}(\mathcal{R}\mathbf{k}\cdot\mathbf{R})}\widehat{O}_{\mathcal{R}}\mathbf{H}_{\mathbf{k}n}\end{aligned} \tag{16}$$

因为 $\widehat{O}_{\mathcal{R}}\mathbf{H}_{\mathbf{k}n}$ 是波矢为 $\mathcal{R}\mathbf{k}$ 的布洛赫态，其本征值与 $\mathbf{H}_{\mathbf{k}n}$ 一样，所以它肯定满足如下关系式：

$$\omega_n(\mathcal{R}\mathbf{k})=\omega_n(\mathbf{k}) \tag{17}$$

结论是：如果晶格拥有旋转对称性，那么频率带 $\omega_n(\mathbf{k})$ 在布里渊区内可以进一步约化。类似地，也可以证明只要光子晶体拥有旋转对称性、镜像反射对称性以及反演对称性，那么函数 $\omega_n(\mathbf{k})$ 一定也拥有这些对称性。而这些表征对称性的算符集合叫做晶体的**点群**。

因为函数 $\omega_n(\mathbf{k})$ 拥有点群的全部对称性，所以也就没必要考虑布里渊区内所有的 $\mathbf{k}$ 值了。而布里渊区内无法通过对称操作得到的最小部分称为**不可约布里渊区**。比如，简单四方晶格光子晶体布里渊区的中心点在 $\mathbf{k}=0$ 的地方，其布里渊区如图 6 所示。(对倒易晶格和布里渊区的详细讨论参见附录 B)。不可约布里渊区为三角形，面积占整个布里渊区的 1/8。而剩余的布里渊区包含的信息都包含在不可约布里渊区中。

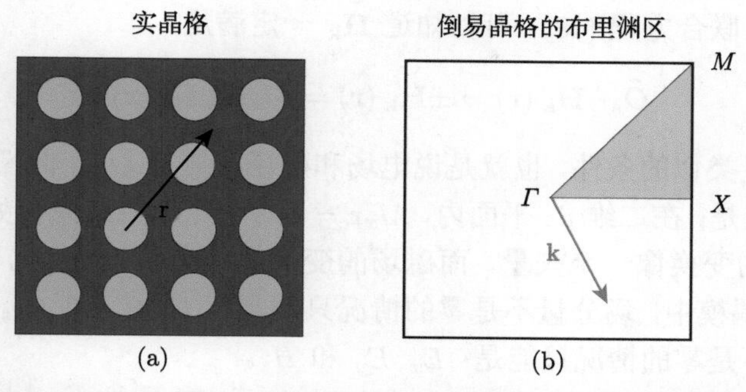

图 6　(a) 拥有四方晶格的光子晶体，图中展示了一个任意的矢量 $\mathbf{r}$。(b) 四方晶格的布里渊区，中心点位于波矢的起始点 (Γ)。图中展示了一个任意的波矢 $\mathbf{k}$。不可约布里渊区为图中蓝色区域所标注的三角形。其三个顶点分别位于中心、角和一条边上，即著名的Γ, M, X

3.6　镜像对称与模式的分离

光子晶体中的镜像对称值得特别关注。在特定的情况下，镜像对称允许人们将 $\widehat{\Theta}_{\mathbf{k}}$ 的本征值方程分离为两个方程，每一个都对应一个特有的极化场。在其中一个空间模式中，$\mathbf{H}_{\mathbf{k}}$ 垂直于镜像面，而 $\mathbf{E}_{\mathbf{k}}$ 平行于镜像面。而另一个空间模式的情况则相反。这种简化是很方便的，因为它立即就能提供关于空间模式对称的信息，也有助于对它们频率的仿真计算。

再次回到图 5 中所示的介质体系，并以此来理解模式的分离是如何产生的。这个体系经过 yz 和 xz 面的镜像反射后是不变的。把注意力放在 yz 平面内的反射 M_x(M_x 使得 $\hat{\mathbf{x}}$ 变为 $-\hat{\mathbf{x}}$，而 $\hat{\mathbf{y}}$ 和 $\mathbf{z}$ 不变)。①与旋转算符类似，定义一个镜像反射算符 $\widehat{O}_{M_x}$，经过镜像反射算符运算后，一个矢量场的自变量和变量都发生了反射：

$$\widehat{O}_{M_x}\mathbf{f}(\mathbf{r}) = M_x\mathbf{f}(M_x\mathbf{r}) \tag{18}$$

一个系统在经过两次镜像算符后将回到它初始的状态，所以 $\widehat{O}_{M_x}$ 的本征值是 1 或 -1。由于系统经过 yz 平面镜像后是不变的，因此 $\widehat{O}_{M_x}$ 和 $\widehat{\Theta}$ 满足交换 $\left[\widehat{\Theta}, \widehat{O}_{M_x}\right] = 0$。与之前一样，可以证明 $\widehat{O}_{M_x}\mathbf{H}_{\mathbf{k}}$ 也是一个波矢为 $M_x\mathbf{k}$ 的布洛赫态：

$$\widehat{O}_{M_x}\mathbf{H}_{\mathbf{k}} = \mathrm{e}^{\mathrm{i}\phi}\mathbf{H}_{M_x\mathbf{k}} \tag{19}$$

其中，ϕ 是任意相位。上式并没有对 $\mathbf{H}_{\mathbf{k}}$ 的反射特点进行限制，除非 $\mathbf{k}$ 满足 $M_x\mathbf{k} = \mathbf{k}$(即 $k_x = k_{-x}$，同时 k_y 和 k_z 不变)。当这个条件成立时，方程 (19) 变成了一个本

① 请注意，任何垂直于 x 轴的切片对于我们的系统都是有效的镜像平面。因此，对于晶体中的任何 $\mathbf{r}$，我们总能找到一个平面，$M_x\mathbf{r} = \mathbf{r}$，这对 M_y 来说不成立。

征值问题，并且联合方程 (18)，可以知道 $\mathbf{H}_{\mathbf{k}}$ 一定满足

$$\widehat{O}_{M_x}\mathbf{H}_{\mathbf{k}}(\mathbf{r}) = \pm\mathbf{H}_{\mathbf{k}}(\mathbf{r}) = M_x\mathbf{H}_{\mathbf{k}}(M_x\mathbf{r}) \tag{20}$$

电场 $\mathbf{E}_{\mathbf{k}}$ 也满足类似的条件，也就是说电场和磁场在算符 $\widehat{O}_{M_x}$ 的操作下必须同为偶模或奇模。但是，在二维 yz 平面内，$M_x\mathbf{r} = \mathbf{r}$ 对于这个系统来说处处都满足。因此，既然电场的变换像一个矢量，而磁场的变换像一个赝矢量 (见 23 页脚注②)，那么，$\widehat{O}_{M_x}$ 的偶模中，场分量不是零的情况只能是：H_x, H_y 和 E_z。同样地，在奇模中，场分量不是零的情况只能是：E_x, E_y 和 H_z。

方程 (11) 也说明只有当 $M\mathbf{k} = \mathbf{k}$(或者 $M\mathbf{r} = \mathbf{r}$) 时，$\left[\widehat{\Theta}, \widehat{O}_M\right] = 0$ 才成立。也就是说，只有一个系统满足镜像反射对称时，电磁场的空间模式才能分离。严格地说，这种极化的分离只有在相当有限的条件下才能成立，在分析三维光子晶体时，这种分离是无效的 (但是，第 7 章 “对称和极化” 这一节对此还有一个更为广义的讨论)。

另一方面，对于二维光子晶体来说，这些条件始终成立。因为二维光子晶体在某个特定的平面上是周期的，但是沿着垂直于该周期平面的方向是均匀的。假设把这个方向定为 z 轴，显然，这条轴上所有的点关于周期平面都是镜像对称的。在二维布里渊区内，所有 $\mathbf{k}_{\parallel}$ 都满足 $M_z\mathbf{k}_{\parallel} = \mathbf{k}_{\parallel}$。因此，所有二维光子晶体中的电磁场空间模式都可以分离为两个独立的极化模式：$(E_x, E_y,\ H_z)$ 或者 $(H_x, H_y,\ E_z)$。前一种模式中，电场在 xy 平面内，这种模式被称为横电 (transverse-electric, **TE**) 模。后一种模式中，磁场在 xy 平面内，这种模式被称为横磁 (transverse-magnetic, **TM**) 模。①

3.7 时间反演对称

现在来讨论另一种极具意义的对称性：时间反演对称。如果对主方程取复共轭，并且利用无损材料的本征值是实数这一特点，可以得到

$$\begin{aligned}\left(\widehat{\Theta}\mathbf{H}_{\mathbf{k}n}\right)^* &= \frac{\omega_n^2(\mathbf{k})}{c^2}\mathbf{H}_{\mathbf{k}n}^* \\ \widehat{\Theta}\mathbf{H}_{\mathbf{k}n}^* &= \frac{\omega_n^2(\mathbf{k})}{c^2}\mathbf{H}_{\mathbf{k}n}^*\end{aligned} \tag{21}$$

可以看到，$\mathbf{H}_{\mathbf{k}n}^*$ 和 $\mathbf{H}_{\mathbf{k}n}$ 满足一样的方程，拥有一样的本征值。$\mathbf{H}_{\mathbf{k}n}^*$ 是波矢为 $-\mathbf{k}$ 的布洛赫态，就是说

$$\omega_n(\mathbf{k}) = \omega_n(-\mathbf{k}) \tag{22}$$

① 经典波导理论有时对 “TE” 和 “TM” 的含义使用不同的约定。本书所用的表示法在光子晶体文献中很常见，但其他作者有时会使用其他术语。

上述方程对几乎所有的光子晶体都成立。[①]频率具有反演对称性。对 $\mathbf{H}_{\mathbf{k}n}$ 采取复共轭就等效于改变麦克斯韦方程组中时间的符号 (见第 2 章方程 (5))，由于这个原因，可以确定方程 (22) 是麦克斯韦方程组时间反演对称的结果。

3.8　布洛赫波的传播速度

在这一点上，有必要对布洛赫态的物理解释提出一些意见，以避免一些概念上的混淆。布洛赫态 $\mathbf{H}_{\mathbf{k}}(\mathbf{r})\,\mathrm{e}^{-\mathrm{i}\omega t}$ 是一个平面波 $\mathrm{e}^{\mathrm{i}(\mathbf{k}\cdot\mathbf{r}-\omega t)}$ 乘上一个周期 "包络" 函数 $\mathbf{u}_{\mathbf{k}}(\mathbf{r})$。它在光子晶体内无散射 (即方向不发生变化) 传播，因为 $\mathbf{k}$ 守恒 (除了额外增加倒格矢量，而这仅仅是形式上的改变)。或者换种说法：所有平面波 $\mathrm{e}^{\mathrm{i}(\mathbf{k}\cdot\mathbf{r}-\omega t)}$ 的散射都是相干的，这导致了具有周期状态的 $\mathbf{u}_{\mathbf{k}}$，并形成了布洛赫态 $\mathbf{H}_{\mathbf{k}}(\mathbf{r})\,\mathrm{e}^{-\mathrm{i}\omega t}$。

在各向同性的均匀介质中，$\mathbf{k}$ 是波传播的方向，但在周期介质中，$\mathbf{k}$ 却不一定代表着波的传播方向：电磁波能量穿过光子晶体的方向和速度由**群速度** $\mathbf{v}$ 给出，它是带数 n 和波矢 $\mathbf{k}$ 的函数：

$$\mathbf{v}_n(\mathbf{k}) \triangleq \nabla_{\mathbf{k}}\omega_n \triangleq \frac{\partial\omega_n}{\partial k_x}\widehat{\mathbf{x}} + \frac{\partial\omega_n}{\partial k_y}\widehat{\mathbf{y}} + \frac{\partial\omega_n}{\partial k_z}\widehat{\mathbf{z}} \tag{23}$$

其中，$\nabla_{\mathbf{k}}$ 是对应 $\mathbf{k}$ 的梯度。只要材料是无损、低色散的，波矢是实数，那么群速度就表示能量的传播速度。这种概念起源于均匀介质中同步能量脉冲的传播 (Jackson,1998)。[②]而在本例子中，则可以相对容易地使用之前章节已经获得的方程来获得群速度。对本征函数 $\widehat{\Theta}_{\mathbf{k}}\mathbf{u}_{\mathbf{k}} = (\omega/c)^2\mathbf{u}_{\mathbf{k}}$ 进行微分操作 (用特定的 $\mathbf{k}$ 来表示不同的本征函数)，然后对两边都进行内积：[③]

$$\left(\mathbf{u}_{\mathbf{k}}, \nabla_{\mathbf{k}}\left[\widehat{\Theta}_{\mathbf{k}}\mathbf{u}_{\mathbf{k}}\right]\right) = \left(\mathbf{u}_{\mathbf{k}}, \nabla_{\mathbf{k}}\left[\left(\frac{\omega}{c}\right)^2\mathbf{u}_{\mathbf{k}}\right]\right) \tag{24}$$

得到

$$\left(\mathbf{u}_{\mathbf{k}}, \left[\nabla_{\mathbf{k}}\widehat{\Theta}_{\mathbf{k}}\right]\mathbf{u}_{\mathbf{k}} + \widehat{\Theta}_{\mathbf{k}}\nabla_{\mathbf{k}}\mathbf{u}_{\mathbf{k}}\right) = \left(\mathbf{u}_{\mathbf{k}}, 2\frac{\omega}{c^2}\mathbf{v}\mathbf{u}_{\mathbf{k}} + \left(\frac{\omega}{c}\right)^2\nabla_{\mathbf{k}}\mathbf{u}_{\mathbf{k}}\right) \tag{25}$$

---

① 作为一个例外，**磁光材料**可以破坏时间反转对称性。这种材料由介电张量 ε 描述，它是一个 3×3 的复厄米矩阵 (Landau et al., 1984)。在这种情况下，即使是无损的材料，也有 $\varepsilon^* \neq \varepsilon$。

② Brillouin (1960) 收集了几篇关于波速的经典论文。周期结构中群速度的早期讨论可以在 Brillouin(1946) 和 Yeh(1979) 的文献中找到。请注意，如果能量传输速度的问题包括不可忽略损耗、与频率相关的 ε(材料色散) 或虚数 $\mathbf{k}$(倏逝模式，如第 4 章光子带隙中的倏逝波部分)，则问题会非常复杂。

③ 与固体物理学一样，用 $\mathbf{k}$ 区分本征方程的过程是进入 "$\mathbf{k}\cdot\mathbf{p}$ 理论" 的切入点 (Sipe, 2000)，也相当于量子力学的赫尔曼–费曼定理。结果类似于第 2 章中描述的一阶微扰理论，只是以 Δk 代替了 $\Delta\varepsilon$ 作为微扰。

等式两边的 $\nabla_{\mathbf{k}}\mathbf{u}_{\mathbf{k}}$ 项互相抵消，因为等式左边第二项中的厄米算符 $\widehat{\Theta}_{\mathbf{k}}$ 可以向左运算并得到 $(\omega/c)^2$，与等式右边的第二项互相抵消。而剩余的几项可以求出群速度 $\mathbf{v}=\nabla_{\mathbf{k}}\omega$：

$$\mathbf{v}=\frac{c^2}{2\omega}\frac{\left(\mathbf{u}_{\mathbf{k}},\left[\nabla_{\mathbf{k}}\widehat{\Theta}_{\mathbf{k}}\right]\mathbf{u}_{\mathbf{k}}\right)}{(\mathbf{u}_{\mathbf{k}},\mathbf{u}_{\mathbf{k}})} \tag{26}$$

将通过方程 (10) 得到的$\mathbf{u}_{\mathbf{k}}=\mathbf{e}^{-\mathrm{i}\mathbf{k}\cdot\mathbf{r}}\mathbf{H}_{\mathbf{k}}$ 代入上式右侧，可以得到一个更具有启发意义的公式。因为分母变成了 $\dfrac{4u_{\mathbf{H}}}{\mu_0}=2\left(u_{\mathbf{E}}+u_{\mathbf{H}}\right)/\mu_0$(第 2 章中方程 (24) 所表示的时间平均电场和磁场能量)。分子变成了因子 $\dfrac{c^2}{2\omega}$ 乘上平均电磁场能量通量数值的 $2/\mu_0$ 倍，即 $\left(\dfrac{2}{\mu_0}\right)\displaystyle\int\mathrm{d}^3\mathbf{r}\mathbf{S}=\left(\dfrac{2}{\mu_0}\right)\mathrm{Re}\int\mathrm{d}^3\mathbf{r}\mathbf{E}^*\times\mathbf{H}/2$(译者注：原著中等式左边无 $\mathrm{d}^3\mathbf{r}$)。对方程 (12) 进行微分，并利用第 2 章的方程 (8)，最后的结果表明，$\mathbf{v}$ 是**能量通量和能量密度**(原胞内单位时间内的能量)**的比值**：

$$\nabla_{\mathrm{k}}\omega=\mathbf{v}=\frac{\dfrac{1}{2}\mathrm{Re}\displaystyle\int\mathrm{d}^3\mathbf{r}\mathbf{E}^*\times\mathbf{H}}{\dfrac{1}{4}\displaystyle\int\mathrm{d}^3\mathbf{r}(\mu_0\left|\mathbf{H}\left(\mathbf{r}\right)\right|^2+\varepsilon_0\varepsilon\left(\mathbf{r}\right)\left|\mathbf{E}\left(\mathbf{r}\right)\right|^2)}=\frac{\displaystyle\int\mathrm{d}^3\mathbf{r}\mathbf{S}}{u_{\mathbf{E}}+u_{\mathbf{H}}} \tag{27}$$

上式定义了能量传输速度矢量。对于一个实数 $\mathbf{k}$ 和一个与频率无关的大于 1 的介电常数，群速度的绝对值 $|\mathbf{v}|\leqslant c$①(在更为广义的例子里，$\mathbf{v}$ 的定义稍有变化)。

与之对应的是另一种读者比较熟悉的概念：**相速度**，定义为 $\omega\mathbf{k}/\left|\mathbf{k}\right|^2$。光子晶体的 $\mathbf{k}$ 是不确定的 (因为波矢 $\mathbf{k}$ 加上任意倒易晶格矢量 $\mathbf{G}$ 之后是等效的)，所以相速度很难定义。换句话说：由于周期包络函数 $\mathbf{u}_{\mathbf{k}}$ 对平面波的调制，因此很难确定一个可以测量其速度的波阵面。②而附加在波矢 $\mathbf{k}$ 上额外的倒易晶格矢量并不会改变群速度。

3.9 电动力学与量子力学的再一次比较

再次通过与量子力学的类比来总结本章的内容。表 1 比较了周期势中传输的电子态与光子晶体中的电磁场模式的异同。附录 A 进一步加深了这种类比。

---

① 可以通过对 $|\mathbf{v}|=|\text{通量}|/\text{能量}$ 应用一系列初等不等式来证明 $\varepsilon\geqslant1$ 时 $|\mathbf{v}|\leqslant c$。比如，$\left|\mathrm{Re}\displaystyle\int\mathbf{E}^*\times\mathbf{H}\right|\leqslant\int|\mathbf{E}^*\times\mathbf{H}|\leqslant\int\left|\sqrt{\varepsilon}\mathbf{E}\right|\cdot|\mathbf{H}|\leqslant\sqrt{\int\varepsilon|\mathbf{E}|^2}\sqrt{\int|\mathbf{H}|^2}=4cU_{\mathbf{H}}$。(最后的 $\leqslant$ 是柯西–施瓦茨不等式)，它约掉了分母 $2\left(U_{\mathbf{E}}+U_{\mathbf{H}}\right)=4U_{\mathbf{H}}$，保留了 c。

② 出于定性描述的目的，有时通过任意地将 $\mathbf{k}$ 限制在第一布里渊区，或者通过选择对应于最大傅里叶分量的 $\mathbf{k}+\mathbf{G}$ 来定义光子晶体中的 “相速度”。然而，在解释这样一个数量时必须小心谨慎。

表 1　量子力学与周期体系中的电动力学

	量子力学	电动力学
离散的平移对称	$V(\mathbf{r}) = V(\mathbf{r}+\mathbf{R})$	$\varepsilon(\mathbf{r}) = \varepsilon(\mathbf{r}+\mathbf{R})$
对易关系	$\left[\hat{H}, \hat{T}_{\mathbf{R}}\right] = 0$	$\left[\hat{\Theta}, \hat{T}_{\mathbf{R}}\right] = 0$
布洛赫理论	$\Psi_{\mathbf{k}n}(\mathbf{r}) = u_{\mathbf{k}n}(\mathbf{r})\,\mathrm{e}^{\mathrm{i}\mathbf{k}\cdot\mathbf{r}}$	$\mathbf{H}_{\mathbf{k}n}(\mathbf{r}) = \mathbf{u}_{\mathbf{k}n}(\mathbf{r})\,\mathrm{e}^{\mathrm{i}\mathbf{k}\cdot\mathbf{r}}$

两者都拥有平移对称性: 在量子力学中 $V(\mathbf{r})$ 是周期的，而在电动力学中 $\varepsilon(\mathbf{r})$ 是周期的。这种周期性意味着离散平移对称算符和该问题的主微分算符 (无论是哈密顿算符还是 $\hat{\Theta}$ 算符) 是对易的。

可以利用平移算符的本征值来对本征态 ($\Psi_{\mathbf{k}n}$ 或者 $\mathbf{H}_{\mathbf{k}n}$) 做出分类。布里渊区内的波矢和带可以表征这些本征态。所有本征态都可以写为布洛赫形式: 一个受到周期函数调制的平面波。场作为布洛赫波，可以无散射地穿过晶体。对电子布洛赫波的理解解释了 19 世纪物理界最伟大的一个秘密: 为什么很多导体中电子的行为像自由粒子? 同样，光子晶体提供了一种合成介质，光可以在其中传播，但其方式与均匀介质中的传播截然不同。

3.10　深入阅读

关于对称性的描述可以参见数学中的**群论**。有兴趣的读者可以参考 Tinkhanm (2003) 和 Inui 等 (1996) 的文献。这两本书把群论应用在了物理学中的分子学和固体物理学，同时也罗列了所有可能的晶体学对称群。

对于想学习倒易晶格、布里渊区以及布洛赫理论的读者，可以参考 Kittel(1996) 的文献。这本书里详细介绍了固体物理中的常用概念。此外，本书中的附录 B 简单地介绍了倒易晶格和布里渊区。而关于周期介质中电磁波的最早研究请参见 Brillouin (1946) 的文献。

第4章　多层膜：一维光子晶体

本章将研究一维光子晶体，并利用前几章建立的电磁及对称性理论对其分析。可以看到，即使是这么简单的光子晶体也可以拥有光子晶体一些最重要的特征，例如，光子带隙和局域在缺陷周围的模式。读者可能会对一维多层系统的光学特性有所了解，但是如果从带结构和带隙的角度出发，可以发现更多新现象，如全向反射，同时也可以为接下来研究更复杂的二维及三维系统打下基础。

4.1 多　层　膜

光子晶体中最简单的一种情况如图 1 所示。它是由两种拥有不同介电常数的材料交替叠加形成的：一个**多层膜**。这种堆叠不算什么新的创意。在 1887 年，Lord Rayleigh (1887) 就已经公布了关于多层膜光学特性的第一个分析理论。接下来可以看到，对于某个特定频率的光来说，当入射角处于某个范围内时，这种光子晶体就是一个镜子 (**布拉格反射镜**)；同时，如果它的结构内存在缺陷，那么它可以把光局域在这个缺陷处。这些概念通常出现在介质反射镜和光学滤波器中 (Hecht and Zajac，1997)。

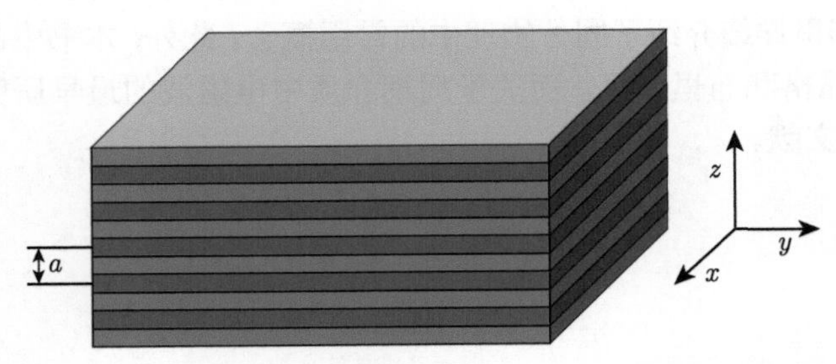

图 1　多层膜，一种一维光子晶体。之所以称之为 “一维”，是因为介电函数 $\varepsilon(z)$ 只在 z 方向上变化。这个系统包含周期交替的两种不同介质 (蓝色和绿色区域)，周期距离是 a。假设介质在 x 方向和 y 方向上均匀，并且假设在 z 方向上的周期无限

在处理这样的系统时，传统的分析方法 (由瑞利在 1917 年提出) 是假设一束平面波穿过这种材料，并考虑发生在各个交界面多重反射和折射的总和。本章将使用另一种不一样的方法——能带结构分析，这种方法在更复杂的二维及三维系统

中更加普遍。①

现在沿用上一章的精髓，即利用对称性对晶体中电磁场模式进行有效分类。材料在 z 方向是周期的，在 xy 平面内是均匀的。因此，可以利用三个参数：$\mathbf{k}_{\parallel}, k_z, n$，即面内波矢，$z$ 方向的波矢以及带数来对电磁场的模式进行归类。其中，波矢确定了场的空间模式在平移算符的作用下如何变化，而带数则随着频率的增加而增加。可以采用布洛赫形式写出模式：

$$\mathbf{H}_{n,k_z,\mathbf{k}_{\parallel}}(\mathbf{r}) = \mathrm{e}^{\mathrm{i}\mathbf{k}_{\parallel}\cdot\boldsymbol{\rho}}\mathrm{e}^{\mathrm{i}k_z z}\mathbf{u}_{n,k_z,\mathbf{k}_{\parallel}}(z) \tag{1}$$

$\mathbf{u}(z)$ 是周期函数，即 $\mathbf{u}(z) = \mathbf{u}(z+R)$，$R$ 是空间周期 a 的整数倍。由于晶体在 xy 平面内拥有连续平移对称性，因此 $\mathbf{k}_{\parallel}$ 可以取任意值。但是，由于 z 方向的离散平移对称性，k_z 只能被限制在一个有限的整数范围内 (一维布里渊区)。假设晶格基矢是 $a\hat{\mathbf{z}}$，那么倒易晶格基矢为 $\left(\dfrac{2\pi}{a}\right)\hat{\mathbf{z}}$，布里渊区为：$-\pi/a < k_z \leqslant \pi/a$。

4.2 光子带隙的物理起源

现在，假设电磁波沿着 z 轴传播，并垂直穿过电介质层。在这种情况下，$\mathbf{k}_{\parallel} = 0$，只需要关注 k_z 即可，此时也可以认为 k 等于 k_z。

图 2 画出了三种不同多层模的带结构 $\omega_n(k)$。(a) 图对应于每一层介质拥有同样的介电常数，也就是说这个系统实际上是一个均匀介质。(b) 图对应着材料介电常数为 13 和 12 的交替结构，而 (c) 图对应着材料介电常数为 13 和 1 的交替结构。②

图 2(a) 是均匀介质的带图，在均匀介质中，周期长度 a 可以是任意大小。并且在均匀介质中，光速会因折射率而降低。沿着光线(参见第 3 章的“折射率引导”)的模式由下式给出：

$$\omega(\mathbf{k}) = \frac{c\mathbf{k}}{\sqrt{\varepsilon}} \tag{2}$$

因为 $\mathbf{k}$ 值会在布里渊区外不断重复，所以光线在到达布里渊区边界后又回到布里渊区内。可以认为用 $\mathbf{k}$ 来代替 $\mathbf{k}+2\pi/a$ 得到的是重复解 ($\mathbf{k}+2\pi/a$ 的解)。③图 2(b)

① 有趣的是，在 1887 年瑞利第一次反驳这个问题时，他使用了 Hill(1877) 提出的布洛赫定理的一个繁琐前身。现在看来，瑞利已经能够证明任何一维光子晶体都有带隙。然而，当他在 1917 年再次回到这个问题时，他却使用了反射求和技术。

② 使用这些特殊值是因为砷化镓 (GaAs) 的静态介电常数约为 13，而对于砷化镓铝 (GaAlAs)，约为 12，如 Sze(1981) 所报告的。这些材料和类似材料很常用。空气的介电常数几乎等于 1。

③ 读者可能从准相位匹配现象中熟悉了 $k+2\pi/a$ 与 k 重合标记的概念，当将弱周期性 a 引入介质中时，如果 k 值与 $2\pi/a$ 的倍数不同，相同频率的状态可以相互耦合。

是一个“几乎”均匀介质的带结构，它与均匀介质带结构最大的不同是：这种非均匀周期介质的带结构中出现了频率“断点”。在这样的频率范围内，对于任何一个 **k** 值，都无法找到一个有效的空间模式，这样的间隙称为**光子带隙**。图 2(c) 则表明带隙随着介电常数差异的增大而变宽。

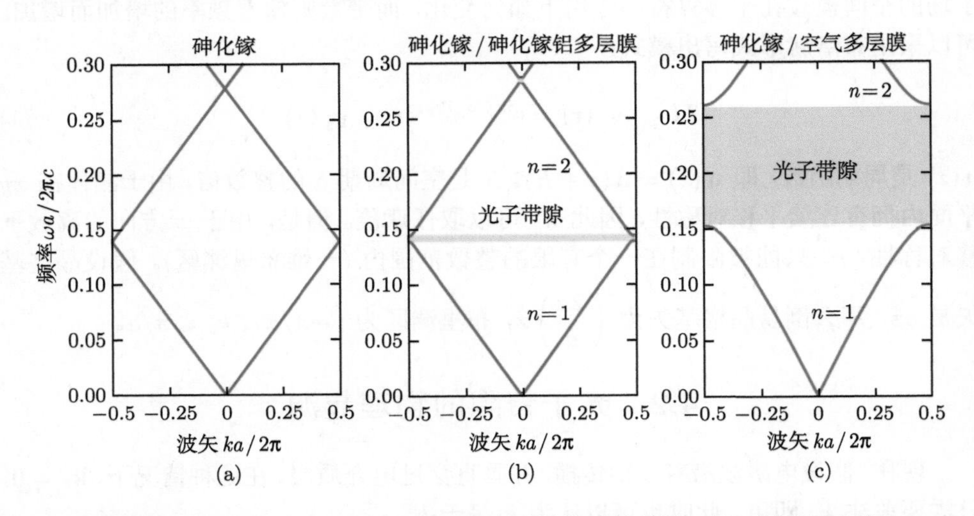

图 2　沿轴传播的光子带结构，包含三种不同多层模的计算结果，每一层的厚度均为 $0.5a$。(a) 每一层的介电常数都是 13。(b) 介电常数 12 和 13 周期变化。(c) 介电常数 1 和 13 周期变化

现在有充分的理由将注意力投入到光子带隙中。许多关于二维及三维光子晶体的应用都基于光子带隙的位置及宽度。比如，一个拥有光子带隙的光子晶体是一个很好的窄带滤波器，它可以非常好地将频率位于带隙内的电磁波反射。又比如，光子晶体构成的谐振腔可以有效地将处于带隙中的电磁波局域。

为什么会出现光子带隙？通过观察带隙上边缘及下边缘处的电场分布，可以理解带隙的物理起源。带 $n=1$ 和 $n=2$ 之间的带隙出现在布里渊区边界，即 $k=\pi/a$ 的地方。把注意力集中在图 2(b)，即一个包含微扰的均匀介质的带结构。$k=\pi/a$ 意味着电场的波长为 $2a$，也就是光子晶体周期 a 的两倍。有两种方式可以将拥有这种波长的电场放置在介质中，如图 3(a)。可以把电场的节点放置在每一层低介电常数材料的中心点；或者如图 3(b)，可以把电场的节点放置在每一层高介电常数材料的中心点。任何其他位置都会违反对称性。

第 2 章“电磁能量和变分原理”表明一个频率较低的空间模式总是集中在高介电常数区域。而频率更高的空间模式则有更多部分 (不一定是大部分) 分布在低介电常数区域。带着这种想法就可以理解为什么这两种频率会出现差值。带隙之下

$(n=1)$ 的模式将大部分电场集中在如图 3(c) 所示的高介电常数区域，这导致了它们的频率要比下一条带中的模式频率低 (一部分电场从高介电常数区域进入到如图 3(d) 所示的低介电常数区域)。

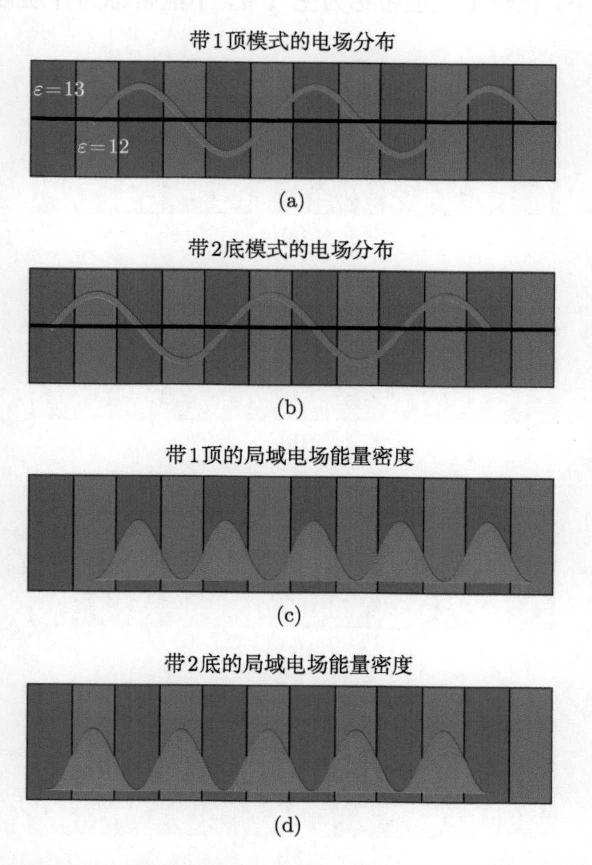

图 3　图 2(b) 所示带结构中最低带隙相关的 $k=\pi/a$ 处的电场模式。(a) 带 1 的电场；(b) 带 2 的电场；(c) 带 1 中的电场能量密度 $\varepsilon|\mathbf{E}|^2/8\pi$；(d) 带 2 中的电场能量密度。其中蓝色区域表示多层膜中的高介电常数 $(\varepsilon=13)$ 区域

通过模式能量集中的位置 (在高介电常数区域，或在低介电常数区域) 可以区分带隙上方和下方的带。一般而言，低介电常数区域是空气区域 (尤其是在后续章节提到的二维及三维光子晶体中)。出于这个原因，可以很自然地将带隙之上的第二条带称为**空气带**，而带隙之下的第一条带称为**介质带**。这种想法借鉴了半导体物理中的电子能带结构，其中，导带和价带之间形成了最为基本的带隙。

这种来自于变分原理的命名规则可以拓展到介电常数差异更大的情况中。在

这种情况下，带隙上下两条带中的电场都将大部分能量集中在高介电常数区域，只是分布的方式有所区别：第一条带中的电场比第二条带中的电场更为集中。图 4 展示了图 2(c) 带隙上下两条带的电场分布，且图中的带隙起源于场能量分布的差异。不过在这种情况下，仍然把上能带称为空气带，下能带称为介质带。

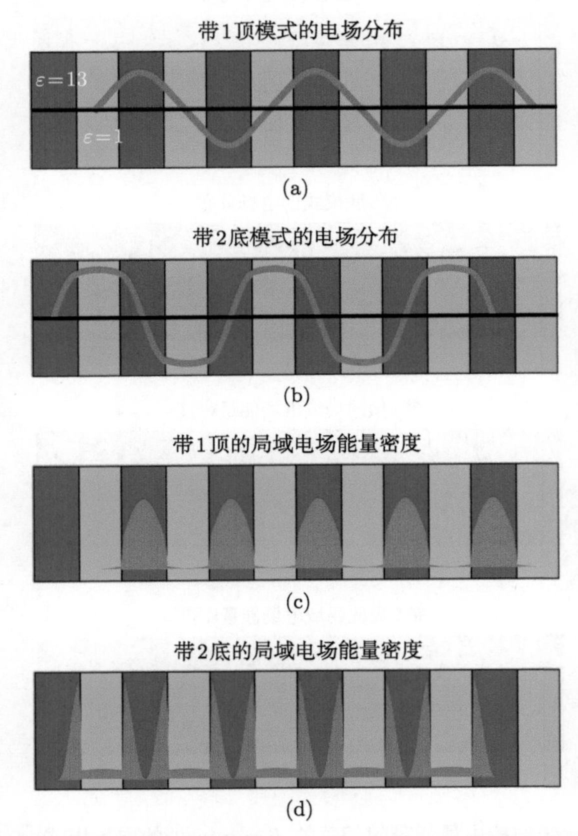

图 4　图 2(c) 所示带结构中最低带隙相关的 $k=\pi/a$ 处的电场模式。情况与图 3 类似，但是介质的介电常数差异更大。蓝色和绿色区域分别对应于 $\varepsilon=13$ 和 $\varepsilon=1$ 的区域

现在总结一下这一小节的内容：在一维光子晶体中，在布里渊区边界点或者中心点 (见图 5)，每组带之间通常会出现带隙。①最后需要强调的是，在一维光子晶体中，任何介电常数差异都会产生带隙。介电常数差异越小，带隙越小。但是带隙会随着 $\varepsilon_1/\varepsilon_2\neq 1$ 而迅速打开。接下来会对此进行讨论。

① 下一节所描述的 1/4 多层膜有一个例外情况。在这种情况下，虽然布里渊区的边界总是有一个带隙，但它的中心点没有间隙，因为每对连续的带在 $k=0$ 时都会发生简并。

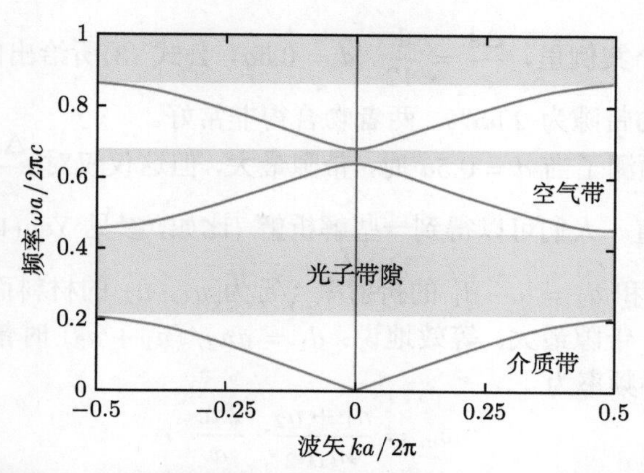

图 5 一种多层膜的带结构。晶格常数为 a，厚度为 $0.2a$ 的介质介电常数为 13，厚度为 $0.8a$ 的介质介电常数为 1

4.3 带隙的大小

带隙宽度 $\Delta\omega$ 可以表征一个光子带隙的尺度，但这通常不是特别有效的手段。光子晶体所有解的值都是可以缩放的。如果光子晶体均匀地缩放为原来的 s 倍，对应的带隙宽度将变成 $\Delta\omega/s$。因此，一个与晶体尺度无关的更有用的表征手段是**带隙宽度与带隙中心频率的比值**。假设 ω_m 是带隙的中心频率，这个比值就被定义为 $\Delta\omega/\omega_m$，且通常写作百分数 (比如，“10% 带隙” 代表带隙宽度与带隙中心频率的比值是 0.1)。如果光子晶体被缩放，这个比值是不会变的。因此，谈到带隙的“大小” 时，就会用带隙宽度与带隙中心频率的比值来衡量。出于同样的原因，在图 2 所示的带结构中 (包括本书中所有的带结构图)，频率和波矢都被写成了一个无量纲的值：$\omega a/2\pi c$ 和 $ka/2\pi$。无单位的频率相当于 a/λ，λ 是真空中的波长 (即 $\lambda = 2\pi c/\omega$)。

虽然本书强调论述周期系统 (包括后续章节中更复杂的二维和三维结构) 的一般原理。但是也有必要指出一些非常有用的解析结果，尽管这些结果仅适用于一维问题中的一些特殊情况。

利用微扰理论可以写出一个弱周期多层膜带隙的尺度。假设一个多层膜结构的基本单元包含两个厚度为 $a-d$ 和 d 的介质 ε，$\varepsilon+\Delta\varepsilon$。如果介电常数的差值 $\Delta\varepsilon$ 或者厚度 d/a 很小，那么第一条带隙的带隙宽度与带隙中心频率的比值为

$$\frac{\Delta\omega}{\omega_m} \approx \frac{\Delta\varepsilon}{\varepsilon} \cdot \frac{\sin(\pi d/a)}{\pi} \tag{3}$$

这个公式说明，在一维光子晶体中，无论多小的介电常数差异都会产生带隙。在上

一节多层膜的一个案例里，$\dfrac{\Delta\varepsilon}{\varepsilon}=\dfrac{1}{12}$，$d=0.5a$，公式 (3)所给出的带隙为 2.65%，而仿真计算给出的带隙为 2.55%，两者吻合得非常好。

方程 (3) 也预测了当 $d=0.5a$ 时，带隙最大，但这仅仅对 $\dfrac{\Delta\varepsilon}{\varepsilon}$ 很小时才有效。对于 $\dfrac{\Delta\varepsilon}{\varepsilon}$ 为任意值，人们可以得到一些解析解 (比如，参见 Yeh(1988) 的文献)。对于两个厚度为 d_1 和 $d_2=a-d_1$ 的折射率 $\sqrt{\varepsilon}$ 为 n_1，n_2 的材料而言，当光正入射时，$d_1n_1=d_2n_2$，带隙最大。等效地说：$d_1=an_2/(n_1+n_2)$ 时带隙最大。在这种情况下，带隙中心频率为

$$\omega_m=\frac{n_1+n_2}{4n_1n_2}\cdot\frac{2\pi c}{a} \tag{4}$$

其对应的真空波长 $\lambda_m=2\pi c/\omega_m$ 满足关系：$\dfrac{\lambda_m}{n_1}=4d_1$ 以及 $\dfrac{\lambda_m}{n_2}=4d_2$，也就是说每一层膜的厚度都等于该层中电磁波波长的 1/4。因此，这种类型的多层膜被称为 **1/4 多层膜**。而这种结构之所以拥有最大带隙是因为频率为 ω_m 的电磁波在每一层的反射波都是精确同相的 (干涉相消)。一个 1/4 多层膜第一条带隙的带隙宽度与带隙中心频率的比值为

$$\frac{\Delta\omega}{\omega_m}\approx\frac{4}{\pi}\arcsin\left(\frac{|n_1-n_2|}{n_1+n_2}\right) \tag{5}$$

回到图 2(c)，$\dfrac{\Delta\varepsilon}{\varepsilon}=\dfrac{12}{13}$，$d_1=d_2=0.5a$，这显然不是 1/4 多层膜。数值结果显示这种结构的带隙为 51.9%。如果选择 $d_1\approx0.217a$，这个结构就成了 1/4 多层膜，其带隙为 76.6%。在图 5 中，$d_1=0.2a$，仿真计算得到最大的完全带隙为 76.3%。最后需要注意在 $k=0$ 处产生的较小带隙，这条带隙在结构趋向于 1/4 多层膜的过程中会逐渐趋于 0。

4.4 光子带隙中的倏逝模

光子晶体的带结构拥有带隙，这个带隙中的频率不支持任何电磁波模式。如果将一束频率处于光子带隙中的电磁波从外界入射到光子晶体表面，会发生什么呢？

在这样的频率下，不存在任何拥有实数波矢的电磁波。相反，这些电磁波的波矢是复数。电磁波的振幅会在光子晶体内迅速衰减。每当提到在光子带隙中不存在任何电磁波的解时，实际上都是在说不存在任何像方程 (1) 所描述的那种扩展态。实际上，在带隙中存在的波是**倏逝波**，一种衰减波：

$$\mathbf{H}(\mathbf{r})=\mathrm{e}^{\mathrm{i}kz}\mathbf{u}(z)\,\mathrm{e}^{-\kappa z} \tag{6}$$

它们很像方程 (1) 所描述的布洛赫波，只是拥有一个复数波矢 $k+\mathrm{i}\kappa$。而复数的虚部导致了振幅的衰减，衰减长度为 $1/\kappa$。

这些倏逝波是如何出现的？是什么导致了 κ 的出现？这可以通过检查带隙附近的能带来完成。比如，回顾图 2(c)，将紧挨着带隙的第二条能带 $\omega_2(k)$ 在边界 $k=\pi/a$ 处进行幂级数展开。由于时间反演对称性，展开式不能包含 k 的奇数项，所以最低阶为

$$\Delta\omega=\omega_2(k)-\omega_2\left(k=\frac{\pi}{a}\right)\approx\alpha\left(k-\frac{\pi}{a}\right)^2=\alpha(\Delta k)^2 \tag{7}$$

其中，α 是与带的曲率 (比如它的二阶导数) 有关的常数。

现在可以知道波矢的虚部是如何来的了。频率稍稍高于带隙顶时，$\Delta\omega>0$。这时，Δk 是实数，电磁波的模式正是带 2 中的模式。但是，对于 $\Delta\omega<0$，即带隙中的频率，Δk 是纯虚数，①电磁波将变成倏逝波。当频率穿过带隙时，衰减因子 κ 随着频率接近带隙中心频率而达到最大，然后又重新减小，并在带隙底消失，如图 6 所示。因此，越大的带隙通常意味着越大的 κ，并导致电磁波穿透到光子晶体的部分越少；对于一维光子晶体来说，这种最小穿透的情况出现在上一节所描述的 1/4 多层膜中。

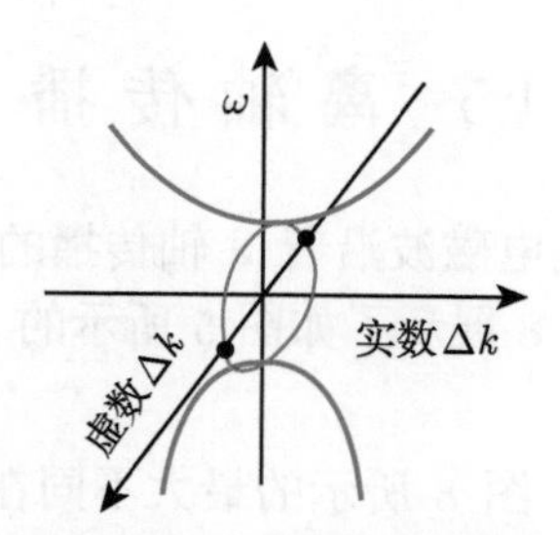

图 6　多层膜的复能带结构示意图。上下两条蓝线分别对应带 2 的底部和带 1 的顶部。倏逝波出现在红线处，它沿着虚数 k 轴延伸出页面。衰减最大的地方就是带隙的正中间

虽然倏逝波是电磁波的一种可能解，但是它们会在 z 趋于 $\pm\infty$(取决于 κ 的符号) 的过程中而迅速趋于 0。因此，在一个理想的、无限延伸的光子晶体中，没有什么有效的物理手段可以激发这些倏逝波。但是，光子晶体中的缺陷或者一个有界光子晶体的边界可以终止这种呈指数的衰减，并能维持一个倏逝波。如果一个或多个倏逝波与给定晶体缺陷的结构和对称性兼容，就能在光子带隙中激发出一个局域模。并且，处于带隙中央的局域模要比处于带隙边缘的局域模更加“局域”。②

① 从分析方法来讲，此时正在利用复数分析中的概念。本征值 ω 通常是算符 $\widehat{\Theta}_{\mathbf{k}}$ 的任意光滑参数的解析函数，因此可以利用 $\omega(\mathbf{k})$ 的泰勒展开式将其解析延拓到复 $\mathbf{k}$ 域中。

② 这条规则有一些微妙的例外。例如，对于二维和三维中的某些带结构，能带中的鞍点可引起强烈局域，且位置远离带隙中心频率 (Ibanescu et al., 2006)。

当然，一维光子晶体只能把电磁波局域在一个方向上。这种局域模式被限制在如图 7 所示的一个平面内。“缺陷与局域模”一节将会详细讨论这种位于光子晶体内部的态。当然，在一定条件下，倏逝波也能在光子晶体表面激发。将会在“表面态”一节中详细讨论这些表面态。

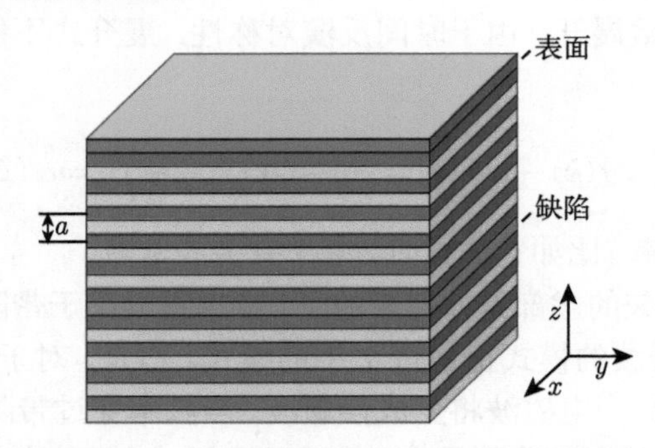

图 7　一维光子晶体可能出现的局域模。这些局域态是平面的，并且在不同的颜色区域 (该区域打破了 z 方向上的对称性) 内呈现不同的局域方式。把光子晶体边界 (绿色区域) 中出现的局域模式称为**表面态**，光子晶体内部 (蓝色区域) 中出现的局域模式称为**缺陷态**

4.5　离轴传播

截止到目前，研究的都是电磁波沿着 z 轴传播的情况，即 $\mathbf{k}_{\|}=0$ 的情况。本节将研究离轴传播的情况。图 8 展示了如图 5 所示的一维光子晶体中波矢 $\mathbf{k}=k_y\hat{\mathbf{y}}$ 的带结构。

与沿着 z 轴的传播相比，图 8 所示的最大不同在于：对所有可能的 k_y 而言，都*没有出现带隙*。所有的一维光子晶体都是这样的情况，因为离轴传播的方向上没有周期分布的介电差异，因此也就没法产生可以打开带隙的相消干涉 (即使如此，仍然可以设计一种多层膜结构，这种结构能反射以任意角度入射的波，这将会在“全向多层膜反射镜”一节中看到)。

第二个不同点在于：能带结构简并的消失。沿轴传播时，电场的方向在 xy 平面内。人们也许可以选择两个基本的极化方向 x 和 y。但是，由于光子晶体的旋转对称性，这两种极化模式一定是简并的。(对光子晶体来说，它如何能分辨这两种极化呢？)

但是，当一个空间模式的波矢 $\mathbf{k}$ 为任意值时，这种对称性就被打破了，简并消失了。但系统仍然保留了一些对称性，比如镜像对称，这个系统关于 yz 平面对称。当光沿着 y 轴传播时，由于镜像对称性，光的空间模式被分裂成了 TM 模 (电场沿着 x 轴) 与 TE 模 (电场在 yz 平面内)。不过，由于这两种分裂的空间模式不存在

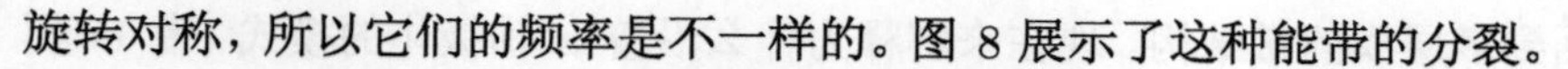
旋转对称，所以它们的频率是不一样的。图 8 展示了这种能带的分裂。

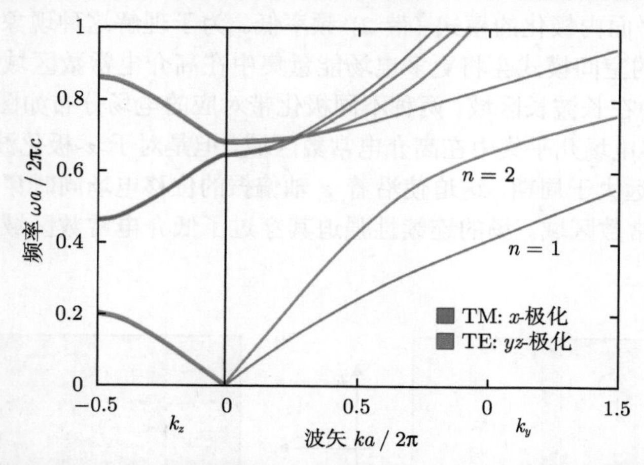

图 8　一维光子晶体的带结构。图例左侧显示的是沿轴 $(0,0,k_z)$ 传播的带结构，右侧显示的则是离轴 $(0,k_y,0)$ 传播的带结构。沿轴传播时，不同极化的带结构重合在了一起——它们是简并的。而沿着 y 轴传播时，带结构分裂为两个独立的、与极化有关的带结构。其中，蓝线是 TM 极化带 (电场沿着 x 轴偏振)，而红线是 TE 极化带 (电场在 yz 面内)。一维光子晶体的结构如图 5 所示

虽然不同极化的能带 $\omega(\mathbf{k})$ 不一样，但是它们在长波长的区域内 $(\omega \to 0)$ 都近似为一条直线。这种长波行为在所有光子晶体内都存在：

$$\omega_\nu(\mathbf{k}) = c_\nu\left(\hat{\mathbf{k}}\right)k \tag{8}$$

其中，ν 代表着不同的极化。通常来说，c_ν 取决于传播方向 $\mathbf{k}$ 和极化 ν。

为什么长波光的色散关系都是线性的呢？因为长波电磁波对光子晶体的周期结构变得不敏感。此时，光子晶体更像是一种均匀介质，它的介电常数仅仅是介电常数 ε 所有微小变化的加权平均值。

平均介电常数通常是极化 (电场的方向) 的函数。通常来说，等效的均匀介质是各向异性的，它的介电常数是一个张量 (3×3 的矩阵)。而对角化的介电张量拥有基本的对称轴 “主轴”。可以通过类似电容的方式沿着晶体的三个方向分别施加稳恒电场来测定它的等效介电常数。一般来说，光子晶体等效介电常数的解析解难以得到，但是通过数值仿真可得到数值解。①

① 维纳极限给出了光子晶体有效介电常数解析解的范围，如 Aspnes (1982) 所述。对于双复合材料，有效介电常数 ε_α 为

$$\left(f_1\varepsilon_1^{-1}+f_2\varepsilon_2^{-1}\right)^{-1} \leqslant \varepsilon_\alpha \leqslant f_1\varepsilon_1+f_2\varepsilon_2$$

其中，f_1 和 f_2 为介电常数为 ε_1 和 ε_2 的材料的体积填充比。

再次回到多层模的带结构。现在来解释为什么沿着 x 轴极化的模式 (带 1) 频率要比在 yz 平面内极化的模式 (带 2) 频率低。为了理解这种现象，需要再次强调：频率较低的空间模式会将更多电场能量集中在高介电常数区域。为了简化问题，把目光集中在长波长区域。两种不同极化带对应的电场分布如图 9 所示。对于 x-极化波，位移电场几乎集中在高介电常数区域。但是对于 z-极化波来说 (在长波长区域)，波长远大于周期，这迫使沿着 z 轴偏振的位移电场同时穿过高介电常数区域和低介电常数区域。场的连续性强迫其穿过了低介电常数区域，并导致频率降低。

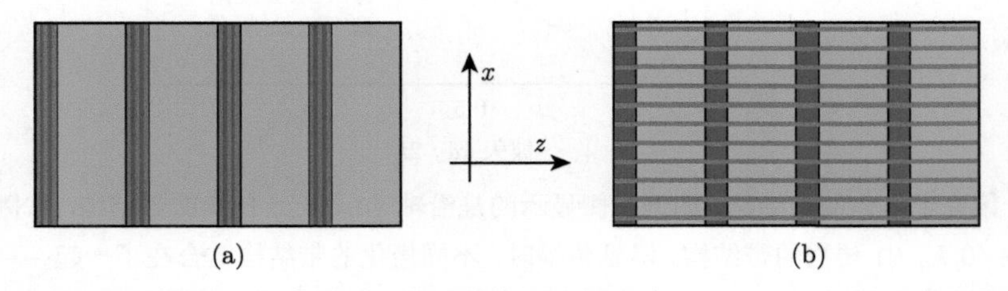

图 9　沿着 y 轴 (垂直于纸面) 传播的长波模式的位移电场示意图。在 (a) 中，电场沿着 x 轴振荡；在 (b) 中，电场主要沿着 z 轴振荡。蓝色区域对应着高介电常数区域

同样也可以理解带结构的短波长 ($\mathbf{k} \to \infty$) 极限。在图 8 中，每一条带的宽度取决于中心点 $k_z = 0$ 频率与边界点 $k_z = \pi/a$ 频率的差值。当 k_y 增加时，带宽逐渐减小并最终为零。图 10 所示两种不同 k_z 的能带展示了这种带宽逐渐消失的情

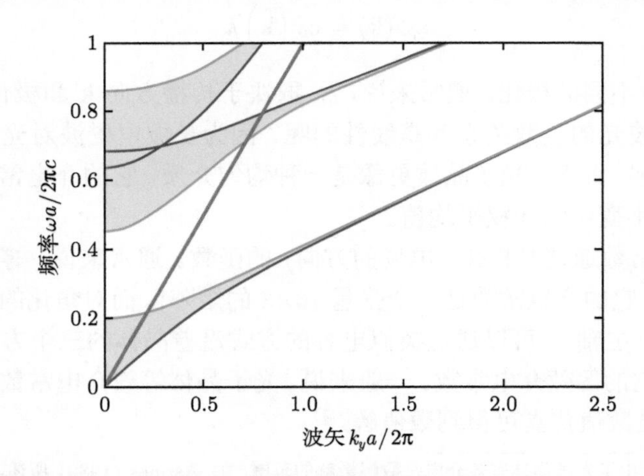

图 10　两个叠加的 x-极化带，展示了带宽如何随着 k_y 变化。蓝线是 $(0, k_y, 0)$ 带，绿线是 $(0, k_y, \pi/a)$ 带。两条带之间的灰色区域暗示着连续分布 k_z 的频带。红色的直线是光线 $\omega = ck_y$。光子晶体如图 5 所示

况。蓝线代表波矢为 $(0, k_y, 0)$ 的模式带结构，而绿线代表波矢为 $(0, k_y, \pi/a)$ 的模式带结构。频率位于光线之下的空间模式是折射率引导的 (局域在介质中)，其进入空气后迅速衰减。所以，当 k_y 增加时，相邻高介电常数介质中的电磁波耦合变弱 (因为它们被局域在高介电常数介质区域，进入空气的部分随着 k_y 增加而越来越少)，而耦合减弱导致每一层介质都成为一个独立波导。①在这种情况下，空间模式的频率与波矢 k_z 无关，它们都成为局域在高介电常数介质中的波导模。

4.6　缺陷与局域模

截止到目前已经讨论了完整一维光子晶体的带结构。现在，以此为基础来研究平移对称受到缺陷破坏的光子晶体特点。假设该缺陷是一个比其他同种介质层更厚的介质层，见图 11。理论上这个系统不再拥有一个完整的周期晶格。但是，这个缺陷里的空间模式和一个完整光子晶体中的空间模式有些相似。

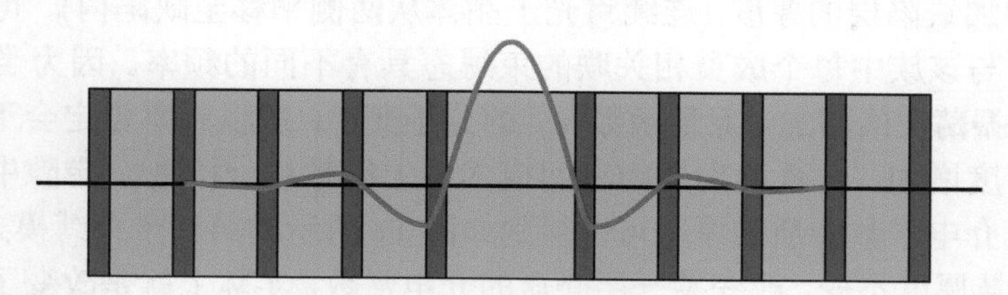

图 11　多层膜中的一个缺陷，将图 5 中完整多层膜结构中的某一层低介电常数介质的宽度扩大两倍就形成了这样的缺陷。这种结构可以看成是一个夹在两个完整多层膜表面的介质层。红线是该结构对应缺陷态的电场强度分布 (沿轴传播)

把目光集中在沿轴传播上，并假设一个空间模式的频率 ω 处于带隙之中。如果光子晶体的周期是完整的，那么这种空间模式不是扩展模 (是倏逝波)。即使出现了一个缺陷，这样的空间模式仍然不是扩展模。破坏周期使得人们无法用波矢 $\mathbf{k}$ 来描述这些空间模式，但是人们仍然可以通过对带结构的了解，来确定某个频率的模式是否是晶体剩余部分所允许出现的扩展态。利用这种方法，可以把频率范围分为扩展态和倏逝波，见图 12。

一个缺陷可能支持某个*局域模*，即频率位于光子带隙内的电磁波模式。如果某个电磁波的频率处于带隙内，那么进入光子晶体内它会呈指数衰减。因此，缺陷两侧的多层膜就像频率选择镜。如果这两个多层膜互相平行，那么任何沿着 z 轴传播的光会在它们之间反复反射。同时，因为这两面镜子把光局域在了一个有限的区域，因此模式频率是*量子化的* (离散的)。

① 在固体物理中，类似的系统是小跳跃极限下的紧束缚模型。例如，参见 Harrison (1980) 的文献。

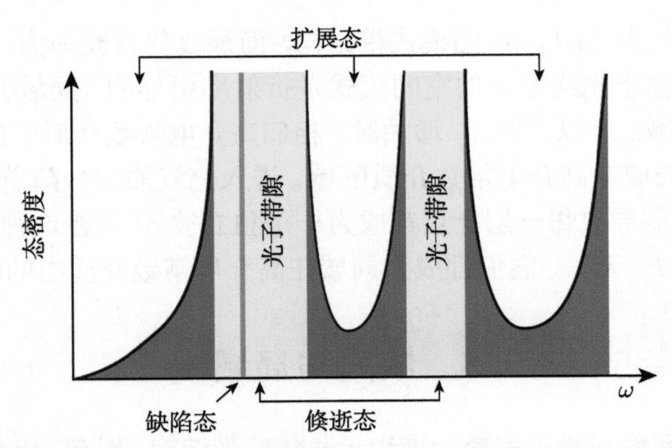

图 12　把频率分为扩展模和倏逝模。在这幅图里，带隙中的**态密度**(每个频率所允许的空间模式数量) 为零 (黄色)。带隙中允许出现的只有倏逝波，又或者只有破坏平移对称性，带隙中才会出现扩展态。红实线代表的就是这种扩展态

连续增加缺陷层的厚度 (连续将光子晶体从两侧平移至缺陷内)，可以生成一族局域态。与该族中每个成员相关联的束缚态具有不同的频率。因为当厚度增加时，模式的振荡空间增加，能量函数 u_f 的分子变小，所以频率肯定会下降。实际上，随着厚度增加，一系列离散的空间模式从上能带被“拉进” 带隙中。通过加倍某一层低介电常数介质的厚度可以得到如图 11 所示的第一个束缚模式。另一方面，如果保持厚度不变，改变某一层介质的介电常数，实际上就是改变了能量函数 u_f 的分母。这种改变有可能把某些上能带的空间模式拉到带隙中，或者把下能带的空间模式推到带隙中。当然，缺陷层局域电磁波的强度取决于局域态频率与带隙中心频率的差值，越靠近中心频率，自然局域得越好。

一个系统的**态密度**指每个独立频率所拥有的空间模式数量。如果某一个局域模式进入带隙中，那么这个带隙内的态密度分布会出现一个与该局域模式有关的峰，① 当然，其余频率对应的态密度仍然是零。第 10 章会利用这个特点来研究一种著名的带通滤波器——**介质法布里–珀罗滤波器**。这种滤波器在可见光频率下使用广泛，这是因为介电材料的损耗相对较低。

类似地，如果研究离轴传播，那么局域态将局域在 z 方向，并沿着介质表面传播 ($k_z = \mathrm{i}\kappa, \mathbf{k}_\parallel \neq 0$)。这些波导模式形成了一个平面波导，这种波导与基于全内反射波导的原理不同。如图 11 所示，这些模式可以出现在低介电常数区域。②这种现象可以推广到更为一般的情况中，比如，两个不同周期一维光子晶体的交界面。只要这两种光子晶体的光子带隙发生重合，局域态就可以存在。

---

① 这个峰描述为态密度的狄拉克三角函数。

② Yeh 和 Yariv (1976) 指出了这一点。第 9 章在研究类似三维结构 (布拉格光纤) 时将会回到这个主题。

4.7 表　面　态

在特定情况下，人们可以把电磁波局域在一个缺陷里。同样，人们也可以把电磁波局域在光子晶体表面，称之为**表面态**。点缺陷能够局域电磁波的原因是电磁波的频率位于点缺陷周围光子晶体的带隙内。但是在表面，只有一侧存在带隙，另一侧 (通常是空气) 不存在带隙。

在这种情况下，如果频率低于光线，那么电磁波将局域在表面。典型的例子就是全内反射，图 13 展示了这种表面态。说到表面态，人们必须考虑这个模式是否在空气和光子晶体中都是扩展态；又或者都是局域态；还是都是倏逝波。因此，必须考虑所有可能的 $\mathbf{k}_{\|}$。图 14 是所有可能出现的带结构 (x-极化)。根据模式在空气和晶体中是扩展的还是局域的，可以把带结构分为四个部分。比如，“DE” 表示这个模式在空气中衰减 (decay)，在晶体内扩展 (extended)。

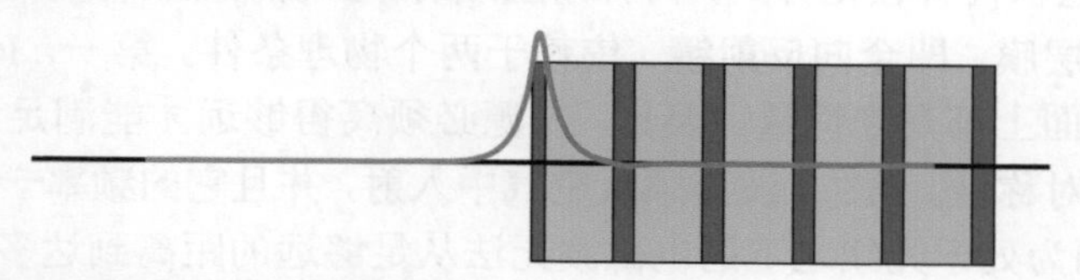

图 13　一个局域在多层膜表面的电场强度分布。这个空间模式是图 14 中 $k_y = 2\pi/a$ 的局域模式 (这种模式实际上在晶体的每个周期内进行振荡，但因为振幅实在太小，故而忽略了)

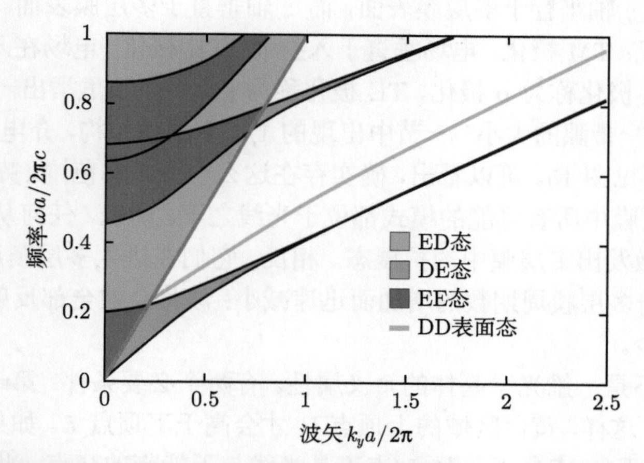

图 14　一个多层膜表面的 x-极化带。阴影部分分别描述的是：空气中的扩展态 (蓝色，ED)；晶体中的扩展态 (粉色，DE)；在空气和晶体中都是扩展态 (紫色，EE)。绿线 (DD) 是一个表面态的带结构。多层膜如图 5 所示，将某一层高介电常数介质的宽度变为原来的一半 $(0.1a)$ 即构成如图 13 所示的表面

EE 模在空间上属于扩展态，它在空气及光子晶体中都可以传播；DE 模在空气中迅速衰减，却能在光子晶体中传播；ED 模在光子晶体中迅速衰减，却能在空气中传播。只有频率既处于带隙之中又处于光线之下的模，即在表面两边都是倏逝波时，这个模才是表面波。图 14 中不同颜色区域表示了这些所有可能的模式，而绿线 DD 表示唯一出现的一个表面态。事实上，每种周期材料都具有可以产生表面模式的表面截止方式，这些现象将在接下来的两章中继续讨论。

4.8 全向多层膜反射镜

离轴传播时，总能找到一个平行于介质层的实数波矢，因此不存在完全带隙。也就是说：对于每一个频率，在多层膜结构中都存在一些扩展态 $(\mathbf{k}_{\|}, k_z)$。尽管如此，人们仍然可以设计出这样一种多层膜：如果入射波的频率处于一个特定的范围，那么无论它以何种极化方式，何种角度入射，多层膜都会将其全部反射。

这样的多层膜，即**全向反射镜**，依赖于两个物理条件。第一，$\mathbf{k}_{\|}$ 在任何平行于多层膜的界面上都是守恒量，因此，光源必须离得够远才能满足该结构在平行方向上的平移对称性。第二，波必须从空气中入射，并且它的频率一定要处于光线 $c\left|\mathbf{k}_{\|}\right|$ 之上，因为处于光线之下的电磁波无法从足够远的距离到达多层膜表面。因此，也就不需要研究那些处于光线之下的空间模式了。

为了设计这样的全向反射镜，需要画出 k_y 方向所有可能的能带图。入射面是 yz 平面，其中，y 轴平行于多层膜表面，而 z 轴垂直于多层膜表面。必须考虑所有可能的极化情况：TM 极化，电场垂直于入射面；TE 极化，电场在入射面内。在这本书中，把 TM 极化称为 p 极化，TE 极化称为 s 极化。这里举出一个全向反射镜的例子，它是在“带隙的大小”一节中出现的 1/4 多层膜结构，介电常数为 13 和 2 交替，其能带图见图 15。可以看出，确实存在这么一个频率范围 (黄色区域)。在这个范围内，多层膜中所有可能的模式都位于光线之下。所以，任何从空气中入射的平面波都不能激发出多层膜中的扩展态。相反，它们在进入多层膜后会迅速衰减。其透射率将随着多层膜周期数的增加而迅速减小：波将会被全部反射，而多层膜所吸收的部分很少。

全向反射不是一维光子晶体的广义属性。有两个必要条件：第一，介电常数差异必须足够大。这样，黄色区域的上顶点 U 才会高于下顶点 L。如果带隙太小，很有可能 U 点位于 L 点之下，而 L 点正是光线与下能带的交点，此点的光线可以直接激发出多层膜中的扩展态。第二，较低的介电常数 ε_1 必须比环境介电常数 ε_a 高出一个特定值。这个关键的数值会将 p 极化带的频率下拉，只有当图 15 中的 B 点 (p 极化带中第一条带与第二条带的交点) 位于光线之下时，才能满足条件。这也是为什么选择 $\varepsilon_1 = 2$。

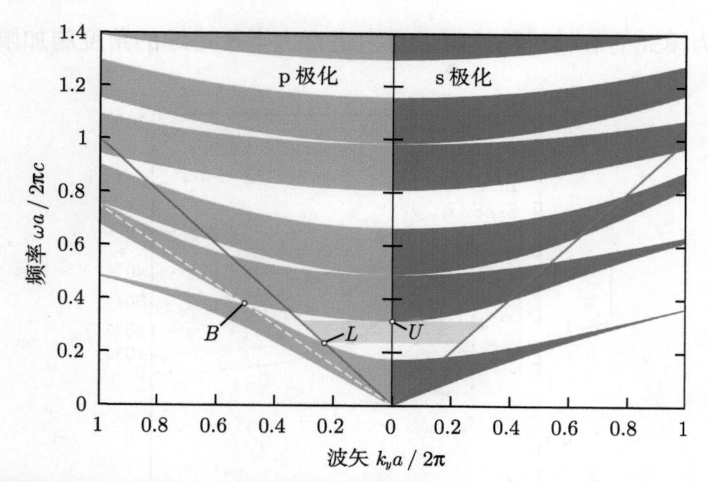

图 15　1/4 多层膜 (介电常数为 13 和 2) 的能带图，阴影区域是扩展态，波矢为 $(0,k_y,k_z)$。蓝色部分表示电场沿着 x 轴偏振的 s 极化；绿色部分表示电场在 yz 平面内偏振的 p 极化。红色实线为**光线**$\omega=ck_y$，在光线之上的模式是扩展态。黄色阴影是第一个**全向反射**的频率区域 (其下底和上底分别是 L 和 U)。白虚线对应着布儒斯特角，即穿过 B 点的线

穿过 B 点的线对应于 "**布儒斯特角**"。在这个角度，p 极化电磁波在 $\varepsilon_1/\varepsilon_2$ 的交界面上不会发生反射，[①]能带上就表现为两条能带的交点。由此可以看出，全向反射的频率范围与表征带隙大小的 $\varepsilon_2/\varepsilon_1$ 值以及表征 B 点位置的 $\varepsilon_1/\varepsilon_a$ 值有关。图 16 画出了全向反射的频率范围与 $\sqrt{\varepsilon_2/\varepsilon_1}$ 和 $\sqrt{\varepsilon_1/\varepsilon_a}$ 的关系图。严格上说，1/4 多层膜所拥有的全向反射频率范围不是最大的，但已经非常接近最大值了。在图 16 中，如果使用的最佳间距不是 1/4 波长间距，则系统沿任意一个轴线的位移小于 2%。

一个经过合理设计的多层膜可以成为一个全向反射镜，但是这样的结构也存在一些缺点。首先，它的反射依赖于表面的平移对称，因此它只能确定一个二维平面模式，而不是三维空间模式。此外，如果表面不平整，又或者光源 (或观察者) 离表面太近，那么 $\mathbf{k}_{\parallel}$ 不是守恒量。此时，电磁波可以激发出多层膜中的扩展态。但是凡事都有例外：如果多层膜围绕一个中空的球体或圆柱体弯曲，那么连续的旋转对称可以代替平移对称，并且电磁波会局域在这个由多层膜围成的域中。而电磁波的衰减率 (从空心域漏掉的部分) 会随着多层膜层数的增多而迅速减小。这将会在第 9 章中进行讨论，这种结构又称为**布拉格光纤**(Yeh et al., 1978)；而绕中空球体弯曲的结构称为 "**布拉格洋葱**"(Xu et al., 2003)。此时不再需要全向反射镜来获得

① 布儒斯特角的存在 (Jackson, 1998) 与以下观察结果有关：从水、玻璃或沥青斜反射过来的光主要是 s 偏振光。这就是为什么偏光太阳镜能够有效地减少道路上的眩光。

局域态，因为模式的旋转对称性可以对它进行大半径逃逸的角度施加限制。

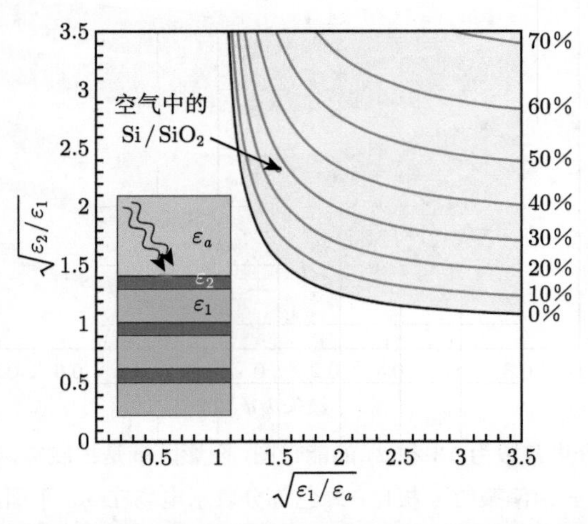

图 16　1/4 多层膜的全向反射频率范围与介电常数的关系。等值线画出了频率宽度和中心频率的比值。1/4 多层膜如插图所示。其中，光线从背景介质ε_a中入射，交替的材料ε_1和 $\varepsilon_2(\varepsilon_1 < \varepsilon_2)$ 构成 1/4 多层膜。这种结构对于形成镜子边缘 (两侧) 的材料属性没有要求。粉色阴影区表示存在全向反射区。一些常见的材料组合，比如箭头指出的硅/二氧化硅/空气组合，拥有全向反射频率范围

4.9　深 入 阅 读

目前本书阐述的许多定理和光子晶体性质在量子力学和固体物理学中都有类似的地方。对于熟悉这些领域的读者，附录 A 提供了这些类比的全面列表。

在 Hecht 和 Zajac (1997) 的文献中可以找到多层膜的传统计算方法，包括吸收系数和反射系数的计算。多层膜在光电器件中的应用非常广泛。例如，Fowles (1975) 概述了其在法布里–珀罗滤波器中的应用，Yeh(1988，第 337 页) 解释了如何将其集成到分布式反馈激光器中。Elachi (1976) 对一维周期结构中电磁波的研究进行了回顾。尽管多层膜有悠久的历史，但直到 1998 年 (Winn et al., 1998) 提出全向反射的想法，且 Fink 等 (1998) 观察到这一现象，全向反射器才逐渐成为热门。

可在 Johnson 和 Joannopoulos (2001) 的文献中找到用于计算带结构和本征模的详细信息，附录 D 中总结了各种替代的方法。

第 5 章　二维光子晶体

之前讨论了一维光子晶体的一些有趣的特性，本章将研究二维光子晶体。在二维光子晶体中，光子带隙出现在周期平面内，光在这个平面内传播时，空间模式会分离为两个独立的偏振态，每一个偏振态对应一个带结构。在多层膜结构中引入缺陷可以将光局域起来。而在二维光子晶体中，可以局域的维度成了二维，而不是一维。

5.1　二维布洛赫态

二维光子晶体沿其两个轴是周期性的，而沿着第三个轴是均匀的。图 1 是一种典型的四方晶格光子晶体。这里假设介质柱无限高，而第 8 章会对有限高的情况进行讨论。特定周期下，该结构在 xy 面内拥有光子带隙。在这个带隙中，光子晶体内不存在任何扩展态，入射波会被反射。与多层膜不同，这种二维光子晶体可以阻止光沿着平面内任何方向进行传播。

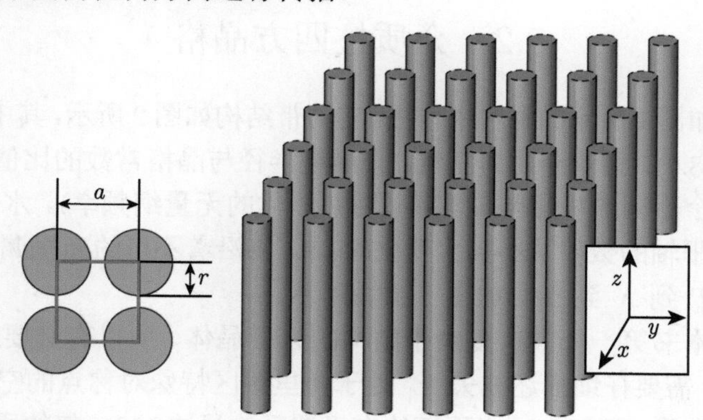

图 1　一个二维光子晶体。它是由介质柱构成的一个四方晶格，介质常数为 ε，半径为 r。该光子晶体沿着 z 轴是均匀的 (假设柱体无限高)，而沿着 x 轴和 y 轴周期排列 (晶格常数为 a)。左插图是上述材料的四方晶格，红线标注的区域为该材料的原胞

仍然可以利用晶体的对称性对电磁波模式进行分类。由于二维光子晶体在 z 轴上是均匀的，因此电磁波的空间模式一定在这个方向上振荡，波矢 k_z 可以是任意值。另一方面，二维光子晶体在 xy 平面内是离散对称的，即 $\varepsilon(\mathbf{r}) = \varepsilon(\mathbf{r}+\mathbf{R})$，$\mathbf{R}$ 是晶格基矢 $a\hat{\mathbf{x}}, a\hat{\mathbf{y}}$ 的任意线性组合。利用布洛赫理论，可以把目光集中在布里渊

区内的波矢 $\mathbf{k}_{\|}$。与之前一样，用带数 n 来代表依次增加的频率次序。

由此，二维光子晶体中的电磁波可以用三个参数 $k_z, \mathbf{k}_{\|}, n$ 表示为布洛赫态：

$$\mathbf{H}_{\mathbf{k}_{\|},k_z,n}(\mathbf{r}) = \mathrm{e}^{\mathrm{i}\mathbf{k}_{\|}\cdot\boldsymbol{\rho}}\mathrm{e}^{\mathrm{i}k_z z}\mathbf{u}_{\mathbf{k}_{\|},k_z,n}(\boldsymbol{\rho}) \tag{1}$$

其中，$\boldsymbol{\rho}$ 是位置矢量 $\mathbf{r}$ 在 xy 平面内的投影；$\mathbf{u}(\rho)$ 是一个周期函数：$\mathbf{u}(\rho) = \mathbf{u}(\rho + \mathbf{R})$。可以看出，这样的布洛赫态与第 4 章方程 (1) 所表示的布洛赫态非常相似。但是它们之间存在巨大的不同：在二维光子晶体中，$\mathbf{k}_{\|}$ 在布里渊区内，而 k_z 是任意的。但是在多层膜中，这两个波矢分量的地位互调了。另外，空间模式 $\mathbf{u}$ 现在是在面内进行周期变化，而不是仅仅沿着一个轴。

任何 $k_z = 0$ 的空间模式 (严格地说，传播方向平行于 xy 平面的模式) 经过 xy 平面反射后都是不变的。镜像反射对称将一个空间模式分离为两个独立的偏振态。它们分别是：磁场 $\mathbf{H} = H(\boldsymbol{\rho})\hat{\mathbf{z}}$ 垂直于该平面，电场 $\mathbf{E}(\boldsymbol{\rho})\cdot\hat{\mathbf{z}} = 0$ 在平面内的横电 (TE) 模；以及情况相反的 $\mathbf{E} = E(\boldsymbol{\rho})\hat{\mathbf{z}}, \mathbf{H}(\boldsymbol{\rho})\cdot\hat{\mathbf{z}} = 0$ 的横磁 (TM) 模。

而 TE 模和 TM 模的带结构是完全不同的。比如，TM 模拥有光子带隙，而 TE 模却可能不存在光子带隙。接下来的章节将会研究两种不同二维光子晶体的 TE 极化带与 TM 极化带，当然，需要假设 $k_z = 0$。而研究结果有助于人们更好地洞悉带隙出现的原因。

5.2　介质柱四方晶格

假设波在如图 1 所示的材料中传播。它的带结构如图 2 所示，其中，介质柱为氧化铝陶瓷 ($\varepsilon = 8.9$)，背景介质为空气，介质柱半径与晶格常数的比值为 $r/a = 0.2$。图中展示了两个不同的极化带 (频率采用归一化的无量纲频率)。水平轴表示面内波矢 $\mathbf{k}_{\|}$。当水平轴的数值从小到大变化时，$\mathbf{k}_{\|}$ 将沿着不可约布里渊区的三角形边界移动，即从 Γ 到 X 到 M，如图 2 插图所示。

因为这是本书第一个具有复杂带结构的光子晶体，所以有必要对它进行详细讨论。特别地，需要仔细描述波矢 $\mathbf{k}_{\|}$ 处于布里渊区特殊对称点的空间模式，也需要研究出现的带隙。而仅仅画出不可约布里渊区边界波矢 $\mathbf{k}_{\|}$ 值的原因是：给定波段的最小频率和最大频率 (它们确定带隙) 几乎总是出现在布里渊区边界，且通常出现在拐角处。尽管无法对上述结论做出保证，但在本章所讨论的所有能带结构中，情况就是如此。

二维四方晶格的布里渊区也是正方形 (见图 2 插图)。其不可约布里渊区是一个三角形。而剩余的布里渊区可以通过该布里渊区旋转得到。在不可约布里渊区中，有三个特殊的点 Γ，X 和 M。它们分别对应 $\mathbf{k}_{\|} = 0, \mathbf{k}_{\|} = \pi/a\hat{\mathbf{x}}, \mathbf{k}_{\|} = \pi/a\hat{\mathbf{x}} + \pi/a\hat{\mathbf{y}}$。这些点的场分布看起来是什么样子的呢？

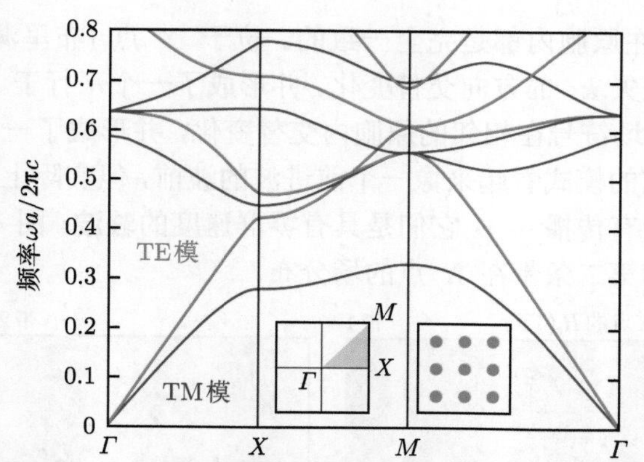

图 2　介质柱四方晶格 ($r=0.2a$) 光子晶体的带结构。蓝色表示 TM 极化带，红色表示 TE 极化带。左插图是布里渊区，蓝色区域表示不可约布里渊区。右插图是该二维光子晶体的横截面，柱介质 ($\varepsilon = 8.9$，比如氧化铝陶瓷) 被嵌在空气 ($\varepsilon = 1$) 中

第一频带 (介质带) 和第二频带 (空气带)TM 模式的场分布如图 3 所示。位

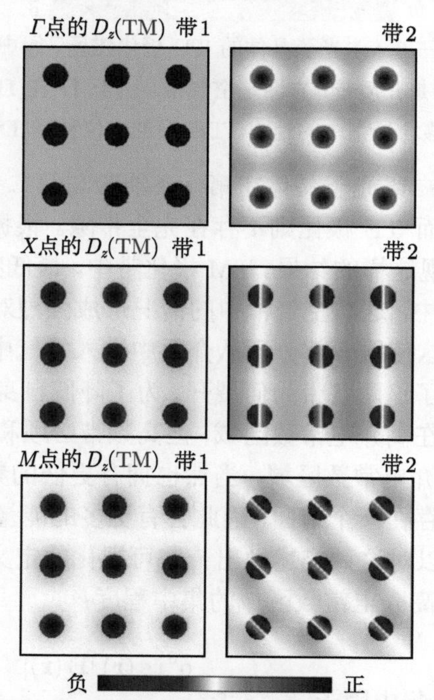

图 3　介质柱四方晶格 ($r = 0.2a$) 光子晶体的 TM 极化电位移场。颜色代表电位移场沿着 z 轴的振幅。图中分别画出了位于 Γ，X 和 M 的场分布。左图为介质带，右图为空气带。空气带在 M 点的场模式是一对简并态中的一个模式

于 Γ 点的场分布在原胞内都是完全一致的。位于 X 点 (布里渊区边界) 的场符号在原胞内沿着波矢 k_x 的方向交替变化，并形成了一个平行于 y 轴的 “波前”(节面)。位于 M 点的场符号在相邻的原胞内交替变化，并形成了一个棋盘式的图案。虽然 X 点和 M 点的模式看起来像一个前进波的波前，但实际上，这些拥有特殊 $\mathbf{k}$ 值的空间模式并没有传播 —— 它们是具有零群速度的**驻波**。图 4 则画出了 TE 极化带中第一条带和第二条带在 X 点的场分布。

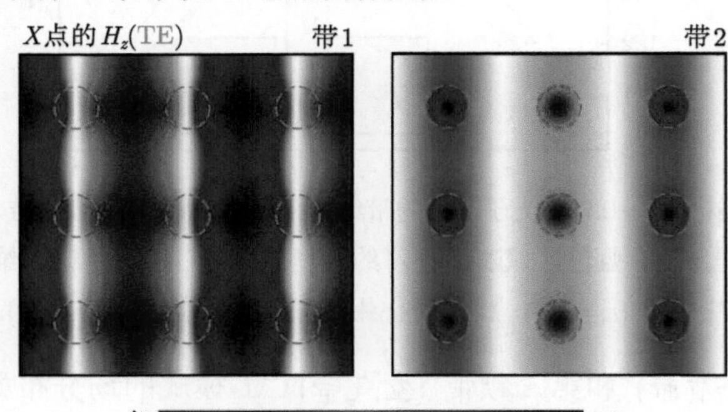

图 4 介质柱四方晶格 ($r = 0.2a$) 光子晶体的 TE 极化磁场。绿虚线表示圆柱的位置，而颜色则表示磁场的振幅。左图是介质带，右图是空气带。由于 $\mathbf{D}$ 在 $\mathbf{H}$ 的节面上最大，所以白色区域表示电位移场最集中的地方。TE 模的电位移场 $\mathbf{D}$ 在 xy 平面内

对于 TM 极化，该二维光子晶体在第一条能带与第二条能带之间有一个大小为 31.4%的完全带隙；而 TE 极化则不存在完全带隙。根据图 3 和图 4 中的场分布，可以解释为何会出现这样的结果。TM 极化带中，最低频率的 TM 模 (介质带) 几乎强烈地集中在介质中，这与空气带中的情况形成强烈对比：在空气带中，有一个节面穿过了介质柱，这使得一部分场从介质中进入空气中。

能量变分原理解释了这两条带为何裂开。为了降低自身的频率，一个模式总是将大部分电场能量集中在高介电常数区域，但高频带必须和低频带正交。第一条带将大部分能量集中在高介电常数区域，当然也拥有更低的频率；为了满足正交性，第二条带中的模式必然存在一个节面，因此会有更多的能量集中在空气中，这使得它的频率增加。人们可以对这种描述做出一些可视化的定义。比如，定义一个**集中因子**来近似估算电场在高介电常数区域的集中程度：

$$\text{集中因子} \triangleq \frac{\displaystyle\int_{\varepsilon=8.9} \mathrm{d}^3\mathbf{r}\varepsilon(\mathbf{r})\left|\mathbf{E}(\mathbf{r})\right|^2}{\displaystyle\int \mathrm{d}^3\mathbf{r}\varepsilon(\mathbf{r})\left|\mathbf{E}(\mathbf{r})\right|^2} \tag{2}$$

与第 2 章的方程 (24) 的对比可以看出，集中因子实际上衡量了**电场能量在高介电常数区域的比例**。表 1 列出了两种极化电场的集中因子。可以看到，TM 介质带的

集中因子为 83%，而空气带的集中因子只有 32%。这两个空间模式能量分布的巨大差异，导致它们的频率发生了断裂。

表 1　介质柱光子晶体最低两条带在布里渊区 X 点的集中因子

	TM	TE
介质带	83%	23%
空气带	32%	9%

相比之下，TE 模的集中因子普遍较低。图 4 中 TE 模最低两条带在 X 点的磁场分布也反映出了这种情况。TE 模的磁场更容易辨别，并且磁场是 TE 模的标志场，因此图中画出的是磁场分布。位移场 $\mathbf{D}$ 沿着磁场 $\mathbf{H}$ 的节面 ($\mathbf{H}=0$，白色区域) 最大 (见第 2 章的方程 (8))。从图中可以看到，两种带的电位移场都有很大一部分集中在空气中，这使得它们的频率都比较大。不过发生这种情况也是无奈的：在介质柱之间，没有任何可以维持电位移场线的高介电常数区域；而电位移场线必须是连续的，因此，它只能穿过空气。这是 TE 模拥有低集中因子的根源，也解释了 TE 带没有带隙的原因。

电磁场的矢量性以及其在材料界面的不连续边界条件对这种现象至关重要。在两个介质的交界面，电场从 ε_1 穿过边界进入 $\varepsilon_2(\varepsilon_1>\varepsilon_2)$，电场能量密度 $\varepsilon_1\left|\mathbf{E}\right|^2$ 将会发生突变。如果电场平行于该界面，那么电场能量密度下降为 $\dfrac{\varepsilon_2}{\varepsilon_1}\varepsilon_1\left|\mathbf{E}\right|^2$(因为 $\mathbf{E}_\parallel$ 是连续的)；如果电场垂直于该界面，那么电场能量密度增加为 $\dfrac{\varepsilon_1}{\varepsilon_2}\varepsilon_1\left|\mathbf{E}\right|^2$(因为 $\varepsilon\mathbf{E}_\perp$ 是连续的)。对于 TM 波，$\mathbf{E}$ 平行于所有介质界面，因此可以有很大的集中因子；而对 TE 波而言，电场线必须在某些点穿过两个介质的交接面，强迫电场能量离开介质柱，并阻止产生大的集中因子。结果是：连续的 TE 模式不能表现出明显不同的集中因子，也不会出现带隙。

5.3　介质网格四方晶格

现在来研究另一种二维光子晶体，其具体结构见图 5。这是一个介质网格四方晶格 (网格宽 $0.165a$，$\varepsilon=8.9$)。从某种意义上来说，这种结构是介质柱四方晶格的一个补充，因为它是一个连接的结构。高介电常数介质在 xy 平面内形成了一个连续的通道结构，而不是之前的孤立点。这种补充结构的带结构见图 5。可以看见，TE 极化带存在一个 18.9%的带隙，但是 TM 极化带不存在带隙。这和孤立介质柱四方晶格的情况相反。

仍然从最低两条带中的场分布来理解带隙出现的原因。TM 模和 TE 模的场分布分别见图 6 和图 7。

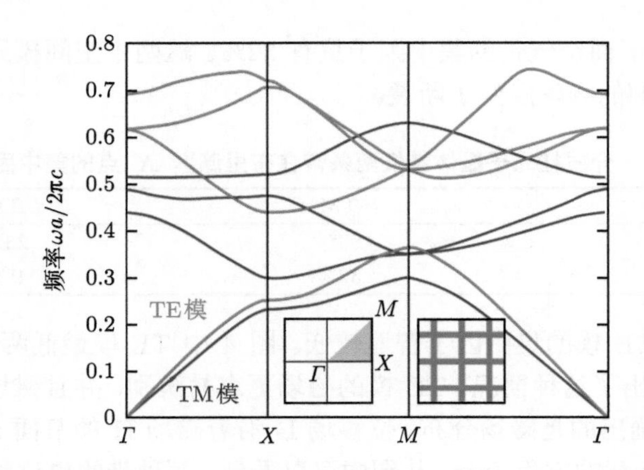

图 5　介质网格 ($\varepsilon=8.9$，厚度 $0.165a$) 四方晶格光子晶体的带结构。蓝色表示 TM 极化带，红色表示 TE 极化带。左插图是位于不可约布里渊区 (蓝色区域) 顶点的高对称点。右插图是该二维光子晶体的横截面

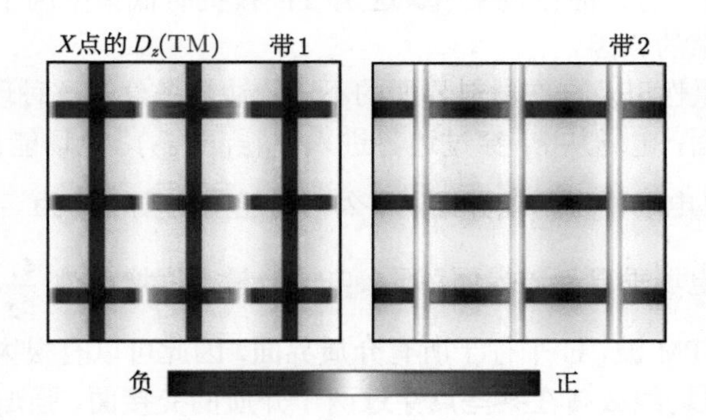

图 6　介质网格 ($\varepsilon=8.9$) 四方晶格光子晶体在 X 点 TM 模式的电位移场。颜色反映了沿着 z 轴偏振电位移场的振幅。左图是介质带，右图是空气带

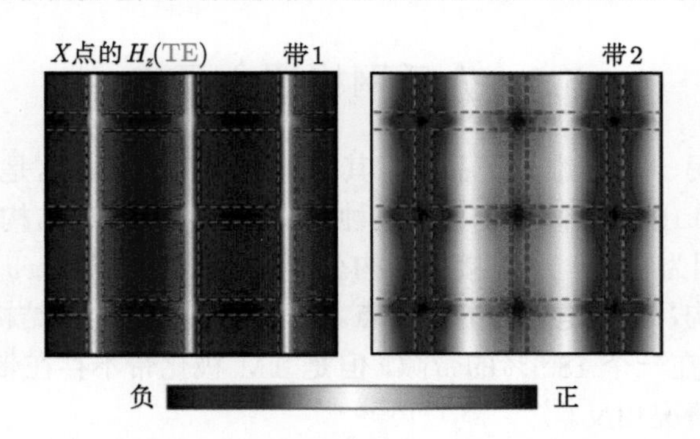

图 7　介质网格 ($\varepsilon=8.9$) 四方晶格光子晶体在 X 点 TE 模式的磁场。绿色虚线表示介质的轮廓，颜色反映了沿着 z 轴偏振磁场的振幅。左图是介质带，右图是空气带

先观察 TM 极化的场分布，可以看到这两种模式几乎都集中在高介电常数区域。其中，介质带的电磁场主要集中在介质交叉点以及垂直介质条中，而空气带的电磁场主要集中在连接四方晶格位点的水平介质条中。由于网格的排列，连续模式都集中在高介电常数区域，因此频率没有大的跳跃。表 2(介质网格四方晶格的场集中因子) 则进一步证实了这种情况。

表 2 介质网格光子晶体的最低两条带在布里渊区 X 点的集中因子

	TM	TE
介质带	89%	83%
空气带	77%	14%

另一方面，TE 极化带在前两条带之间存在一个带隙。那么，这种晶格与圆柱四方晶格的区别在哪里？很明显，后一种晶格不存在 TE 带隙。在介质网格晶格中，TE 波连续的电位移场可以延伸到相邻的晶格位点，而不会离开高介电常数区域。这种结构提供了一个很好的高介电常数“道路”，在这条路上，场可以有效地传播，并且介质带 ($n = 1$) 中的电场几乎全部集中在这些路上，如图 7 所示。介质带的磁场节面 (白色区域，同时也意味着电位移场振幅最大的区域) 几乎强烈局域在垂直介质条中。

而下一个 TE 极化带 ($n = 2$) 中的 $\mathbf{D}$ 场则因为正交性而多出一个节面，这个节面会垂直地穿过高介电常数区域，并将能量强制性地“压”进低介电常数区域。这使得介质带与空气带的频率有一个显著跳跃。表 2 很直观地展示了这种变化。在这种结构中，TE 极化介质带的集中因子远远大于空气带的集中因子。最终，两条带之间出现了带隙。在这种情况下，晶格之间的连接性是产生 TE 带隙的关键。

5.4 任意偏振的完全带隙

之前两节通过场分布来帮助人们理解什么因素影响二维光子晶体 TM 和 TE 带隙的形成。通过观察，可以设计出一种在任何极化下都拥有带隙的光子晶体。通过调整晶格的尺寸，甚至可以使不同极化的带隙发生重合，也就是说，这是一个**完全带隙**。

先回顾一下之前的学习。介质柱四方晶格孤立的高介电常数点区域迫使连续 TM 模式具有不同的集中因子，这是因为更高频率模式有一个额外节面。这反过来产生了一个大的 TM 极化带隙。而互相连接的介质网格晶格使得高介电常数区域分散分布，从而导致连续模式的集中因子几乎相同。

另一方面，介质条的连接性是产生 TE 带隙的关键。在介质柱四方晶格中，因为电位移场必须穿过一个边界，所以 TE 模式会强制穿过空气 (低介电常数) 区域。

这导致连续模式的集中因子都比较低，没有出现很大的差异。而对于互相连接的介质网格晶格来说，这个问题消失了。在这种结构中，电位移场可以沿着高介电常数区域从晶格的一个节点传播到另一个节点，并且高阶模的额外节面使得其频率发生跳变。

也就是说：**孤立高介电常数点的晶格更容易产生 TM 带隙，互相连接的晶格更容易产生 TE 带隙。**

似乎很难设计一种既拥有孤立介质点又拥有互相连接介质结构的二维光子晶体。答案实际上也是一种折中方案：可以想象这么一种光子晶体，其高介电常数区域几乎都是孤立的，但这些孤立区域通过一些窄的介质通道互相连接。图 8 展示了这么一个例子，它是一个空气柱**三角**晶格。

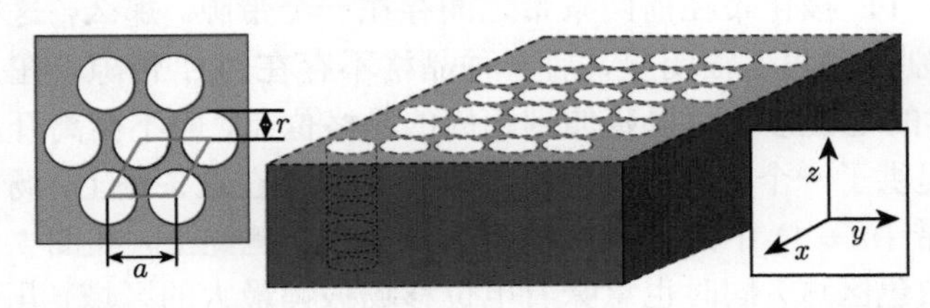

图 8 在介质中打孔形成的二维三角晶格光子晶体 (假设其在 z 轴上无限延展)。空气柱的半径为 r。左插图是三角晶格示意图。红线所示区域为该材料的原胞，晶格常数为 a

上述材料的设计思想是：在一个高介电常数介质板上打出按三角晶格排列的空气 (低介电常数) 柱。如果空气柱的半径足够大，那么它们之间的点就像是孤立点，而这些孤立点之间通过几条窄的介质区域连接，如图 9 所示。这种结构的两种极化带都存在带隙，如图 10 所示。实际上，当 $r/a = 0.48$，介质的介电常数为 13 时，这两个带隙会重合，并形成一个 18.6% 的完全带隙。

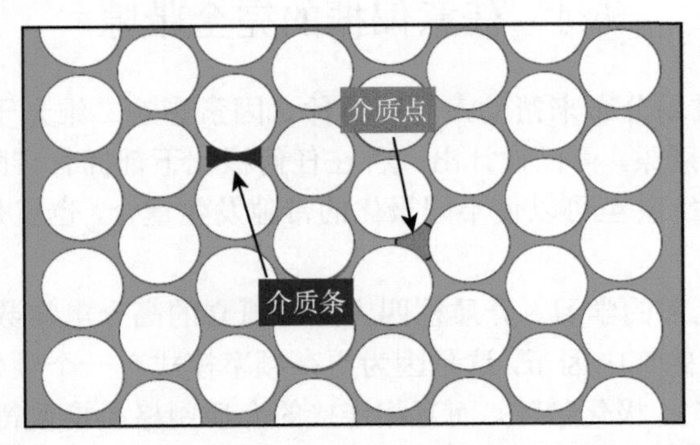

图 9 三角晶格的孤立点与交叉网格。空气柱之间是窄网格，这些网格连接着被三个空气柱所包围的孤立点区域

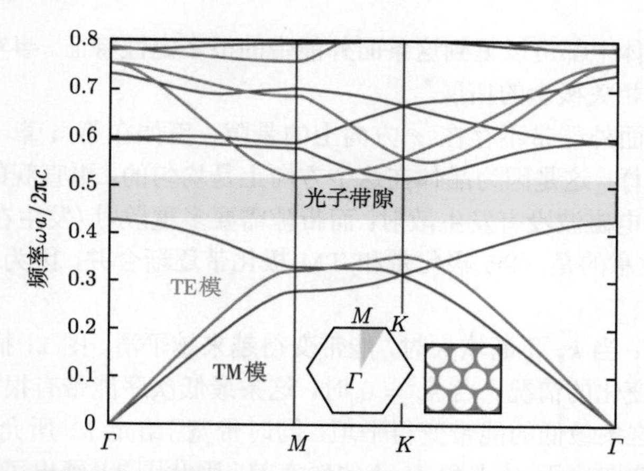

图 10 一个空气柱三角晶格 (基底介质 $\varepsilon = 13$) 材料的光子带结构。蓝线表示 TM 极化带，红线表示 TE 极化带。插图表示不可约布里渊区 (蓝色阴影) 的高对称点。图中有一个完全带隙

5.5 面外传播

之前所研究的对象都是位于周期平面内 ($k_z = 0$) 的本征模式。但是，对于某些应用来说，必须了解光沿着任意方向传播的情况。这一节将讨论 $k_z > 0$ 的能带结构，光子晶体的结构与上一节一致。这种光子晶体的面外能带如图 11 所示。在

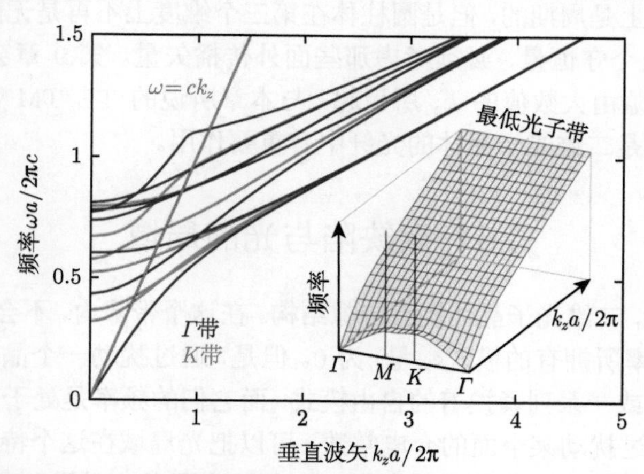

图 11 空气柱三角晶格前几条带的面外带结构。蓝线表示起点为 $\Gamma, \omega(\Gamma, k_z)$ 的带，绿线表示起点为 $K, \omega(K, k_z)$ 的带。光线 $\omega = ck_z$(红线) 把空间模式分为空气中的振荡模 ($\omega \geqslant ck_z$) 和空气中的倏逝波 ($\omega < ck_z$)。插图表示最低次序带结构随 k_z 变化的情况。当 k_z 增加时，能带变得平坦

所有二维光子晶体中都可以见到这条面外能带的很多定性特征。事实上，这些特征仅仅是多层膜中相关概念的拓展。

首先，这条面外能带不存在 z 方向上的带隙，正如在第 4 章 “离轴传播” 一节中所阐述的那样。这是因为晶体在这个方向上是均匀的。更直观的解释是：沿着这个方向传播的电磁波没有发生散射；而带隙需要多重散射 (发生在不同介质交界面)。其次值得注意的是，TE 极化带和 TM 极化带逐渐合并，因为 $k_z \neq 0$ 打破了镜像对称。

还需要注意：当 k_z 不断增大时，能带变得越来越平滑。图 11 插图展示了最低次序能带随 k_z 变化的情况。当 $k_z = 0$ 时，这条最低次序能带有很宽的频率范围。当 k_z 增加时，这条最低的能带变得平坦，同时带宽 (给定 k_z 所允许的频率范围) 趋于 0。由于带宽取决于 Γ 点和 K 点的频率差，因此图 11 画出了分别以 Γ 和 K 为起点的前几条带。当 k_z 增加时，每条带的带宽都消失了。为什么会这样呢？

对此有一个简单的解释。k_z 比较大时，光线会在介质区域内由折射率引导进行传播，就好像在光学波导中发生的现象。进入空气中的光线非常有限，相邻光线的耦合很少。于是，模式解耦，带宽缩小为 0。那些频率 $\omega \ll ck_z$ 的空间模式更容易发生这种现象。①这个频率范围内的电磁场会在离开介质区域后迅速衰减，相邻介质内的模式耦合后会消失，如图 11 所示。$\omega > ck_z$ 范围内有着很强的色散，而 $\omega \ll ck_z$ 范围内色散很微弱。

后续的章节将拓展这种概念。第 8 章会考虑一种有限高的光子晶体 —— 这个结构在两个维度上是周期的，但是圆柱体在第三个维度上不再是无限的。在这种情况下，k_z 不再是个守恒量，必须考虑那些面外传播矢量。第 9 章会考虑一种新类型带隙，这种带隙由大数值的 k_z 所引起，与本章所说的 TE/TM 带隙不同。这种带隙在那些截面是二维光子晶体的光纤中有重要作用。

5.6　点缺陷与光的局域

面内传播时，二维光子晶体拥有带隙结构。在这个带隙内，不会出现任何模式；态密度 (每个频率所拥有的模式数量) 为 0。但是，通过扰动一个晶格节点，可以得到单一的局域态或一系列紧挨着的自由模式，而它们的频率是处于带隙中的。对于多层膜结构，通过扰动某个面的介电常数，可以把光局域在这个特定的面附近。

在二维结构中，人们有许多选择。可以从这个晶体中移除一根圆柱，如图 12 所示；也可以用其他尺寸 (包括形貌、介电常数等) 的散射介质来代替它。晶格节点的扰动破坏了平移对称性。严格来说，此时无法利用面内波矢来对空间模式进行

① 当 $\omega > ck_z$ 时，由于菲涅耳反射在掠射角光线光学极限中达到 100%，因此也有一些模式被困在低 ε 区域。

分类。但是，当 $k_z = 0$ 时，镜像反射对称性仍然是完整的。因此，仍然可以把目光集中在面内传播，并且，TE 模和 TM 模也是解耦的，即仍可以独立地讨论这两种极化带结构。单一晶格节点的扰动可以产生一个沿着 z 轴的线缺陷。但是，因为讨论对象是面内的周期传播，而扰动仅仅发生在这个面内的一个点内，因此，把这种扰动称为**点缺陷**。

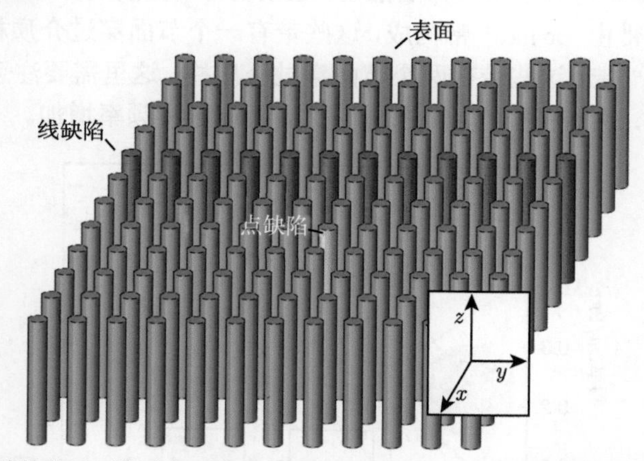

图 12 点缺陷、线缺陷及面缺陷的示意图。扰动晶体内的一个圆柱 (黄色) 可能会产生一个局域在 xy 面内的缺陷态。而扰动晶体内的一列圆柱 (红色) 或者截断晶体的某一个面 (绿色) 可能会产生一个局域在 x 方向上的态。图中的圆柱假设为无限高

移掉一根圆柱可能会使带隙内的态密度出现一个峰。如果真的发生了这种现象，那么这种由缺陷诱导产生的模式肯定是倏逝波。这个模式无法进入光子晶体，因为它处于带隙内。另一方面，任何局域模都会随着远离点缺陷而呈指数衰减 (如第 4 章所述)。因此，它们局域在 xy 平面内，但是在 z 轴上是振荡的。

这里重申一下点缺陷局域能量的简单物理解释：由于带隙，光子晶体会反射特定频率的光。移除一根圆柱后，就得到了一个**谐振腔**。光线在谐振腔的四周被来回反射。如果这个谐振腔有合适的尺寸来支持位于带隙内的某个模式，那么光线将不能逃脱，此时可以把光局域在这个点缺陷中。①

现在举例说明一种实验②和理论③已经证实的二维光子晶体缺陷模：一个在空气中的氧化铝柱四方晶格。与图 1 所示的无限长圆柱不同，真实的柱体夹在两

① 熟悉半导体物理学的读者可以通过类比半导体中的杂质来理解这个结果。在这种情况下，原子杂质在半导体的带隙中产生局域电子态 (Pantelides, 1978)。吸引势在导带边缘产生一种态，排斥势在价带边缘产生一种态。在光子系统中，通过选择合适的 $\varepsilon_{\text{defect}}$，可以将缺陷模式置于带隙内。在电子系统中，使用有效质量近似预测缺陷模式的频率和波函数。在原胞中，电子波函数是振荡的，但振荡函数由一个倏逝的包络调制。类似的处理方法也适用于光子系统 (Istrate and Sargent, 2006)。

② 见 McCall 等 (1991) 所著文献。

③ 见 McCall 等 (1993) 所著文献。

个金属板之间。金属板引入了一个比研究频率要高得多的 TE 截止频率，也保证 $k_z=0$。因此，这种实验结构创造了一个纯净的 TM 模 ($k_z=0$) 系统。

图 13 画出了这种实验体系的带结构。在第三条带与第四条带之间有一个 10.1% 的带隙。对每条带的场分布进行观察后，可以发现：第一条带主要由没有节面穿过介质柱的态构成。参考分子轨道命名法则，这些没有节面的场分布称为 "σ-like" 带。第二条与第三条带由 "π-like" 带构成，这些带有一个节面穿过介质柱。而第四条带的底部是 "δ-like" 带，这些带有两个节面穿过介质柱。这里需要注意：在介质柱内拥有的节面越多，说明在空气域的振幅越大，而这导致频率增加。

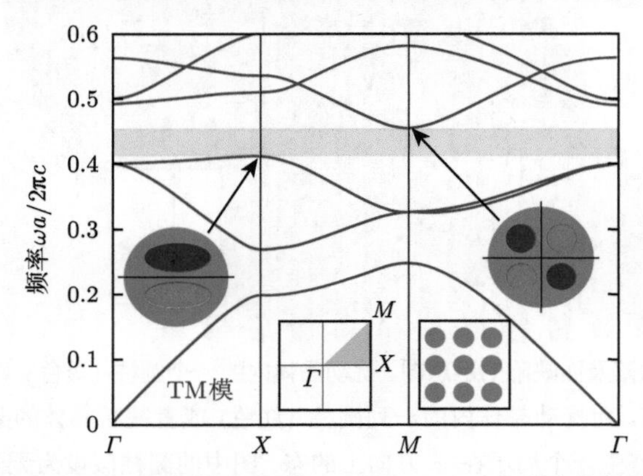

图 13　氧化铝柱 ($\varepsilon=8.9$) 四方晶格 TM 模，$r=0.38a$。中间的插图是不可约布里渊区。另两幅插图是每一个圆柱内的电场分布 (红色为正，蓝色为负)。左插图展示了带 3 的 "π-like" 模式；右插图展示了带 4 底部的 "δ-like" 模式

缺陷引入了一个缺陷模，如图 14 所示。实验用一个不同直径的柱体代替原来的柱体得到这个缺陷。而仿真则是通过改变某个柱体的介电常数来获得缺陷的。以折射率 $n=\sqrt{\varepsilon}$ 为指标，这个缺陷的折射率变化为：$\Delta n=n_{\mathrm{alumina}}-n_{\mathrm{defect}}=0\sim2$(柱体被完全移除)。计算结果如图 15 所示。

第三条 "π-like" 带和第四条 "δ-like" 带之间存在一个最大带隙。当折射率小于 3 时，一个模式从 π 带离开，进入带隙中。当 Δn 从 0 变化到 0.8 时，这个双重简并模会穿过带隙。当 $\Delta n=1.4$ 时，一个非简并的模式进入带隙中，逐渐穿过带隙，并在 $\Delta n=1.8$ 时进入 δ 带。图 14 左图展示了 $\Delta n=1.58$ 时，还未进入 δ 带的模式。

需要注意的是，这个未进入 δ 带的模式在缺陷外仍然有一个穿过介质柱的节面，这说明它仍然保留了 π 带的本质特征。但是，因为它在缺陷中没有节面，所以只能把这样的模式称为**单极子**模。类似地，$\Delta n<0$ 时，缺陷会把 δ 带中的模拉到带隙中。这种局域态会保留 δ 带的特征：它们在柱体内有两个节面，正如图 14 右图所示。因为缺陷内仍然有两个节面，所以把它称为**四极子**。

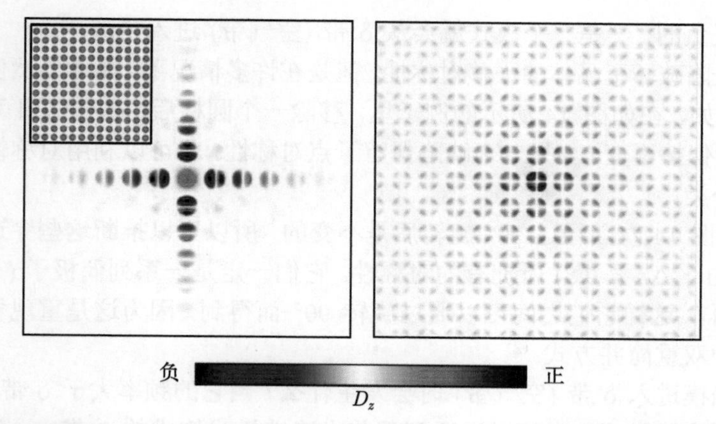

图 14　态的电位移场 (D_z) 局域在一个点缺陷内。颜色反映了场的振幅。左图的缺陷是减少一个圆柱的介电常数得到的。这个模式像一个**单极子**：它在缺陷内有一个波瓣并拥有旋转对称性。右图的缺陷是增加一个圆柱的介电常数得到的。这个模式像一个**四极子**：它在缺陷内有两个节面，并且可以像函数 $f(\boldsymbol{\rho}) = xy$ 那样经过旋转保持不变

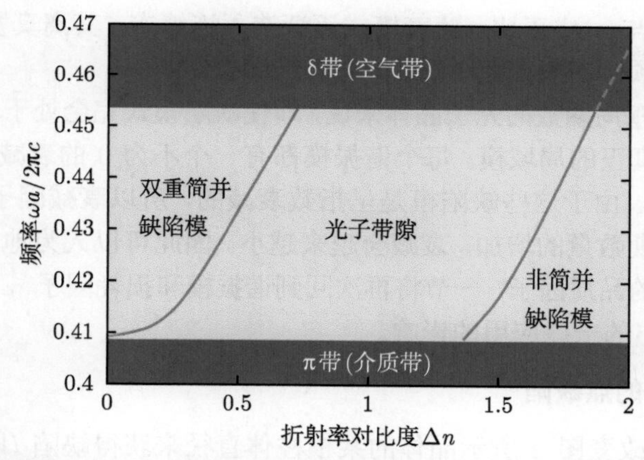

图 15　局域模式随着缺陷介电常数变化而演化的示意图。$\Delta n = 0$ 意味着完整的晶体；$\Delta n = 2$ 意味着完全移除圆柱。水平线代表带隙的边缘。在带隙内，频率 (红线) 所代表的是局域态。但是，当线刺穿带隙进入带中时，这个频率变成了一个频率展宽的谐振模式 (绿线)。$\Delta n = 1.58$ 时的场分布如图 14 左图所示

当缺陷的介电常数 $\varepsilon_{\text{defect}}$ 减小时，缺陷模频率会增加，如图 15 所示。考虑 $\varepsilon(\mathbf{r})$ 的微小变化对一个模式频率有何影响 (见第 2 章“微扰的作用”一节)，可以对此进行一个简单理解。从第 2 章的公式 (28) 可以看到，$\Delta\varepsilon$ 为负值时 (即减小一点介电常数)，对应的频率移动 $\Delta\omega$ 为正值。因此，一个模式可以从 π 带 (介质带) 中“弹出”。而增加 $\Delta\varepsilon$ 会把这个模式更深地推向带隙。相反，如果 $\Delta\varepsilon$ 为正值，那

么 $\Delta\omega$ 就是负的，于是一个模式就会从 δ 带 (空气带) 进入带隙。①

尽管缺陷破坏了晶体的平移对称性，但是在许多情况下，晶体仍然保留一些点对称性。比如，在如图 14 所示的例子里，移除一个圆柱后，晶体仍旧可以沿 z 轴旋转 90° 后保持不变。如果一个缺陷保留了点对称性，就可以利用对称性来对缺陷模式进行分类。

比如，图 14 左图经过 90° 旋转后是不变的，所以可以推断这些穿过带隙的双重简并模 ($0 < \Delta n < 0.8$) 所拥有的对称性。它们一定是一系列偶极子 (有一个穿过介质的节面)，这样它们之间可以通过旋转 90° 而得到，因为这是重现背景对称性唯一的一种双重简并方式。②

当缺陷模进入 δ 带 (空气带) 时会发生什么？当它的频率大于 δ 带底时，缺陷模不再局域在带隙内，它可以渗透到那些由连续模式构成的 δ 带中。这个缺陷不再能产生一个真正的局域模。但是，局域态和连续态之间应该有一个平滑的变化过程，所以这个模式一定将大部分能量集中在缺陷内。但是在这种情况下，这个缺陷不再是那个四周都是镜子的缺陷了。因此，有一部分能量可以渗入连续模式中，比例因子为 γ。这种模式称为 **"泄漏模"** 或者 **"谐振模"**。③缺陷所引入的、位于带隙内态密度的峰宽与 γ 成正比；随着模式逐渐渗入连续态，其离真实的束缚态越来越远，谐振模的频率逐渐变宽，并逐渐融入连续态。

对于一个有限周期数的光子晶体来说，即使缺陷模式完全处于带隙中，它也是谐振模，而不像真正的局域模。每个谐振模都有一个不为 0 的衰减因子 γ，它们会进入周围介质中。由于这些缺陷模是呈指数衰减的，所以衰减因子 γ 也是呈指数衰减的。随着周期数量的增加，衰减会越来越小。因此可以人为地将 γ 做得很小。第 7 章 "有损腔的品质因子" 一节将再次回到谐振模和损耗因子 γ 上，并讨论它们对第 10 章所提出的一些应用的影响。

更大带隙内的点缺陷

这一节通过改变图 2 所示晶体的某根柱体直径来获得缺陷 (四方晶格氧化铝柱半径从 $0.38a$ 变为 $0.2a$)，在这种情况下，缺陷态出现在一个更大的带隙中。这个

① 将这种情况与半导体中的杂质进行类比有利于读者熟悉这一主题。由于光在电介质中的波长比在空气中短，这些区域类似于半导体中的深电势区域。降低一个柱体的介电常数类似于在一个原子周围增加一个排斥势，将一个模式推出 π 带。降低介电常数会进一步增加缺陷的排斥特性，并将局域模推向更高的频率。相反，增加介电常数类似于增加吸引势，将一个模式拉出 δ 带。

② 在群论中：缺陷具有 C_{4v} 点群的对称性，该群唯一的 2×2(双简并) 不可约表示是一对偶极函数。单极态，如图 14 左图，对应于 Inui 等 (1996, Table B.7) 文献中的平凡表示 (1)。

③ 选择该名称是为了暗示光学和量子力学中共振散射现象的对应关系。在散射实验中，由于入射光束与势能的共振，将入射能量调到真实束缚态能量附近会导致截面上出现峰值。在光学系统中，缺陷模式非常接近真正的局域模式，因此态密度中有一个峰值。在这两种情况下，共振的衰减率均与峰宽成正比，如第 10 章所述。

带隙位于第一条带和第二条带之间 (这两个带，分别是 “σ-like” 带和 “π-like” 带)。此时的带隙比之前的带隙大三倍，因此模式更为强烈地局域在缺陷内。第 6 章和第 10 章将会讨论尽可能大的带隙对最大化局域与最大化缺陷模的作用。

图 16 给出了缺陷态频率随缺陷半径变化的曲线。其中，半径从 0(完全移除柱体) 变化到 $0.7a$(超过三倍的原半径)，与之对应的场分布如图 17 所示。如果完全移除柱体，可以得到一个来自介质带 (σ-like) 的单极子模式。而增加柱体半径会将一系列双重简并的偶极子模式从空气带 (π-like) 拉到带隙中。

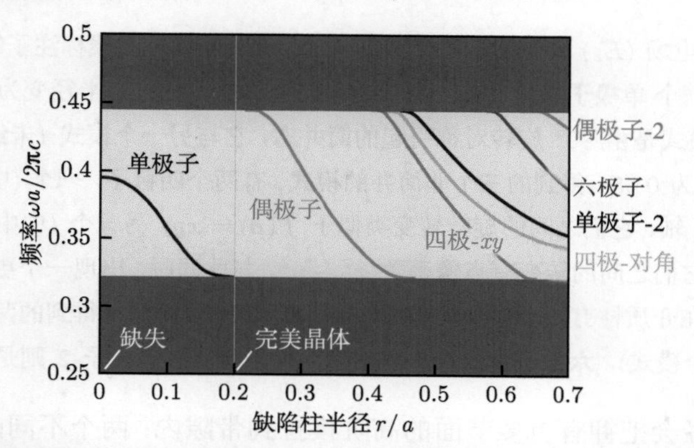

图 16　局域模式随缺陷半径变化而演化的示意图。柱体半径为 $0.2a$。TM 带隙出现在 $(0.32 \sim 0.44)2\pi c/a$，如黄色区域所示。如果柱体的半径减小，那么一个单极子将会从带隙底被推进到带隙中。如果柱体半径增大，那么一系列高阶模式 (更多的节面) 将会从带隙顶进入带隙。偶极子、六极子、偶极子-2 都属于双重简并态，而其他态都是非简并的。这些态的场分布和标注见图 17

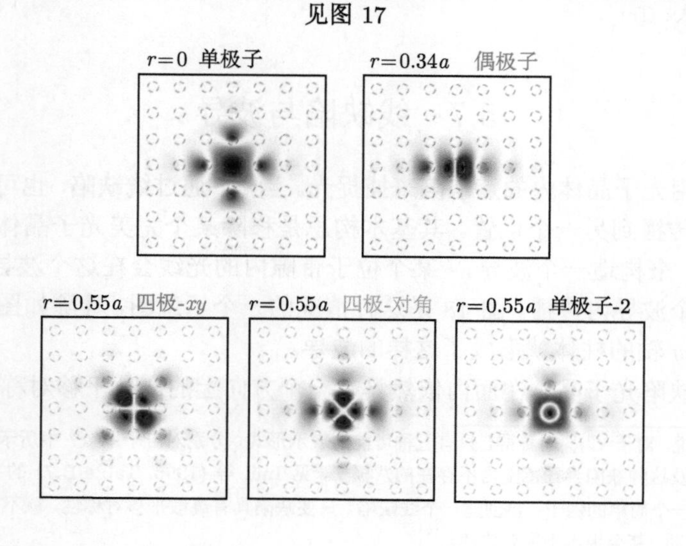

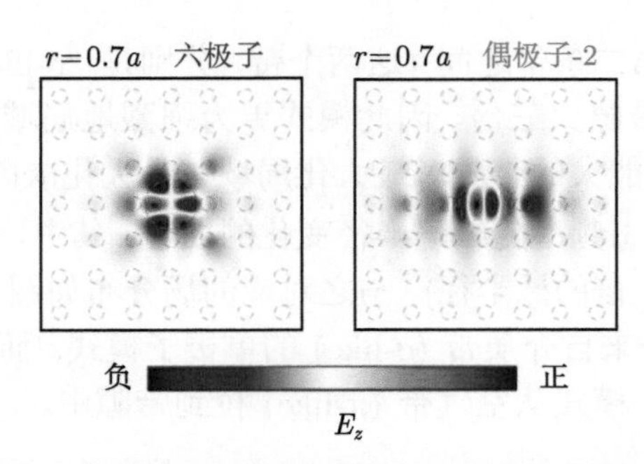

图 17　局域态的电场 (E_z) 分布随缺陷半径变化的示意图。绿色虚线标注了缺陷。上左：完全移除柱体得到的一个**单极子**模式 (有一个节面和高对称性)。上右：半径变为 0.34a 得到的**偶极子**模式，这个模式是由 90° 旋转对称引起的简并态，它与另一个模式 (未给出) 是双重简并的。中间：半径变为 0.55a 得到的三个非简并的模式。有两个**四极子**，一个 (中左，四极-xy) 节面沿着 x 轴和 y 轴，它们之间的旋转转变类似于 $f(\boldsymbol{\rho})=xy$；另一个 (中中，四极-对角) 节面沿着对角线，它们之间的转变有点像函数 x^2-y^2。与此同时，出现一个更高阶的单极子-2 模式 (中右)，它在介质柱有一个额外的节面。底：由半径变为 0.7a 得到的两个双重简并的模式 (未画出另一个模式)。**六极子**模式在缺陷内有六个波瓣，而偶极子-2 则是更高阶的偶极子

更大的半径会把拥有更多节面的高阶模拉到带隙内：两个不同的四极子，一个拥有额外节面的高阶单极子，以及两个高阶偶极子 (其中一个称为**六极子**，因为它的场分布有六个波瓣)。所有的简并态，不管它们的场分布是什么样子的，都有相同的偶极对称：这些简并态相差 90° 旋转。它们在 $x=0$ 和 $y=0$ 镜像平面下以及在 180° 旋转下以相同的方式变换，通过 90° 旋转 (或对角镜像平面) 就可以获得另一个简并态。①

5.7　线缺陷与波导

可以利用光子晶体内的点缺陷来捕捉光。当然，通过**线缺陷**，也可以引导光线从一个位置传播到另一个位置。其基本构思是移除某个完美光子晶体的一列圆柱体 (见图 12) 来构造一个波导。②某个位于带隙内的光线会在这个波导内传播，并且只能在这个波导内传播。图 18 是这种情况的一个示意图，移除如图 2 所示晶体的一列沿着 y 轴的柱体就形成了这样的波导。

一个线缺陷光子晶体在面内依然具有一个方向上的离散平移对称。在图 18 所

① 一般来说，对于 C_{4v} 对称群，只有五种可能的表示形式，分别对应于图 17 中所示的单极、偶极和两个四极子，以及这种缺陷半径范围内不存在的八极子，见 Inui 等 (1996, Table B.7) 的文献。

② 这只是一个简单的例子；要创建一个线缺陷，只要缺陷具有离散平移对称性，就不需要对所有原胞都进行同样的改动，甚至根本不需要修改。

示例子中，这个方向是 y 轴。因此，波矢 k_y 仍然是守恒量。当然，z 方向的连续平移对称依然存在。k_z 是守恒量，本节只研究面内传播 ($k_z = 0$)，并且只考虑 TM 极化。图 19 画出了 ω 随 k_y 变化的带结构，可以看到，线缺陷在带隙中引入了一个离散的波导带。由于带隙，这个模式在晶体内是倏逝波，且只能局域在波导内，如图 18 所示。这个波导模在某个特定波矢下的频率是离散的。因为这个模式被局域在一个空间里。而在带隙之外，这些模式进入光子晶体，并拥有连续的频率范围，如图 19 所示的蓝色区域。

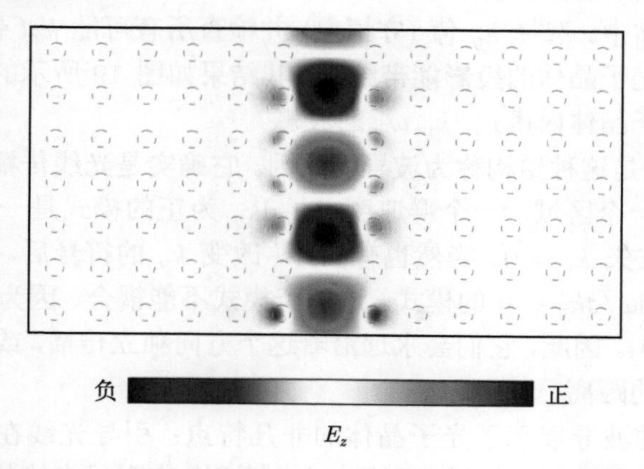

图 18　线缺陷波导内一个传播模的电场分布 (E_z)。移除 y 方向上的一列圆柱得到这样的波导。这使得一个**波导模式**沿着这个波导传播，其波矢为 $k_y = 0.3\,(2\pi/a)$。绿色虚线表示的是圆柱体

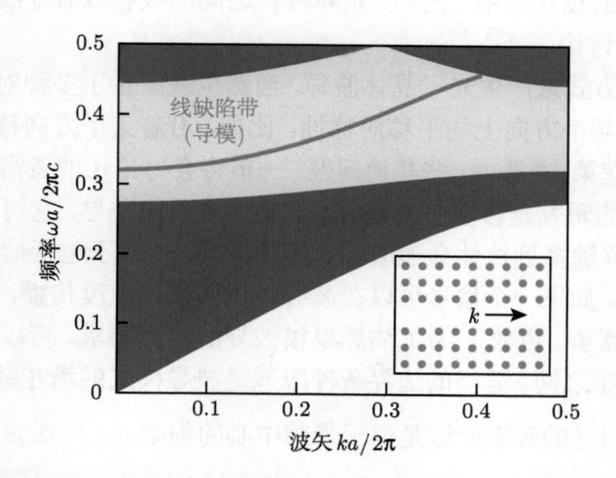

图 19　一个线缺陷波导的投影带结构，移除某个方向上的一列圆柱得到这种波导，波矢 k 则沿着这个方向。晶体内的扩展模式形成一个连续区域 (蓝色)，而带隙内 (黄色) 产生了一个缺陷带 (红色)，其中的局域模式如图 18 所示

这里应该强调一下点缺陷与线缺陷的关键差异。对于点缺陷，只要模式频率位于带隙内，它就会被局域在这个缺陷内。而对于线缺陷，模式不能仅仅由频率表示，还必须考虑波矢 k_y。一个波导模式需要波矢和频率 (k_y, ω_0) 都不能出现在光子晶体内；仅仅是 ω_0 位于带隙内是不够的。为了找出波导模，需要挑出一些特定的 (k_y, ω_0) 组合，并且验证是否存在一个 k_y 使得这个模进入导带。如果选择一个合适的 k_x，人们可以在一些导带内找到 $\omega_0 = \omega_n(k_x, k_y)$ 的模式吗？如果可以找到，那么这个组合 (k_y, ω_0) 至少存在一个扩展态模式。如果利用这个组合来引导波传播，它将会渗透到晶体中。选择 k_y 值 (守恒量) 并检查所有可能 k_x(不再是守恒量) 的过程被称为完美光子晶体的**投影能带结构**，其结果如图 19 所示的蓝色区域，这些区域是一个体光子晶体内模式 (k_y, ω) 的投影。

而 k_y 守恒也是这种结构称为**波导**的原因。它确实是光线传播的一个通道，而不是局域光线的一个区域。一个群速度 $\mathrm{d}\omega/\mathrm{d}k_y$ 为正的模式是一个向前传播的模式，这些模式的波矢 $k_y > 0$。当然也有例外，改变 k_y 的符号后，得到了一个反向传播的、群速度 $\mathrm{d}\omega/\mathrm{d}k_y < 0$ 的模式。这两个模式不能耦合，因为它们的波矢完全不同 (动量不一样)。因此，它们会永远沿着这个方向独立传播，或者至少传播至平移对称仍受保护的距离。

图 18 所示的波导展示了光子晶体的非凡特点：引导光线在空气中传播的能力。传统的介质波导是通过折射率引导 (内全反射) 来引导光线传播的。这要求介质的介电常数必须很高。[①] 相反，光子晶体波导引导机制是周围晶体的带隙，与填充波导材料的特性无关，这个能力是诸多应用的重要前提。在这些应用中，人们希望减少波与材料的相互作用。比如，光和材料之间的吸收或者非线性效应。这将会在第 9 章中详细讨论。

可以用多种方式来产生光子晶体波导，当然也就产生了多种对应的波导模，唯一条件就是维持某个方向上的平移对称性。比如，沿着某个方向移除一列柱体，或者第 n 列柱体 (在第 10 章 “一些其他问题” 一节将会讨论)；或者沿着某个方向移除多列柱体。早期的研究是移除一列柱体，这是一个**单模**波导，它可以引导某个频率的单一模式。而移除多列柱体会形成一个**多模**波导。这对于包括信息传输在内的诸多应用是不利的。如果一个信号可以在波导内以不同的速度传播，那么它们之间会出现竞争 (**模式竞争**，**色散**)。为了估算单模波导的宽度要求，可以想象这个波导位于两个完美反射镜之间，适当的边界条件应该是波导模式的场在壁面消失。为了约束得最好，选择引导的频率应该是位于带隙中心的频率 $\omega_m = 0.38\left(\frac{2\pi c}{a}\right) = a/\lambda_m$。同时，要引导最低频率的模式，波导宽度应等于 1/2 波长。把这两个要求一起考虑

① 然而，一个弱约束 (如低的介电常数对比度) 折射率引导模式可以将其大部分能量集中在高介电常数区域之外的指数尾部中。

进去，可以得到波导宽度大约为 $\frac{\lambda_m}{2} = 1.3a$，也就是说，只需要移除一列柱体就可以形成这样的波导 (近似的)。

5.8 表 面 态

真实晶体都是有界的，在一个光子晶体的表面会发生什么呢？这一节将探究光子晶体可以维持的**表面模**。表面模局域在一个表面，如图 12 所示。场振幅会随着离开这个表面而呈指数衰减。它们在晶体中衰减是因为带隙，而它们在空气中衰减是因为它们是折射率引导的 (见第 3 章 “折射率引导”)。

(表面的)**倾斜度**与**终端**可以描述一个给定表面。表面倾斜度表征了表面法线和晶体轴的夹角。而表面终端表征了这个面沿着什么路径穿过原胞。比如，终止二维光子晶体的方法有多种：可以经过整数列圆柱后终止晶格；或者在边界处将每个圆柱切成两半或者切掉圆柱的任意比例。

关于四方晶格表面态的讨论和结果是广义的。因此，再次回到图 2 所示的氧化铝 ($\varepsilon = 8.9$) 晶格结构，并考虑 TM 极化带，第一条带与第二条带之间有一个带隙。选择 x 为某些常数的平面作为表面倾斜度，①可以看到两种不同的表面截止：既可以选择某一列完整的圆柱作为边界，也可以选择截掉圆柱的一半后，得到一个边界，如图 20 和图 21 所示。

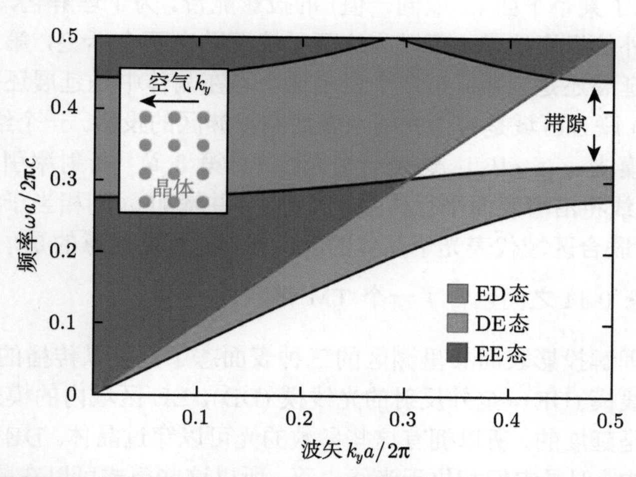

图 20　氧化铝四方晶格某个面 (x 都是一个值) 的能带投影。阴影部分分别表示传输光线 (紫色的 EE 态)；内反射光线 (红色的 DE 态)；以及外反射光线 (蓝色的 ED 态)。晶体截面如插图所示；这样的截面不存在表面态

① 称为四方晶格的 (10) 面，参见附录 B“米勒指数”。

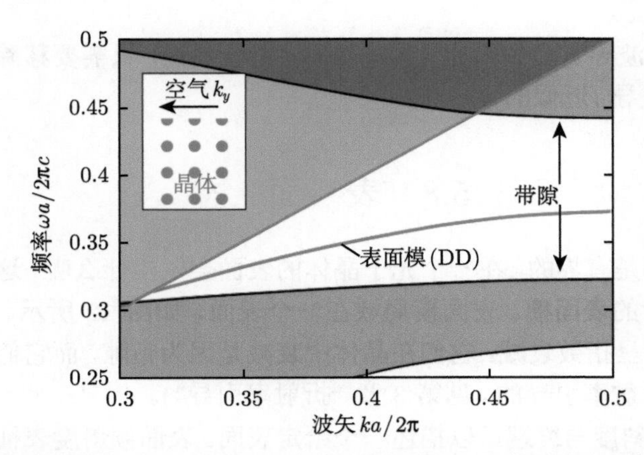

图 21　氧化铝四方晶格某个面 (x 都是一个值) 的能带投影，截面发生改变 (与图 20 相比，见插图)。带隙中的带就是表面带，光线只能局域在表面传播 (绿色的线，DD)

这样的结构仍然保留 z 方向连续平移对称，所以依然可以用 k_z 来描述这些模式。取 $k_z=0$，就得到了纯粹的 TM 极化。与之前的线缺陷一样，这种结构只破坏了 x 方向平移对称，但是 y 方向平移对称被保留了，即 k_y 是守恒的，而 k_x 不是。因此，可以计算这种有限周期结构的能带投影。其中，(k_y,ω) 包含了所有可能的组合 $\omega_n(k_x,k_y)$。

图 20 展示了某个平面 (x 取同一值) 的投影能带。为了理解它，首先分别考虑空气外和晶体外的投影能带。可以为这两种情况贴上两个标签，第一个表示这个态在空气中是延展还是衰减；第二个表示这个态在晶体中是延展还是衰减。图 20 所示 EE 和 ED 联合区域是自由光线在表面布里渊区的投影。一个给定 k_y 拥有许多频率连续的模式 $\omega\geqslant c|k_y|$；这是一个光锥 (见第 3 章 "折射率引导" 一节)。沿着 $\omega=ck_y$，光线将沿着表面平行传播，固定 k_y 并增加 ω 则相当于增加 k_x。类似地，EE 和 DE 联合区域代表光子晶体的能带投影。需要注意的是，这个光子晶体在 $0.32<\dfrac{\omega a}{2\pi c}<0.44$ 之间包含了一个 TM 带隙。

现在可以理解投影表面布里渊区的三种表面态了：可以传播的光线模 (EE)，全内反射的光线模 (DE)，全外反射的光线模 (DD)。EE 区域内的模式 (k_y,ω) 在空气和晶体中都是延展的，所以拥有这些参数的光可以穿过晶体。DE 区域有一些模式存在于晶体中，但是它们却位于光线之下，所以这些模式可以在晶体中传播，进入空气后却呈指数衰减，即全内反射。在 ED 区域，情况是相反的。此时，模式可以在空气中传播，进入晶体后却迅速衰减。

可能存在一种真正的表面模，它们在进入晶体和空气中时都会迅速衰减 (DD)。图 21 画出了这样一种表面态，而截掉半个圆柱就得到了这样的截面。DD 所表示的模式位于光线之下，它们又刚好位于带隙之内。场在表面两侧迅速衰减，因此，光被局域在表面，如图 22 所示。通过激发这样的模式，就可以把光“关押”在晶体表面。①

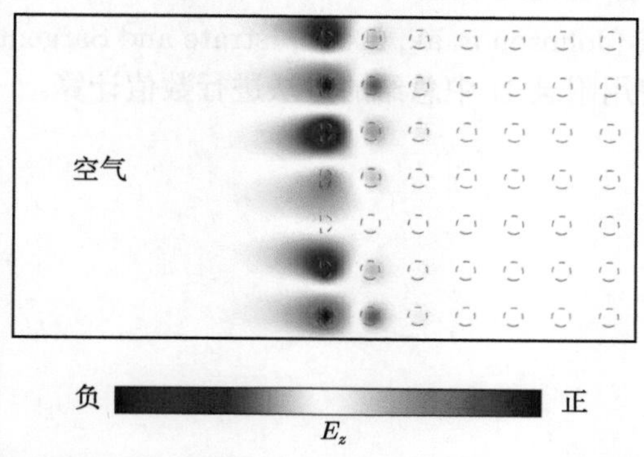

图 22　氧化铝四方晶格局域表面态的电场分布 (E_z)，截取半个圆柱得到这个表面。这个模式所对应的表面平行波矢分量为 $k_y = 0.4\,(2\pi/a)$。绿色虚线表示介质柱

5.9　深入阅读

附录 A 列出了光子晶体领域与量子力学和固体物理学之间的许多类比。附录 B 对晶体几何结构的布里渊区进行了更详细的讨论。附录 C 提供了各种二维光子晶体的带隙位置。

McCall 等 (1991), Smith 等 (1993), Plihal 和 Maradudin (1991), Villeneuve 和 Piché (1992), Meade 等 (1991a; 1991b) 所著文献展示了早期关于二维带隙的实验和理论，包含对介质棒和介质网格四方晶格的系统处理。Winn 等 (1994) 展示了对介质柱四方晶格和三角晶格更系统的处理。Meade 等 (1991b) 报告了两种不同材料交界面的表面态。实验研究中，Robertson 等 (1992) 发现了介质柱四方晶格的体态；Robertson 等 (1993) 发现了介质柱四方晶格的表面态。

最早关于二维晶体理论的研究依赖于微扰理论 (仅限于弱周期性，例如，Brillouin (1946) 的文献)，其中不能出现带隙。存在一个可分析强周期性二维晶体的理论：Chen (1981) 首先发现 TM 极化的可分离结构，②但是他没有讨论带隙或局域态的可能性。Kawakami (2002) 重新发现这个可分离的系统，他也与 Čtyroký (2001) 和 Watts 等 (2002) 一起对其局域的缺陷模式进行了分析 (在这种非典型情况下，局域化不需要带隙)。二维周期 Dirac-Delta 函数电介质的 Kronig-Penney-like 模型也

① 请注意，空气或晶体中传播的光不能激发表面态，因为它不与这些模式重叠。要激发表面态，要么破坏平移对称 (例如，在拐角处终止表面)，要么将光源靠近表面，使其能够与表面态的倏逝波耦合。

② 可分离结构的参考文献使用相反的惯例来命名极化态：本书的 TE 是它们的 TM，反之亦然。

具有 TE 和 TM 极化的解析解 (Shepherd and Roberts, 1995; Axmann et al., 1999)。另一理论是一种有效的介质近似 (特别是在长波长极限下)，即用一些均匀的材料代替光子晶体 (Aspnes, 1982; Smith et al., 2005)。对于由缓慢空间变化形成的缺陷，也可采用特殊的方法 (Johnson et al., 2002b; Istrate and Sargent, 2006)。然而，本章和大多数文献需要使用附录 D 中总结的方法进行数值计算。

第6章　三维光子晶体

普通晶体的光学类比物是三维光子晶体：一个沿三个轴周期排列的介质结构。三维光子晶体有一些新的特点，包括带隙、缺陷模和表面态。这一章将提出几个拥有完全带隙的光子晶体：空气孔的金刚石晶格结构；著名的钻孔电介质 Yablonovite；正交介质柱的木柴堆结构；反蛋白石结构；以及二维柱体晶体和孔洞晶体的交替堆叠。人们仍然可以把光局域在缺陷或表面附近，但是三维晶体可以把光局域在三个维度上。

6.1　三维晶格

尽管有无限多个三维结构，但人们最关心那些存在完全带隙的结构。完全带隙需要介质通道的连通，更精确的表达是：介质网格二维光子晶体有一个完全 TE 极化 (面内) 带隙，孤立介质点二维光子晶体则有一个完全 TM 极化 (面外) 带隙。但所谓的孤立介质"点"实际上是沿 z 方向延伸的长通道，与 TM 场平行。所以广义上讲，完全带隙需要一个沿电场所有方向延伸的介质通道网络。在三维空间中，可以尝试使用棒和球来创建晶体，类似于上一章中的网格和点；或晶体原子晶格的键位和原子。可以证明，晶格的选择以及晶格的连接方式是带隙的关键。本节会研究几个例子。

图 1 是在立方晶胞内几种可能的三维晶格。位于立方四个角的蓝色小球形成最简单的晶格。晶胞的晶格基矢为 $a\hat{\mathbf{x}}$, $a\hat{\mathbf{y}}$, $a\hat{\mathbf{z}}$，这是一个**简单立方晶格**。如果在每个面的中心加入一个深红色的球，就得到一个**面心立方晶格**(**fcc**)，晶格矢量是 $(\hat{\mathbf{x}}+\hat{\mathbf{y}})\,a/2$, $(\hat{\mathbf{y}}+\hat{\mathbf{z}})\,a/2$, $(\hat{\mathbf{x}}+\hat{\mathbf{z}})\,a/2$。fcc 晶格最小重复单元 (**原胞**) 不是图 1 所示的立方体，而是一个菱形六面体 (体积为 $a^3/4$)，其三条边是三个晶格矢量。这个立方体包含四个 fcc 原胞，所以它是一个**超晶格**。

如果将面心立方晶格沿着 $(a/4,\ a/4,\ a/4)$ 移动 (加入粉色的球，如图 1)，就得到一个**金刚石结构**。它的周期性和面心立方晶格是一样的，但是每一个菱形六面体原胞内有两个"原子"。在金刚石中，这个原子是碳原子，每个碳原子都和离它最近的四个碳原子形成键位。在介质晶体中，可以把这些键位想象成介质条。它们连接金刚石晶格，并给电场提供一个传播通道。事实上，几乎所有拥有大完全带隙 (介电常数为 1 和 13 时，带隙 15%或者更大) 的光子晶体都和金刚石结构有紧密关系。

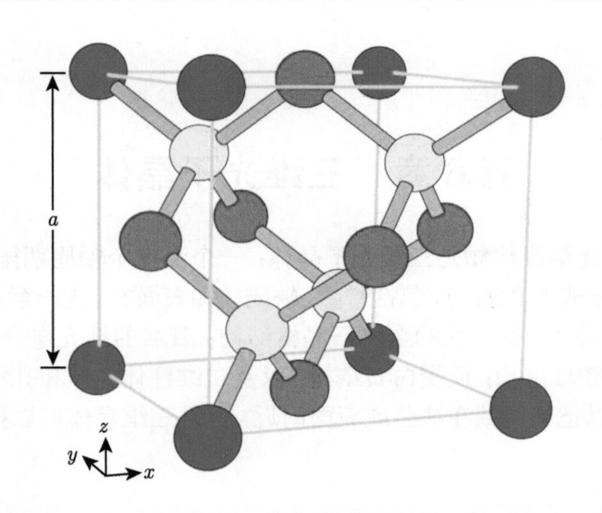

图 1　立方超晶格内由球–棒 (“原子”) 所表示的几种三维晶格，晶格常数为 a。蓝色的球单独形成一个简单立方晶格。加入深红色球则形成一个面心立方晶格。再加入粉色球，就形成一个金刚石结构，每个球上有四根棍棒 “连接键”

假设光子晶体仅由两种不同的材料构成。现在开始研究两种基本的拓扑结构，其不同之处在于 “原子” 和 “键” 介质是高介电常数还是低介电常数。介电常数的比值 (而不是它们的具体数值) 才是形成带隙的关键。如果把介电函数 $\varepsilon(\mathbf{r})$ 整体变为 $\varepsilon(\mathbf{r})/s^2$，带结构 ω 将会变为 $s\omega$。高介电常数与低介电常数的比值定义为**介电比**：$\varepsilon_{\text{high}}/\varepsilon_{\text{low}}$。

介电比越大，带隙越有可能出现。对光的散射能力越强，越有可能打开一个带隙。有人可能会想：任何晶格结构，是否只要介电比足够大，就会出现带隙？事实上，对于绝大多数二维光子晶体来说，足够大的介电比最起码可以产生一种极化带隙 (见附录 C)。

三维结构的完全带隙更为罕见。这个带隙必须遮住整个三维布里渊区，而不仅仅是一个面或一条线。比如，图 2 就展示了一种面心立方晶格的带结构。高介电常数球 ($\varepsilon = 13$) 紧挨着排列在空气中。虽然介电比已经很大了，却仍然没有出现完全带隙。

无论如何，目前已有的研究表明，确实有一些三维结构存在完全带隙。接下来将会对这些结构进行讨论。关于这些结构已有一些理论研究，总结如下：对于一个给定的晶格结构，除非介电比超过某个阈值，否则不会出现带隙。超过这个阈值之后，能带被打开，带隙宽度通常**基于介电比单调递增**，前提是假设选择了最佳参数。这些最大化带隙的最佳结构参数 (比如介质柱或球的半径) 会随着介电比变动。在附录 C 中可以见到这些结果。

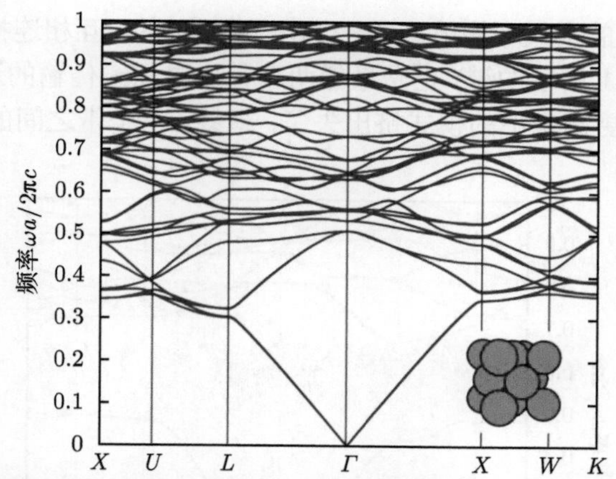

图 2　一个面心立方晶格的带结构，介质球 ($\varepsilon=13$) 紧紧挨在一起。可以看到，带结构没有完全带隙。变化的波矢穿过位于高对称点之间的不可约布里渊区；具体参见附录 B 关于面心立方晶格布里渊区的讨论

6.2　拥有完全带隙的光子晶体

Yablonovitch 在 1987 年首次证明三维带隙，也就是在瑞利 (1887) 首次阐述一维带隙的百年之后。但是，一直到 1990 年，Ho 等 (1990) 才提出一个存在完全带隙的正确介质结构模型。接着，理论计算证实了更多拥有完全带隙的结构，而许多例子都由实验所证实 (从微波段到红外段)。

事实上，有很多需要描述的设计，而且必须研究它们的本质。许多成功的设计都拥有基本的拓扑性质，它们仅仅是预期制作的方法不太一样。本节将研究一些极有代表意义的结构，最后详细研究与上一章二维系统密切相关的晶体结构。

6.2.1　金刚石晶格中的介质球

Ho 等 (1990) 考虑了如图 1 所示的金刚石晶格，并发现了第一个拥有三维完全带隙的介质结构。但是在这种结构中，球的半径很大，以至于球互相重合，这种重合消除了对连接键的需求。研究结果发现，无论是介质球嵌在空气中，还是在介质中开空气孔，只要球的半径合适，这种结构都存在完全带隙。

图 3 是介质内一个空气球晶格的带结构。为了最大化带隙，空气球半径为 $0.325a$，其中，a 是立方超晶胞 (见图 1) 的晶格常数。在第二条和第三条之间有一个 29.6% 的带隙，更多研究请参见附录 C。

这种结构大部分都是空气 (占了 81% 的体积)。球直径 $0.65a$ 大于它们之间的距离 ($\sqrt{3}a/4$)，所以空气球互相重合了。无论是介质还是空气，它们都相互连接在一起，不存在任何孤立点。可以把这种结构看成两个互相贯通的金刚石晶格，其

中一个由互相连接的空气球构成；另一个由"残存"的、互相连接的介质构成。这些残存部分 (如图 1 所示的键) 正是最低两个带内电场线传输的通道。但是，它们太窄了，以至于将更高带中的模式挤出去了，最终，两个带之间的频率差异产生了带隙。

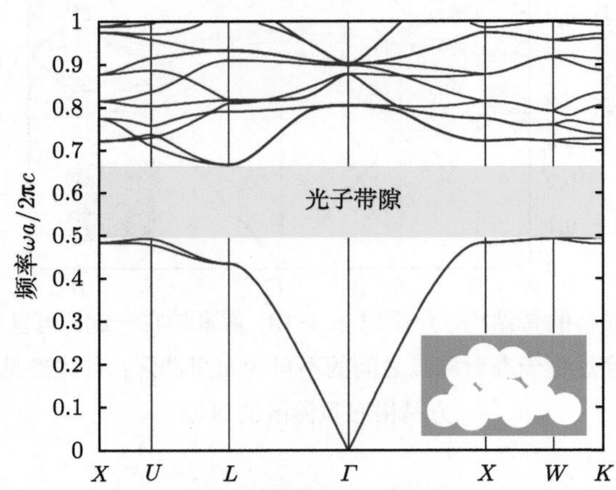

图 3　介质 ($\varepsilon = 13$) 内开空气孔 (插图) 的带结构。黄色区域就是一个完全带隙。波矢沿着高对称点 (不可约布里渊区在它们之间) 移动；详细参见附录 B，其详细讨论了面心立方晶格的布里渊区

现在来分析为什么金刚石晶格可以产生完全带隙。在一维系统中，即使介电比非常小，带隙也总是在布里渊区边界 ($\omega = c|\mathbf{k}| = c\pi/a$) 产生。因此，人们自然会期待：如果布里渊区在所有边界都有相同的波矢幅值 $|\mathbf{k}|$，比如一个球形布里渊区，那么即使介电比很小，也可以产生三维完全带隙。但是，没有一个三维结构拥有球形布里渊区。实际上这些布里渊区是一个多边体，就像二维晶体的正方形或者六角形一样。因此，每个方向的带隙是不一样的，它们出现在不一样的频率范围内。只有介电比足够大，才能在所有方向上都得到足够大的带隙，进而得到一个相互重合的完全带隙。面心立方晶格 (金刚石结构也是，它们之间有一样的晶格矢量和布里渊区) 的布里渊区**几乎**是球形的。① 从某种意义上来说，它的布里渊区最像球。换句话说，面心立方晶格的空间周期性**几乎**不依赖于空间方向。这似乎就是面心立方晶格与金刚石结构最容易产生三维完全带隙的关键原因。

6.2.2　Yablonovite

第一个 (被制造出来) 拥有完全带隙的结构并不是金刚石结构，而是一个与之相关的结构 (更容易制造)。在一个完整介质中，沿着面心立方的三个晶格矢量打孔，就得到这个结构，如图 4 所示。当 Eli Yablonovitch 等 (1991a) 将这个结构制

① 有关 fcc 布里渊区的更多信息，请参见附录 B。

造出来后，它就被称为 **Yablonovite**。Yablonovite 是第一个厘米量级的装置，目的是测量微波传输。

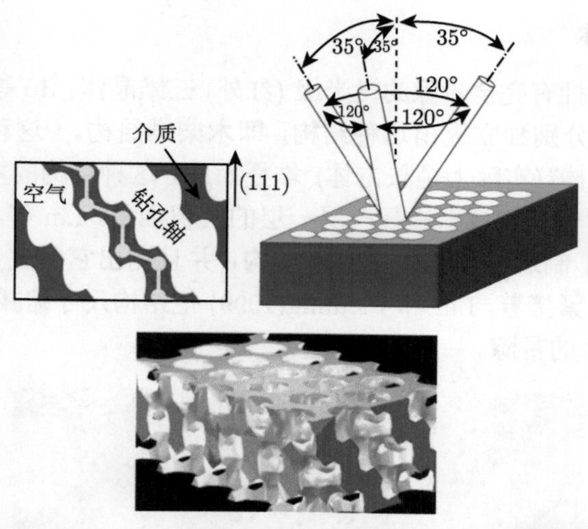

图 4　构建 Yablonovite 的方法：一个由三角形的孔阵列组成的掩模覆盖在一个介质板上。然后沿着每个孔打钻，每次钻的方向为：与垂直线的夹角为 35.26°，方位角为 120°(见右图)。左图是这种结构的 $(1\bar{1}1)$ 面。介质把金刚石晶格的节点连接起来，如黄色区域所示。介质条的垂直方向 [111] 比对角线方向 $[1\bar{1}1]$ 更宽。图底：计算机给出的图像结构 (由 Eli Yablonovitch 提供)

最终钻出的结构拥有 19%的完全带隙 (孔半径 $0.234a$)，如图 5 所示。与空气球

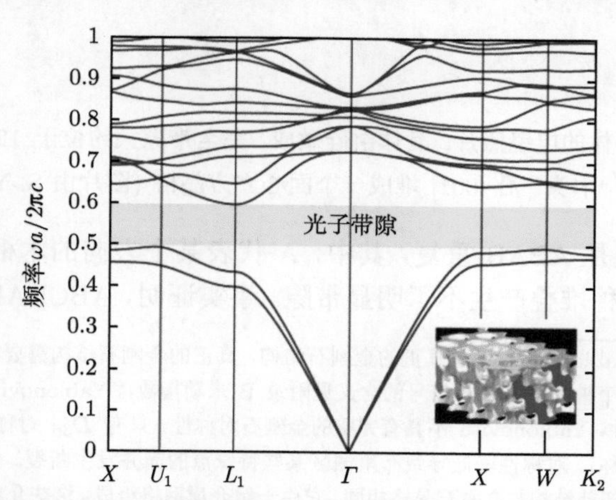

图 5　Yablonovite(见插图) 的带结构。图中显示波矢是不可约布里渊区的一部分，该区域包括完全带隙 (黄色) 的边缘。详情请参见 Yablonovitch 等 (1991a) 所著文献

金刚石结构类似，可以把 Yablonovite 结构想象成两个互相贯通的“类金刚石”晶格。其中一个是互相连接的介质区域；另一个则是互相连接的空气区域。①

6.2.3　木柴堆晶体

图 6 是第一个拥有完全带隙的微米级 (红外) 三维晶体。Ho 等 (1994) 及 Sözüer 和 Dowling(1994) 分别独立提出这种结构，即**木柴堆**结构。②这种晶体由互相交错的垂直的介质“木棒”(实际上是长方体) 堆叠而成。这种结构的主要优势在于，它可以利用半导体行业光刻技术进行一层一层的沉积堆叠。Lin 等 (1998b) 利用这种方法用硅 ($\varepsilon \approx 12$) 制造出了这种木柴堆结构，并且测出它的完全带隙 (以波长衡量) 大概为 12μm。紧接着，Lin 和 Fleming(1999) 把结构尺寸缩减为原来的 1/8，得到了一个约 1.6μm 的带隙。

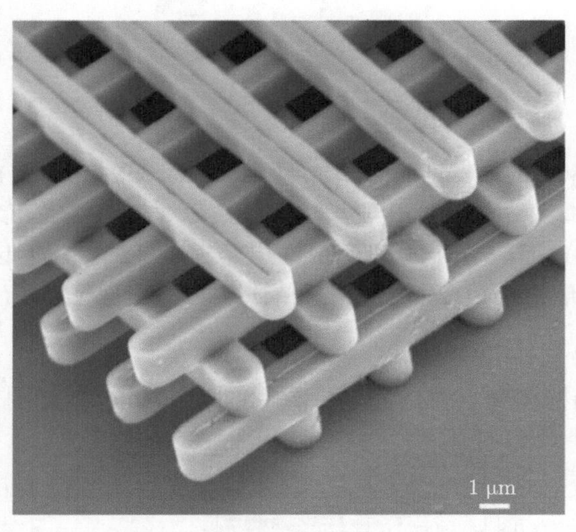

图 6　木柴堆光子晶体的电镜照片。晶体由硅做成，完全带隙大约位于 12μm 处 (Lin et al., 1998b)。介质“木头”沿 [001] 堆成一个面心立方晶格 (图片由 S.-Y. Lin 提供)

最简单的堆叠是 ABAB 重复，其中，A 代表某个方向的木棍，B 代表与之垂直的木棍。但是这种堆叠产生不了明显带隙。事实证明，ABCDABCD(每个单元有

① 专家注意到：Yablonovite 不是真正的金刚石结构，真正的金刚石结构需要在 [110], [101], [011], [$\bar{1}$10], [$\bar{1}$01] 和 [$\bar{0}$11] 六个轴上钻孔。(本符号的含义见附录 B 米勒指数)。Yablonovite 仅仅沿三个轴钻孔，忽略了 [110] 方向。因此，Yablonovite 不具有完整的金刚石对称性，只有 $D_{3\mathrm{d}}$ 对称性 (三重旋转轴 [111] 以及镜面对称和反演对称)。对称性降低导致布里渊区某些特殊点的简并发生断裂。然而，Yablonovite 是“类金刚石”结构，它的拓扑结构与金刚石晶格相同。它由一组介质网格组成，这些介质网格连接着金刚石晶格的节点。然而，由于只钻了三次孔，所以沿 [111] 的网格直径要比沿 [$\bar{1}\bar{1}$1]、[1$\bar{1}\bar{1}$] 和 [$\bar{1}$1$\bar{1}$] 的网格直径大。

② 1994 年 Sözüer 和 Dowling 主要描述了一种只有 2%～3%完全带隙的双层结构，因此最初对此术语存在一些争论。Ho 等称四层晶体为“逐层”结构。

四层) 的堆叠更好，其中，C 和 D 与 A 和 B 的方向一致，但是错开了一些距离 (水平间距的一半)，如图 6 所示。当介电常数为 13 时，这种结构的能带图如图 7。在第二条带与第三条带之间存在一个 19.5%的完全带隙。这种结构的周期性属于面心立方晶格。只是此时，图 1 所示的面心原子被 $\hat{\mathbf{x}}+\hat{\mathbf{y}}[110]$ 和 $\hat{\mathbf{x}}-\hat{\mathbf{y}}[1\bar{1}0]$ 方向上一系列互相垂直的棍棒所代替。[①]事实上，这种木柴堆晶体可以看成一种对称性更低的、被扭曲了的金刚石结构，就像 Yablonovite 结构那样。如果采取图 1 所示的金刚石结构，并把那些连接原子的棍棒 (键) 扁平化，也就是说让它们平行于 xy 平面，就得到了一个木柴堆。

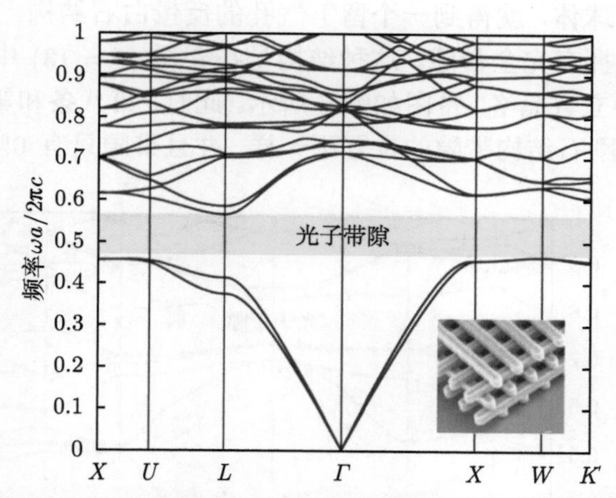

图 7　木柴堆光子晶体 (见插图) 的带结构。晶体由硅棒堆叠形成，其不可约布里渊区比附录 B 面心立方晶格的不可约布里渊区要大，因为它的对称性减小了。图中只展示了布里渊区的一部分，包括完全带隙 (黄色) 的边缘区域

6.2.4　反蛋白石结构

图 2 表明介质球面心立方晶格没有完全带隙。然而，这种结构仍然对天然蛋白石绚丽的外观起到重要作用。此外，其反转结构，即介质中空气孔的面心立方晶格，是拥有完全带隙的。

Sanders (1964) 利用电子显微镜发现这些蛋白石矿物由亚微米二氧化硅球在二氧化硅水基质中密闭排列而成[②]，具有相对低的介电比。蛋白石结构的能带图中，

① 只有当对数厚度 (z 方向) 为 $a/4$，且一系列平行对数的面内周期恰好为 $a/\sqrt{2}$ 时，木柴堆才严格为 fcc。广义上说，木柴堆是一个面心四方 (fct) 晶格，可以认为是在 $z\,[001]$ 方向拉伸或压缩的 fcc 晶格。图 7 使用了宽度为 $0.2a$ 的 fcc 晶格，它接近于介电比 13:1 的最佳参数。

② 它们可以以 fcc 晶格的方式排列，但更为常见的是随机六方密堆 (rhcp) 晶体。缺陷 (如堆垛缺陷) 会导致颜色上出现可见条纹，参见 Norris 等 (2004) 对天然及合成蛋白石的调查，以及 Graetsch (1994) 对蛋白石矿物的调查。

只有某些特别点才有一些比较小的带隙。这些特别带隙①的波矢 **k** 对应着一些特定方向，以及某个特定波长，因此某个特定颜色会发生反射。这些带隙很窄，方向性很好，造成了蛋白石炫彩夺目的外观。这类**结构色**(与化学颜料的吸收机制不同)是自然界许多绚丽颜色的基础。从蝴蝶 (Gralak et al., 2001; Biró et al., 2003) 到孔雀羽毛 (Zi et al., 2003)，到某些甲壳虫 (Parker et al., 2003)，再到海蜇 (McPhedran et al., 2003) 都是如此。

制造类似于天然蛋白石的**合成蛋白石**是很容易的，因为蒸发微观球体悬浮液 (**胶体**) 时，可以诱导它们**自组装**形成 fcc 晶格。接着，用高介电材料渗入球体之间的空间，再溶掉球体，就得到一个留下气孔的反蛋白石结构。Sözüer 等于 1992 年证明，这种结构拥有完全带隙。这种结构是在介质 ($\varepsilon = 13$) 中相互嵌入空气球 ($r = a/\sqrt{8}$) 的面心立方晶格，带图如图 8 所示。此时，第八条和第九条带之间有一个完全带隙，与金刚石结构带隙的位置不一样，并且带隙只有 6%。

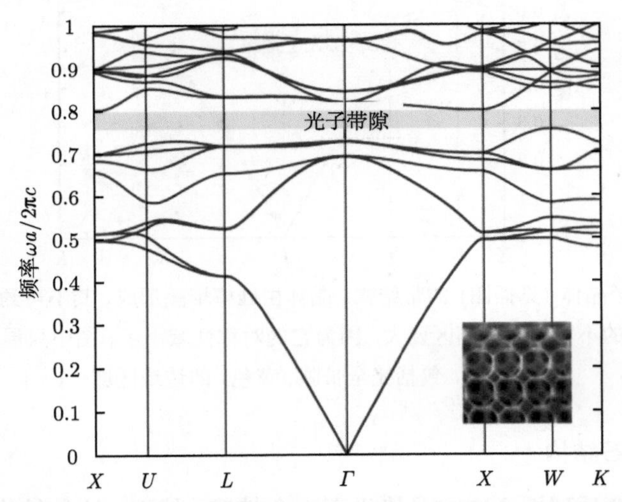

图 8　反蛋白石结构 (介质内紧密空气球面心立方晶格) 的能带图 (插图是图 9 所示人工合成物的一部分)。在第八条和第九条带之间有一个完全带隙。波矢在不可约布里渊区的高对称点之间变化。详情可以参见附录 B 关于面心立方晶格布里渊区的讨论

Vlasov 等 (2001) 首次人工合成反蛋白石结构，并且证实其拥有完全带隙。图 9 是这种结构的电镜照片。实际制造出来的结构要比图 8 插图所示结构稍微复杂一点：它是一个重叠空心球壳的 fcc 晶格，具有重叠的孔隙。这些球壳是副产品。而 Bush 和 John(1998) 证明，这些重叠的孔隙实际上增大了带隙。当介电比为 13:1，球壳的内径为 $0.36a$(重叠)，厚度为 $0.07a$ 时，带隙为 13%。

① 这些局部带隙也会引起态密度的下降，称为**赝带隙**。

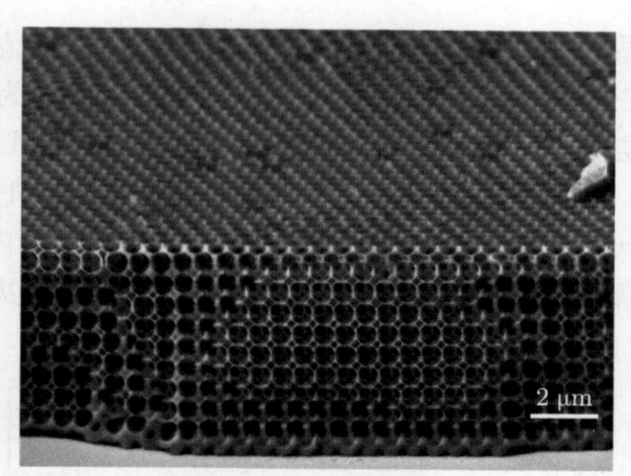

图 9　反蛋白石结构的电镜照片。其带隙大约位于 1.3 μm(Vlasov et al., 2001)。与图 8 不同的是，它实际上是空心介质 (硅) 球的面心立方晶格。这种结构恰恰增大了带隙，图片由 D. J. Norris 提供

6.2.5　二维晶体的堆叠

现在讨论的最后一种结构也是一种堆叠结构，就像木柴堆一样。它的完全带隙比木柴堆晶体的带隙要大，并且，每隔三层重复一次 (ABCABC⋯)，而不是四层。讨论这种结构的主要目的在于：它更容易理解，也更容易可视化。它是第 5 章所分析的二维柱体晶体和孔晶体的堆叠，此时二维结构的高度有限。①

图 10 画出了这种结构的水平截面，这个截面包含两种结构：**柱体层**，它是空

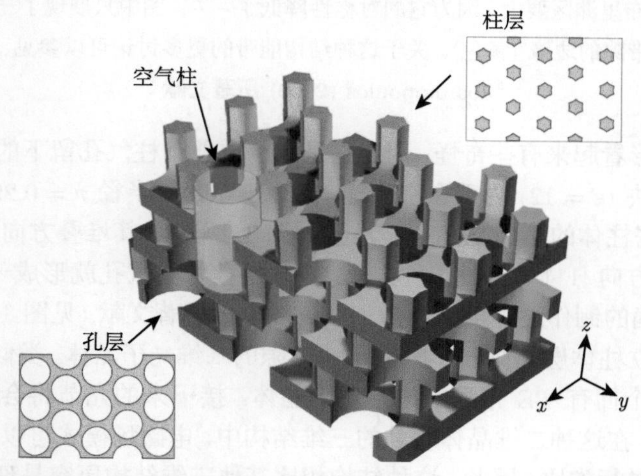

图 10　二维晶体堆叠而成的三维晶体：介质柱三角晶格 (右上) 与介质内的空气三角晶格 (左下)。每两个二维晶体为一对，并通过 ABCABC⋯ 的方式堆叠，介质中沿着 [111] 方向的重合空气柱 (图中画出一个) 形成面心立方晶格

① Johnson 和 Joannopoulos (2000) 描述了这种结构的带隙。

气中的介质柱三角晶格；**孔洞层**，它是介质中的空气柱三角晶格。介电比为 12:1 时 (半导体材料在红外波段的介电常数①)，这种结构的带隙为 21%，如图 11 所示。②同样地，这种结构可以看成一种被扭曲的金刚石结构 (同 Yablonovite 结构有紧密的关系)，因此，它的带隙位于第二条与第三条带之间。把孔洞层三个洞之间的孤立点看成一个 “原子”，它有四个 “键”，有三个在孔洞层内 (与其他三个原子相连)，还有一个是孤立点上方或下方的柱体。这样，它就可以看成一个类金刚石结构。

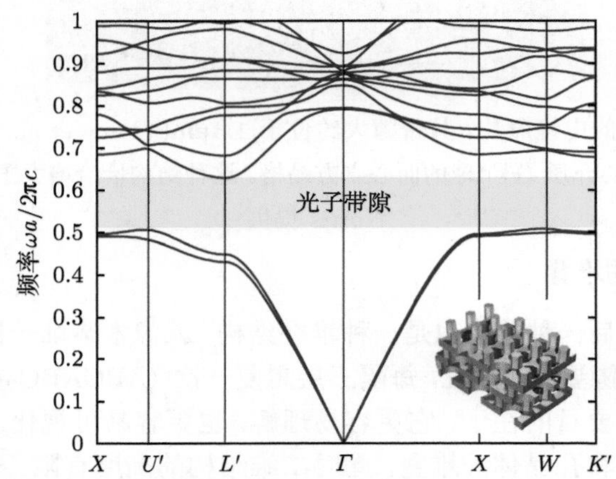

图 11　图 10 所示结构 (插图) 的能带结构。它的不可约布里渊区比附录 B 所描述的面心立方点阵的不可约布里渊区要大，因为它的对称性降低了 —— 图中只展现了一部分布里渊区，包含了完全带隙的边缘 (黄色)。关于这种结构能带的更多讨论可以参见 Johnson 和 Joannopoulos (2000) 所著文献

柱体的外形看起来有些奇怪，因为它是六个重叠圆柱气孔留下的残余部分。整个结构是介质块 ($\varepsilon = 12$) 内重合空气柱 (高 $h = 0.93a$, 半径 $r = 0.293a$) 的面心立方晶格③。这些柱体的 ABCABC··· 堆叠如图 12 所示，其堆叠方向为面心立方晶格的体对角线方向 [111]。通过这种方式，每一层柱状空气孔就形成一个孔–棒 r 双层结构，其精确的制作过程可以参考 Qi 等 (2004) 所著文献 (见图 12)。

每一个独立柱体层类似一个拥有 TM 带隙的二维光子晶体。类似地，每个独立孔洞层类似一个拥有 TE 带隙的二维光子晶体。接下来的几节将会对这种想法进行进一步探讨。在这种二维晶体堆叠的三维结构中，电磁场模式可以与它们在二维系统中的特性进行类比，因此，这种结构相比其他三维结构更容易理解和可视化。

① 波长约等于 1.5μm 时，砷化镓的介电常数约为 11.4，硅的介电常数约为 12.1(Palik, 1998)。

② 当介电比为 12:1 时，六角圆柱 fcc 晶格的带隙可以增加到 25%，如果单独制造圆孔层和柱层，并独立优化其半径，则带隙可以增加到 27%。

③ 广义地说，沿 [111] 方向拉伸或压缩该结构，可以获得三角晶格。

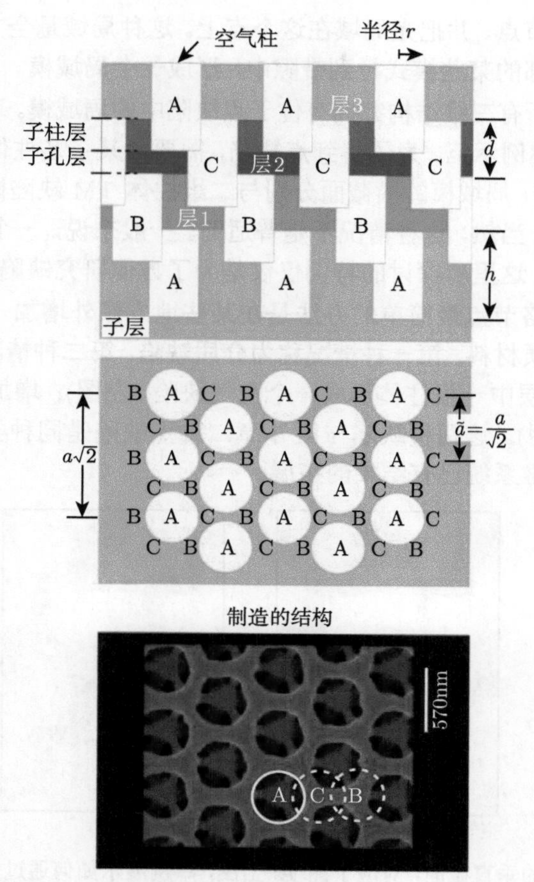

图 12　上左：图 10 结构的垂直截面，位于面心立方晶格内的一个空气柱沿着 [111] 方向堆叠 ABCABC⋯。将一系列厚度为 $d = a/\sqrt{3}$ 的介质层沉积到如图所示的偏移孔晶格中，可以形成这种结构，a 是面心立方晶格的晶格常数。图中虚线所指区域是子层 (柱/孔) 的横截面，其中相邻的孔洞分别重叠或不重叠。中：子层 (孔)A 的水平横截面，包含一个三角晶格以及其他层的偏移孔。水平晶格常数为 $\tilde{a}=a/\sqrt{2}$。下：Qi 等制造的硅结构的上视图。带隙位于 1.3 μm，有三层可视的孔结构 (人工上色)

6.3　一个点缺陷内的局域模

之前回顾了几种拥有完全带隙的三维结构，现在可以讨论由此产生的一些新颖结果。光子晶体内的缺陷可以把光局域住。在一维光子晶体中，这意味着人们可以把光局域在一个面内。在二维光子晶体中，这意味着人们可以把光局域在一条线内，或者是某个平面 (比如 xy 平面) 的点内。如果是三维光子晶体，人们可以扰动一个单一的晶格节点，并把光局域在这个点上。这种局域是全方向局域。点缺陷把带隙底部或者顶部的某些模式拉到带隙中，形成一个局域模。

之前回顾的所有三维结构都拥有位于点缺陷中的局域模。现在以“二维晶体的堆叠”结构作为案例示范。为了得到点缺陷，需要对某一层柱体或者孔洞的尺寸进行修正。可以证明，局域模的横截面分别与二维柱体 TM 缺陷模和二维孔洞 TE 缺陷模有很大联系。当然，这种情况不是普适的。一般来说，一个点缺陷模的三维场分布是很复杂的。这里所探讨的特例仅仅是为了方便研究缺陷模。①

扰动一个晶格节点最简单的办法是在某些地方额外增加一个介质材料，或者完全移除某些介质材料。第一种情况称为**介质缺陷**，第二种情况称为**空气缺陷**，如图 13。移除柱体层中一根柱体形成一个空气缺陷 (左图)；增加柱体的半径获得一个介质缺陷 (右图)。这两种缺陷与第 5 章二维点缺陷是同种类型，并且接下来的讨论仅仅是对二维系统已有结果的拓展。

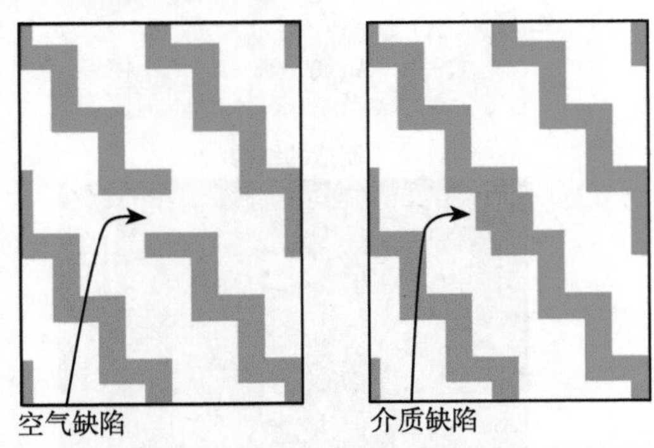

图 13　图 10 结构的垂直截面，对应于图 12 上图，举例展示如何通过修正某单一柱体来获得点缺陷：完全移除一个柱体 (左) 以获得**空气缺陷**；增加某个柱体的半径 (右) 形成一个**介质缺陷**

引入点缺陷破坏了晶格的离散平移对称。严格地讲，不再可以用波矢 **k** 对场的模式进行分类，此时可以用态密度进行分析。点缺陷在态密度中创造了一个新的峰，这个峰的频率有可能位于带隙内。当晶体周期趋于无限时，峰宽趋于 0。既然带隙中没有拓展态，那么这个峰表示的一定是局域态。位于带隙内的模式会在离开缺陷后呈指数衰减。在三维光子晶体中，它们在三个维度上都呈指数衰减：它们被束缚在一个点内。

为什么一个点缺陷会把电磁波局域住呢？点缺陷像一个拥有完美反射镜的谐振腔。如果某一时刻，某个频率位于带隙内的光进入点缺陷，它将不能离开，因为晶体中不存在这个频率的拓展态。因此，如果一个位于带隙内的模式出现在点缺陷

① Povinelli 等 (2001) 首次描述了这种晶体的类似二维的缺陷模式。

中，那么这个模式将永远局域在这个缺陷内。

点缺陷可以在带隙中引入局域态。图 13 所示的空气缺陷引入了一个非简并态，随着频率增加，这个模式从介质带穿过带隙进入空气带，场分布如图 14(上) 所示。柱层中平面横截面有一个局域在缺陷内的单极子，它拥有 **TM-like** 的电场极化，偏振方向几乎垂直于截面。拥有同样截面的二维系统如图 14(上右) 所示，其电场分布与三维非常相似。但是，相比较而言，图 14(上中) 展示的垂直截面说明电场在垂直方向上也是局域的。类似地，图 13 所示的介质缺陷在带隙中引入了一个双重简并的 TM-like **偶极子** 态，如图 14(下) 所示。图 14(下) 还展示了与之对应的二维结构。①

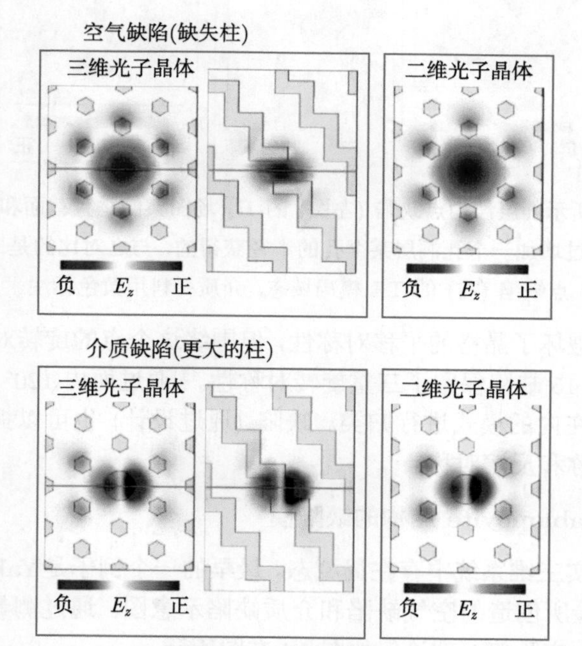

图 14　层结构 (左图) 点缺陷 E_z 场分布的垂直截面和水平截面 (在绿线处相交)，这个缺陷是如图 13 所示的空气缺陷，与之类比的是二维柱体光子晶体 (右) 点缺陷的 TM 模局域态。黄色标注的是介质材料。上：非简并的**单极子**态。底：以更大半径 $0.35\tilde{a}$ 的圆柱代替一个圆柱形成介质缺陷 ($\tilde{a}$ 是图 12 所示面内晶格常数)。其中存在一个双重简并的**偶极子**态，它们之间的简并方式为 90° 旋转

① 在这种情况下，偶极简并不如第 5 章“点缺陷与光的局域”来得直观，因为 C_{3v} 对称组结构具有 120° 旋转对称性，而不是 90° 旋转对称性。(在机械力学中有一个关系密切的例子，即围绕其中心旋转的三角形具有两个正交的主轴线，且惯性矩相同。) 因此，图 14 中偶极模式的简并不是简单的 90° 旋转。然而，C_{3v} 群的确有一个 2×2 的不可约形式，代表约 90° 旋转的双简并偶极子态。更准确地说，正交的态之间可以通过 $+120°$ 和 $-120°$ 旋转而互相转换，参见 Inui 等 (1996, Table B.15) 的文献。

相反，如果增加孔洞层某个小孔的半径来获得空气缺陷 (图 15)，就会产生一个类似于二维空气柱三角晶格光子晶体那样的缺陷态。孔洞二维晶体最容易产生 TE 带隙。同样，如果观察孔层中平面截面的三维缺陷，可以发现缺陷模有 **TE-like** 的磁场极化，偏振方向几乎垂直于截面。模式分布与二维晶体中的 TE 模式很像 (见图 15 右图)，但是，它在另一个方向上也是局域的。

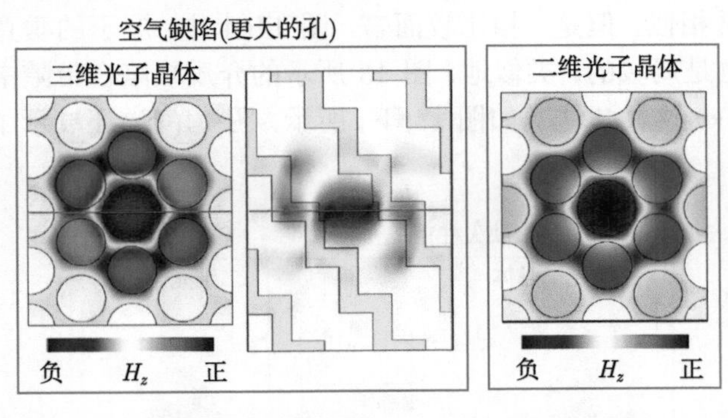

图 15　一个图 10 所示的层结构点缺陷 (左图) 的 H_z 场图案的垂直截面和水平截面 (绿线相交)，这个缺陷是通过增加一个孔洞层某个孔的半径获得的，与之对比的是二维柱体光子晶体点缺陷 (右) 的 TE 模局域态。介质材料用黄色标注

尽管点缺陷破坏了晶格的平移对称性，但围绕这个点的旋转对称性仍然存在。比如，图 14 和图 15 缺陷保留了三重旋转对称性。①通过面内 120° 的旋转变换，可以将包括局域模在内的模式进行归类。缺陷 (通过设计) 也可以拥有其他对称性，比如镜像反射对称和反演对称。

实验验证 Yablonovite 结构的缺陷模

实验已经证实三维系统中存在局域态。最早的一个例子是**Yablonovite** 结构。图 16 左图是实验所创造的空气缺陷和介质缺陷示意图。通过测量微波传输系数，获得了缺陷频率，实验值与理论值如图 16 右图所示。

图 16 表明缺陷频率是空气缺陷 (移除一片介质网格) 体积的递增函数，是介质缺陷体积的递减函数。这种现象在二维晶体中同样存在，并且背后的原因是一样的 (参见第 5 章 “点缺陷与光的局域”)。另一方面，介质缺陷 (增加一个介质球) 会把空气带中的一个模式拉到带隙内，然后将其穿过带隙进入介质带 (与空气缺陷情况相反)。

但是，三维晶体有一个很明显的不同：缺陷尺寸必须比使光线局域化的典型尺寸大。当缺陷尺寸从 0 开始增加，在它可以局域光线之前，必须持续增加到某个值。然而，在一维和二维结构中，任意大小的缺陷就可以把一个模式局域住。在

① 尽管水平横截面应该具有六重旋转对称，但其上下两层将其减少为三重旋转对称，如图 12 所示。

量子力学一个著名的理论中，有这样一个类似描述：“在一维或者二维方向上，一个任意弱的吸引势都可以约束一个态，但是三维不可以”，参见文献 (Simon, 1976; Yang and de Llano, 1989)。

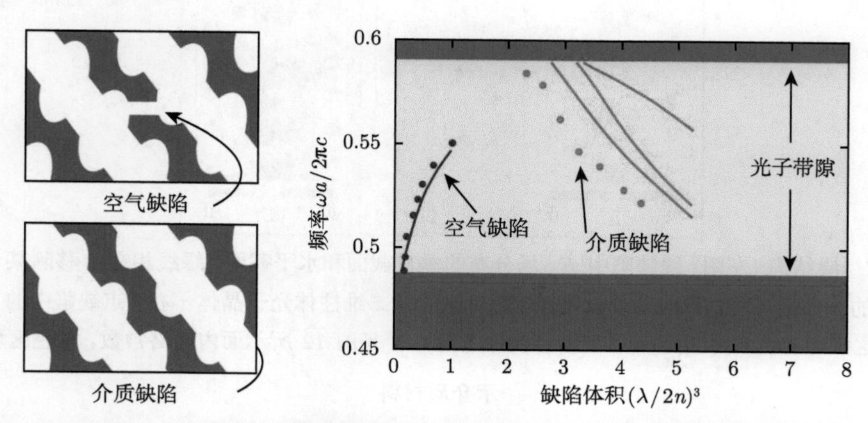

图 16　Yablonovite 结构局域模频率随缺陷尺寸的变化图。点图是测量数据 (Yablonovite et al., 1991b)，线图是计算值 (Meade et al., 1993)，黄色区域是带隙。蓝线 (最左侧) 标注的模式来自空气缺陷 (左上)，红线 (最右侧) 所表示的模式来自介质缺陷 (左下)。增加或减小缺陷介质的体积来改变缺陷大小，单位为 $(\lambda/2n)^3$，λ 是禁带中心频率对应的真空波长，n 是折射率

6.4　线缺陷中的局域

另一个重要的缺陷是**线**缺陷，即沿着某个方向，修正一系列原胞的大小以获得一个波导。三维线缺陷和二维晶体线缺陷的基础理论是一样的。但是三维线缺陷可以把光线彻底局域在波导中 (光线不会在波导内沿着某个方向振荡)。

任何拥有完全带隙的结构都可以产生线缺陷。但是本节仍然将目光集中在二维晶体的堆叠结构上，因为它类似于更简单的二维系统。比如，在二维系统中，移除一列柱体获得线缺陷；在三维系统中，可以移除某个柱体层的某一列柱体来获得线缺陷。结果如图 17 所示，这个线波导引入了一个类似于二维系统中 (右图) 的波导模式 (左图)：从圆柱的中平面截面来看，它的确像一个 TM 极化模式，并且大部分都局域在空气缺陷内。但实际上这个模式在垂直方向上也是局域的，会在离开这个波导后会迅速呈指数衰减。

三维波导保留了某个方向的平移对称性。因此，波矢沿着波导的分量 k_x 是守恒量。这意味着可以计算波导模式的能带结构 $\omega(k_x)$，如图 18 所示。与第 5 章一样，图 18 包含了所有表示扩展态 (在晶体中可以传播) 能带投影的连续区域。而离散波导带是局域的，因为它位于带隙中，所以它无法与任何扩展态耦合。

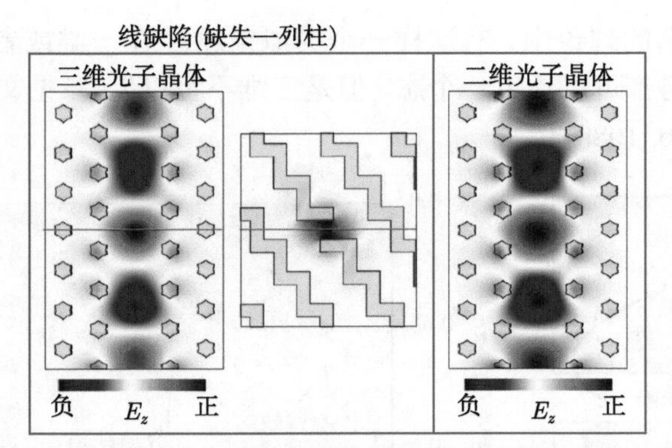

图 17　层结构 (左图) 线缺陷中 E_z 场分布的垂直截面和水平截面 (绿线相交)，移除某一柱体层的一列柱体可以形成这个缺陷。与之对比的是二维柱体光子晶体 (右) 点缺陷中的 TM 模。这些场的波矢为 $\frac{k_x\tilde{a}}{2\pi}=0.3$(沿着波导方向)，$\tilde{a}$ 是图 12 所示面内晶格常数。黄色区域表示介质材料

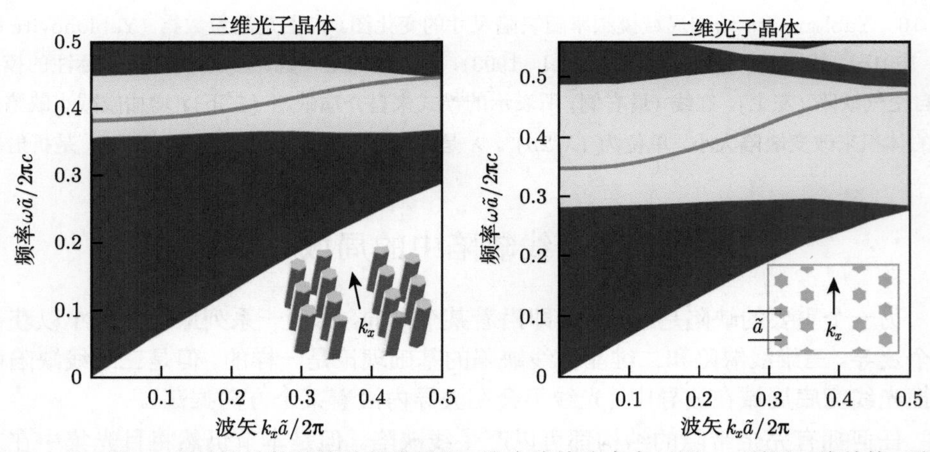

图 18　左: 图 17 所示线缺陷结构的能带投影，这个线缺陷来自于图 10 所示三维结构 (移除某一柱体层的一列柱体)。红线代表位于完全带隙内的波导模式。插图是单一柱体层线缺陷结构。右: 二维光子晶体的 TM 带投影带，晶体的横截面如插图所示

线缺陷波导内的模式可以传播能量，群速度为 $\mathrm{d}\omega/\mathrm{d}k_x$。因此，从某种意义上讲，线缺陷有点像金属波导: 光线被局域在一个管子内，管子四周是完美的反射镜。图 18 所描述的波导模式表现出一个重要特点 (类似于空心金属管中的情况): 波导带边缘存在一个斜率趋于 0 的点。原则上来说，这是**慢光**(波导)，光线在其中传播的速度可以非常小。

此外，也可以把线缺陷想象为一系列点缺陷。图 17 仅仅是这种想象的特例，因为这一系列点缺陷是相邻的。在这种情况下，每一个点缺陷模式之间有很强的耦

合，场分布明显不像单一的点缺陷模。相反，如果一系列点缺陷中间隔着一个或更多的原胞，那么模式耦合会很弱 (只有衰减指数的“尾巴”会耦合)，并且场分布确实和单一点缺陷模很像。由于这个缺陷仍然是周期的，因此它仍然是一个波导，但是波导模式的群速度会随点缺陷距离的增加而呈指数下降。这就是著名的**耦合腔波导**。①

6.5　表面的局域

最后来研究光子晶体表面带结构，并讨论截断完美光子晶体的效果。本节会寻找局域在表面的电磁波表面模式。从带图上来看，三维晶体的带隙将它们局域在某一个方向，折射率引导将它们局域在其他方向上。事实上，尽管本节关注的是表面，但这些局域态也可能出现在晶体内一个平坦的缺陷内。

沿 z 方向终止一个三维光子晶体就破坏了该方向的平移对称性。此时不能用 k_z 来对电磁波的模式进行分类。但是平行于这个表面的平移对称性仍然存在，所以可以通过 $\mathbf{k}_\parallel$ 来定义电磁波的模式。此外，必须把体能带投影到表面布里渊区，如第 5 章最后一节所描述的那样。

依然把目光放在二维晶体的堆叠结构上，截断这种结构某一层柱体层或者孔洞层来得到表面态；这是一个 (111) 面 (参见附录 B“米勒指数”)；该系统围绕其中一个杆或孔的轴线旋转 120° 是不变的。在正式讨论表面带结构前，先分别单独考察空气及完美光子晶体的投影能带。依照惯例，使用 “E” 表示扩展态，“D” 表示衰减态。就用 E 和 D 表示一个态在空气及晶体内的分布。

比如，图 19 所示的 EE 区域和 ED 区域表示扩展空气态 (E_) 在晶体表面布里渊区的投影。对于一个给定 $\mathbf{k}_\parallel$，所有频率 $\omega \geqslant c\left|\mathbf{k}_\parallel\right|$ 的电磁波都是扩展态，这个区域就是光锥。沿着光线 $\omega = c\left|\mathbf{k}_\parallel\right|$，光平行于表面传播，并且增加 ω 意味着增加面外角度。同样，EE 区域和 DE 区域表示光子晶体 (_E) 的投影带。这个光子晶体的完全带隙位于 $0.509 < \omega a/2\pi c < 0.630$，其中不存在任何扩展态。

因此，可以把电磁波的模式分为四种：传输态 (EE)，内反射 (DE)，外反射 (ED) 和表面态 (DD)。在 EE 所表示的 $(\mathbf{k}_\parallel, \omega)$ 区域内，电磁波在介质和空气中都是扩展态，因此入射光可以穿过光子晶体。在 DE 表示的区域内，电磁波在晶体内可以传播，但它们位于光线之下。在 ED 区域内，情况则相反，电磁波可以在空气中传播，但它们位于带隙中。最后，在 DD 所表示的区域内，电磁波位于光线之下，同时又位于带隙中。光线离开表面进入空气或者光子晶体中都会迅速呈指数衰减。

图 19 是两种不同表面终端的带结构：一个是在晶体顶部留下一半孔层，另一个是在顶部留下一个完整的柱体层。$\mathbf{k}_\parallel$ 的布里渊区与三角晶格的布里渊区是一样

① Yariv 等 (1999) 提出了这种波导；另见第 10 章“一些其他问题”。

的，K 点对应着最近邻方向。图 20 是这两种表面终端在 K 点的场分布，其在柱体层表面或孔洞层表面的局域分布符合预期。局域在柱体层的模式中的平面看起来像一个 TM 模式；而局域在孔洞层的模式中的平面看起来像一个 TE 模式。出于这个原因，对于柱体层，我们仅画出了电场 $\mathbf{E}$ 的垂直分量 (z)；而对于孔洞层，我们仅画出了磁场 $\mathbf{H}$ 的垂直分量 (z)。同样，场的能量集中在高介电常数区域内。

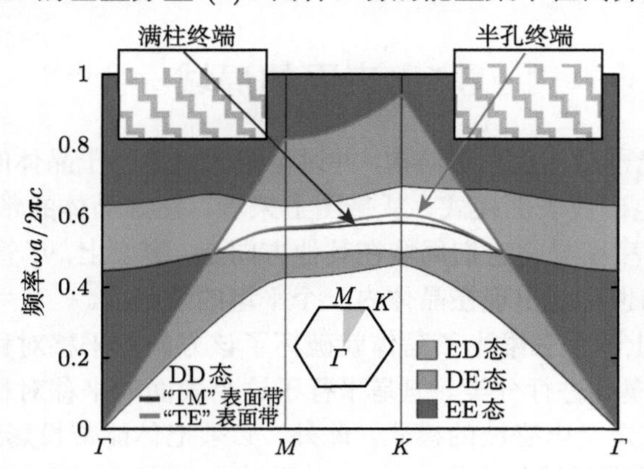

图 19　左: 沿着表面不可约布里渊区的特定方向走一圈 (中间插图) 得到图 10 所示三维结构 (111) 面的带结构。阴影区域分别表示传输光线 (紫色，EE)，内反射光线 (粉色，DE)，外反射光线 (蓝色，ED)。带隙内的线分别代表两种 (对应两种表面终端) 表面态 DD，光线完全局域在表面。绿色的线 (高一点) 代表表面只有一半孔洞层 (上右插图) 对应的表面态，它是一个 “TE-like” 带；蓝色的线 (低一点) 则代表表面为完整柱体层 (上左插图) 对应的表面态，它是一个 “TM-like” 带

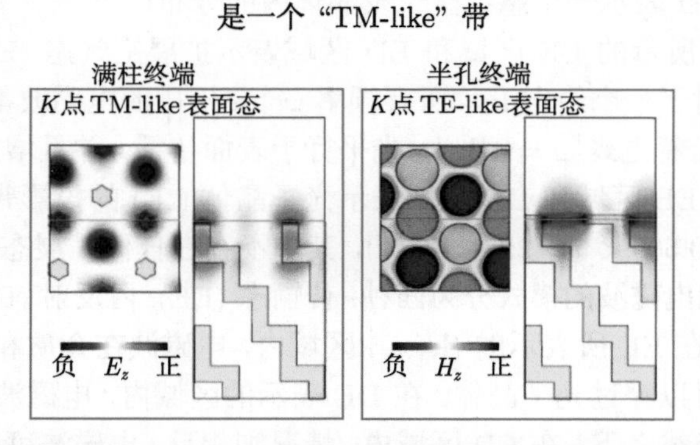

图 20　图 19 两种表面终端位于 K 点表面态场分布的垂直截面和水平截面 (绿线相交)。黄色标注了介质材料。左: 表面为完整柱体层的 “TM-like” 场 E_z。右: 表面为半个孔洞层的 “TE-like” 场 H_z

截止到目前，仅仅讨论了两种特殊的表面终端。但是，光子晶体有很多种表面终端，如图 21 插图所示。人们要确定的不仅是表面倾斜度，还有从原胞的哪个地

方截断晶体。图 21 包含了对柱体层或者孔洞层“截断”的更多方法。

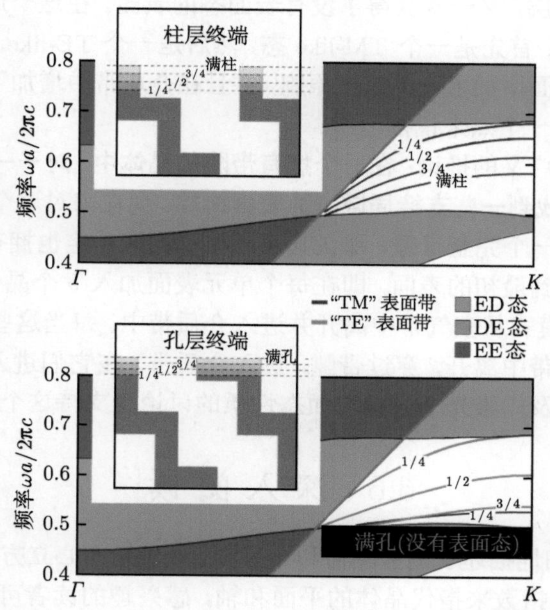

图 21　图 10 层结构 (111) 面 $\Gamma \to K$ 带结构，上下图对应不同截断高度的柱体层和不同截断高度的孔洞层。图中带隙是图 19 带隙的放大图，各种颜色的含义也和图 19 保持一致。插图是对应的截断面。柱体层的所有表面终端 (上) 都支持一个 “TM-like” 表面态 (蓝线)，这个表面态局域在柱体层；孔洞层表面终端 (下) 支持一个 “TE-like” 表面态 (绿色)，这个表面态局域在孔洞层；而留下 1/4 孔洞层则将 “TM-like” 表面态 (最底部的蓝线) 引入到相邻的柱体层中。当截断面在垂直方向上增加时，介质材料不断增加，并把对应的能带往低频推动

图 21(上图) 画出了不同柱体层表面终端的带图 ($\Gamma \to K$)：当光子晶体顶部只留下 1/4，1/2，3/4 或者整个柱体 (图 19 的情况) 时的能带图。所有表面都出现一个 “TM-like” 表面态。在光子晶体顶部加入更多介质后，这些表面态的频率下降了，这种关系与第 2 章“电磁能量和变分原理”中提到的频率与介电常数关系相反。

类似地，当光子晶体顶部为孔洞层时，不同的截断方法会影响 “TE-like” 表面态。当光子晶体顶部只留下 1/4，1/2，3/4 或者整个孔洞时，图 21(下图) 画出了 TE-like 模式所对应的带图 ($\Gamma \to K$)。同样，增加更多的介质，表面态频率下降。

但是，图 21(下图) 有两个特例。第一，光子晶体顶部留下整个孔洞，此时表面不存在表面态。第二，顶部留下 1/4 个孔洞层，此时光子晶体有两个表面态：一个 TM-like 表面态在柱体层，还有一个 TE-like 表面态在孔洞层。

从完整的孔洞层 (没有表面态) 开始增加介质，逐渐增加一个介质层，然后逐渐增加另一个孔洞层，又一次获得了没有表面态的表面。在这个过程中，表面态在带隙中出现与消失：首先是一个 TM-like 态，然后是一个 TE-like 态。总地来说，上述操作相当于在表面增加了**一个**三维原胞，并且在介质带中增加了**两个**态。这个结论对于布里渊区每一个点来说都适用。

这暗示着一个广义的推论：**在一个拥有带隙的晶体中，对于一个给定倾斜角度的表面，总是可以找到一些支持局域态的表面终端**。现在来对这个结论进行简单的描述。既然晶体有一个完全带隙，那么其表面布里渊区一定也拥有带隙。连续在表面加入介质，并回到最初的表面，即在每个单元表面加入 b 个晶体原胞。那么，一定会有 $2b$ 个新的模式从空气带中离开并进入介质带中。每当这些模式的频率减小时，它们就从空气带中离开，穿过带隙，进入介质带。在它们进入带隙后，就成了表面态。关于一维及二维光子晶体表面态性质的讨论也支持这个结论。

6.6 深入阅读

附录 B 更详细地描述了倒易晶格和布里渊区，包括面心立方晶格的倒易晶格。本章偶尔使用米勒指数来指代晶体的平面和轴，感兴趣的读者可以在附录 B 中找到其简要描述。更多内容请参考固态物理教材的前几章，比如文献 (Kittel, 1996)。

Yablonovitch (1987) 第一个提出可以制造拥有完全光子带隙的三维材料，随后不久 John (1987) 提出了相关建议。第一批具有完全光子带隙的真实材料可以追溯到 Yablonovitch 和 Gmitter (1989), Satpathy 等 (1990), Leung 和 Liu (1990), Zhang 和 Satpathy (1990), Ho 和 (1990), Chan 等 (1991), 以及 Yablonovitch 等 (1991a) 的文献。随后出现了许多其他具有完全带隙的三维结构。正如 Maldovan 和 Thomas (2004) 所评论的，大多数结构都是扭曲的金刚石晶格。具有完全带隙的非金刚石结构包括反蛋白石结构、体心立方 (bcc) 结构 (Chutinan and Noda, 1998; Maldovan et al., 2002; Luo et al.,2002a)，甚至是简单立方晶格 (小带隙)(Sözüer and Haus, 1993)。而文献提出的制造技术包括本章提到的钻孔、逐层光刻和胶体自组装，到全息光刻 (Sharp et al., 2002)、掠角 “螺旋” 沉积 (Toader and John, 2001)、嵌段共聚物 (Fink et al., 1999a) 和平面层的纳米机器人堆叠 (Aoki et al., 2002) 或微球的纳米机器人堆叠 (Garcia-Santamaria et al., 2002)，以及其他技术。

Yablonovitch(1987) 还提出，在带隙内，具有完全三维光子带隙的晶体将完全抑制晶体内原子自发辐射。随后，几组人报告了三维光子晶体在可见波长抑制自发辐射的实验结果 (Martorell and Lawandy, 1990; Petrov et al., 1998; Lodahl et al., 2004)。

第 7 章　周期介质波导

三维光子晶体可以将某些电磁波完全约束。某些工程类材料也可以把光约束在一个点附近 (一个光学谐振腔)；或者引导它沿着某个直线传播 (一个波导)；或者把它约束在某个二维表面。但是制造一个三维光子晶体很困难。本章将讨论一个更简单的结构：**周期介质波导**，并探究人们可以用光子晶体做些什么。这种介质波导只有一个沿着传播方向的周期性，同时，它的高度和宽度有限。

7.1　概　　述

如图 1 所示，有多种周期波导结构。无论是什么样的几何结构，这些介质波导都有一个共同特征：沿着周期的方向存在一个光学带隙，而在其他方向上，它们可以利用**折射率引导**来约束光线。

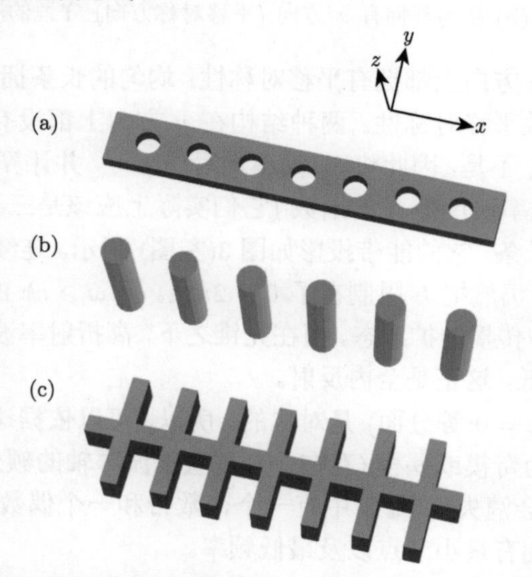

图 1　**周期介质波导**示例，它结合了一维周期性 (x 方向) 和折射率引导 (另外两个垂直方向)

下面两章会讨论更复杂的系统，每一种系统都结合了周期性以及其他原理来约束光 (任意方向)。第 8 章会研究一种周期**平面波导** —— 著名的**光子晶体板**。这种平板结合了二维平面周期结构和垂直方向的折射率引导。第 9 章讨论了**光子晶体光纤**，这是一种波导，但是它的周期方向却和传播方向垂直。

7.2　一个二维模型

本章从一个更简单的二维模型开始，因为它包含了最基础的物理。这个模型结合了一个方向上的折射率引导以及其他方向的光学带隙。

图 2(a) 是一个沿着 x 方向延伸的长条材料。这个长条通过折射率引导把光约束在 y 方向上，但 z 方向均匀。现在，把目光集中在 xy 平面内 ($k_z = 0$)，并集中在 TM 极化模式 (电场只有 z 分量 E_z)。接着，沿着 x 方向在这个长条上引入一个周期开口，形成一系列介质方块，如图 2(b) 所示。假设材料的介电常数 $\varepsilon = 12$，方块的空间周期为 a，每个方块的尺寸是 $0.4a \times 0.4a$。①

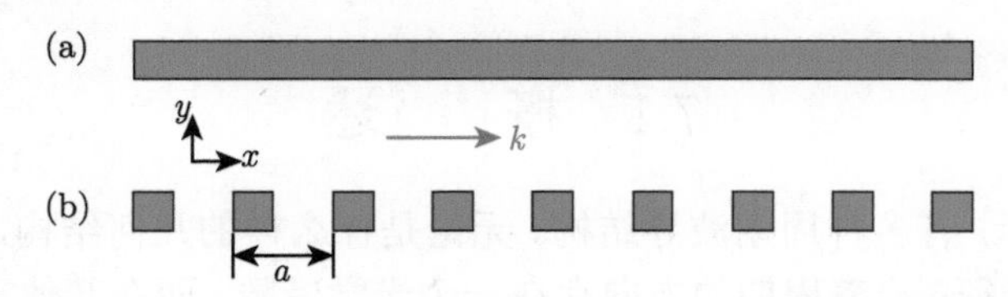

图 2　(a) 宽度为 $0.4a$ 的二维介质 ($\varepsilon = 12$) 波导。(b) 周期波导：一系列相距为 a 的方块介质 $0.4a \times 0.4a$。(a) 和 (b) 结构都拥有 x 方向 (平移对称方向) 守恒的波矢 k，这引入了导模

这两种结构在 x 方向上都拥有平移对称性：均匀的长条拥有连续平移对称性；而周期方块拥有离散平移对称性。两种结构在 y 方向上都没有平移对称性。换句话说，k_x 守恒，而 k_y 不是，因此将 k_x 简单地写作 k ②，并计算**投影能带**$\omega_n(k)$。在这个能带中，模式频率仅仅是 k 的函数 (它们实际上应该是三维波矢 $\boldsymbol{k}$ 的函数)。

首先考虑均匀长条，它的能带投影如图 3(左图) 所示。连续平移对称性的 k 是连续变化的，但图中仍然把 k 限制在了 $0 \sim 2\pi/a$。把 $\omega \geqslant ck$ 的区域称为**光锥**，光锥内的模式是空气中传播的扩展态。而在光锥之下，高折射率波导将离散且局域的**波导模式 (导模)**拉低，这正是全内反射。

这个波导关于 $y = 0$(等分面) 是对称的。所以，可以依据这个面的镜像对称将所有波导模式归类为奇模或偶模 (存在一个垂直于波导轴的额外对称面，但是这种对称性在 $k \neq 0$ 时会消失)。图 3 中有一个奇数带和一个偶数带。偶数带是**基模**，其中的每个模式都拥有最小节点以及最低频率。

现在来考虑图 2(b) 的周期结构。该波导在 x 方向不能依靠全内反射来指引光线传播，因为光线根本不能停留在介质方块内，更不用说保持小于临界角的入射角。同样，如果参考标准波导管，那么要避免连接两个不同的波导，因为这会引起

① Meade 等 (1994), Fan 等 (1995a) 和 Atkin 等 (1996) 对类似结构进行了早期分析。

② 在波导相关文献中，波矢 k 通常称为**波数**或**传播常数**，通常用 β 表示。此外，有些作者用 k 来表示 ω/c，也称为波数；这些应该与本书定义的波矢 k 区分。

辐射散射以及损耗。而作为拥有无限连接点的结构，这个周期波导真的很糟糕！但是，因为布洛赫理论，这些担忧全部不存在：**一个周期结构没有散射波**。不仅如此，周期系统还保证波矢 k 是守恒量，因此，带结构中仍然存在一个光锥，而光锥之下存在局域的带如图 3。它们确实是波导模：它们将会沿着波导独立传播。

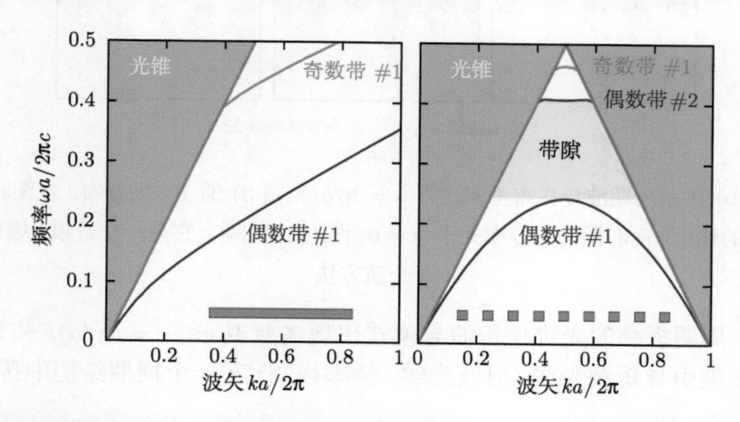

图 3　图 2 波导结构的能带图，仅仅展示了面内光线 ($k_z = 0$) 的 TM 极化。左：图 2(a) 均匀波导。右：图 2(b) 周期波导，波矢范围是不可约布里渊的两倍。蓝色阴影区域是光锥 (可以在空气中传播)。根据 $y = 0$ 的镜像对称面将离散的波导带分为奇数带或偶数带

和均匀无限长条不一样，周期介质的布里渊区是有限的，这产生了一个有趣的结果：$\dfrac{\pi}{a} < k < \dfrac{2\pi}{a}$ 内的模式和 $-\dfrac{\pi}{a} < k < 0$ 内的模式等效，它们都是不可约布里渊区 $0 < k < \dfrac{\pi}{a}$ 的反转。每个这样的区域必然有一个光锥。在均匀长条内，光锥出发点在 $k = 0$ 的位置，而在周期结构中，它将重复出现在 $k = 2\pi/a, 4\pi/a, \cdots$。类似地，最低次序能带，也就是从 $k = 0$ 以 0 频率开始的能带，在 $k = \pi/a$ 处必须被压扁，然后在 $k = 2\pi/a$ 处再次回到 0 频率。这导致第一条和第二条波导带之间出现一个带隙。但是，这个带隙不是**完全带隙**，因为这个带隙中只是不存在任何导模，但是却存在辐射模式 (这些模式在光锥内)。

(在第 5 章和第 6 章*表面态*的研究中也出现过光锥和折射率引导模式的概念。)

图 4 是 $k = \pi/a$ 时的三种波导模式分布。其中，最低次序偶数带所包含模式的峰位于介质内，而相邻更高次序偶数带所包含模式的节面位于介质内。奇数带所包含模式则有一条沿着 x 方向的节线，当然，这条节线位于介质内，并引起频率上升。相较于偶模，奇模不能很好地约束在波导内，因为它和光锥靠得非常近。为什么在介质块内没有第二个奇模 (有两个节线)？答案是，这种模式频率太高了，所以它淹没在了光锥内，它不是波导模式。周期介质波导只有**有限数量的波导带**，而均

匀介质波导则拥有无数个波导带。①

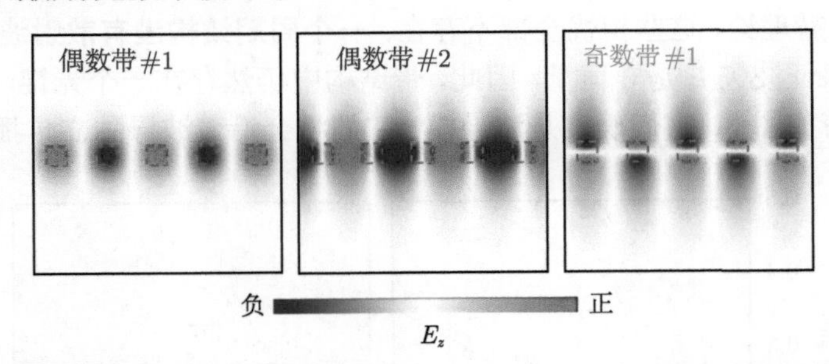

图 4　图 2(b) 所示周期波导在布里渊边界 $k=\pi/a$(见图 3) 的 E_z 场分布。左图和中图对应于带隙边缘的偶模，而右图的场分布关于 $y=0$ 平面镜像对称，它是一个奇模。绿色虚线标注了介质方块

的确，周期折叠的光锥使得波导模式出现**高频截止**($\omega = c\pi/a$)。② 这意味着，全内反射不能引导短波光线 (射线光学，频率很高) 在一个周期结构中传播。

7.3　三维周期介质波导

周期介质波导的基本原理也适用于三维结构。举个例子，可以检查如图 1(a) 所示的波导是否满足这些原理。这是一个介质条，上面有一系列圆柱孔。孔间距是 a，半径是 $0.25a$，介质块的介电常数是 12，宽为 a，厚为 $0.4a$。假设这个介质波导悬浮在空气中③(本章稍后会讨论把波导放在一个基底上的结果)。

这种结构的能带投影如图 5 所示，图中只展示了不可约布里渊区的波矢。沿周期方向的波矢是守恒的，所以图中可以看到一个表示辐射态的光锥，和一些位于光锥之下的离散波导带。导带的数量很多，看起来稍稍复杂。因为图中画出了所有的模式，而之前仅仅讨论了 TM 极化。

这个三维波导有两个镜像对称面：$z=0$ 和 $y=0$。可以通过两种反射对称将所有模式分类为偶对称模式和奇对称模式。把依赖 z 镜像的偶对称模式称为 “E” 模，因为这些模式很像 TE 模 (下文会有解释)。类似地，把依赖 z 镜像的奇对称模式称为 “M” 模，因为这些模式很像 TM 模。与此同时，图 5 对模式标注了脚注 “e” 或 “o”，这些脚注是用来表示这些模式在 y 镜像反射下是偶对称模式还是奇对

① 例外情况见第 9 章。

② 在一些特例中，选择特殊的材料、特殊的极化以及选择可分离结构的几何可以终止这种高频截止现象 (Čtyroký, 2001; Kawakami, 2002; Watts et al., 2002)。此外，在具有足够对称性的结构中，无损耗驻波模式可以精确地存在于光线上方的 Γ 点 ($\mathbf{k}=0$)(Paddon and Young, 2000; Ochiai and Sakoda, 2001; Fan and Joannopoulos, 2002)。最后，光线上方可能存在泄漏模式，该模式以较小的辐射损耗率传播。

③ Villeneuve 等 (1995) 提出了类似的设计，后来由 Ripin 等 (1999) 制造。

称模式的。最后，用脚注 “n” 来表示这个模式属于哪一条能带。比如，位于第二条能带的一个 z-偶且 y-奇的模式是 $E_{(o,2)}$。

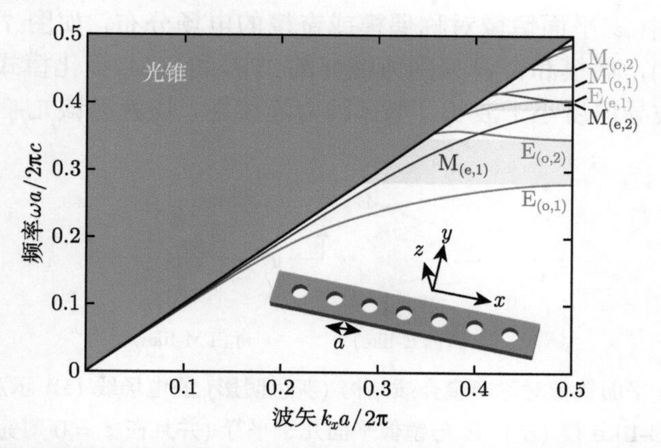

图 5　图 1(a) 波导 (插图) 的带结构：一个悬浮在空气中的三维介质条，上面有一系列周期为 a 的圆柱形气孔，图中仅显示不可约布里渊区。根据对称性对离散的波导模式进行标记，如文中所述，浅红色和蓝色 (光锥为深蓝色，以黑色的光线为界) 分别表示基本的 E 和 M 带隙

如果单独讨论每一种对称类型 (例如，只讨论 $E_{(o,n)}$)，就可以看到带隙。$E_{(o,1)}$ 和 $E_{(o,2)}$ 之间的带隙最大，带宽与带隙中心频率的比值为 21%。位于这些带上的模式是局域模，图 6 画出了其磁场 H_z 分布。

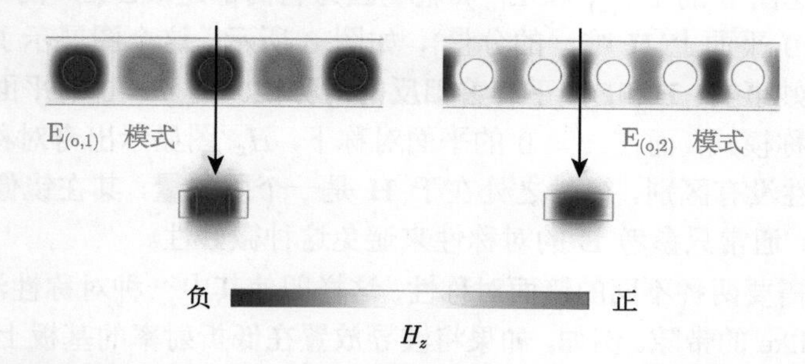

图 6　图 5 中布里渊区边界 ($k = \pi/a$) 最低阶 TE-like 模的 H_z 截面。左：第一条能带 (间隙下边缘)。右：第二条能带 (间隙上边缘)。图 (上) 显示 $z = 0$ 的水平横截面，其中 H_z 是磁场的唯一分量。图 (下) 显示了箭头所示位置处 x 横截面 (穿过 H_z 峰值)。半透明黄色阴影标注了电介质材料

7.4　对称和极化

在第 5 章二维结构中，TM 极化和 TE 极化有一个本质区别：对于大多数结构来说，一个偏振模式有一个带隙，而另一个偏振模式没有带隙。在三维结构中，电

磁场一般不能分为两个独立的极化模式。然而，具有镜面对称性薄膜结构的电磁场几乎是极化的。

考虑图 6 中 z 平面镜像对称偶模或奇模的电场分布，如图 7 所示。在对称平面内 ($z = 0$)，偶模和奇模分别为纯粹的 TE 和 TM 极化模式。如果远离镜面观察，只要波导厚度小于波长，那么因为连续性，场就应该几乎是 **TE-like** 和 **TM-like** 的。

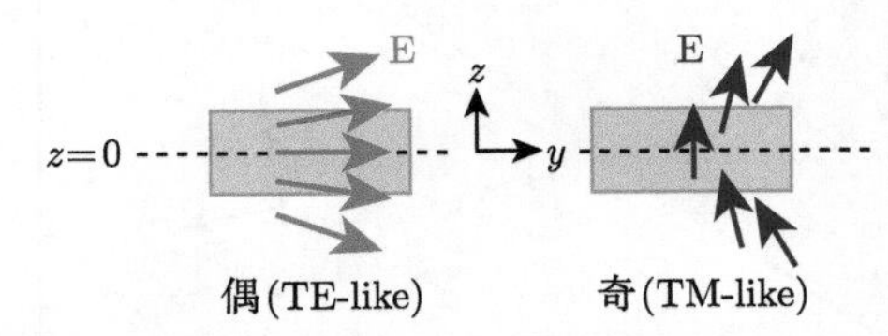

图 7　具有 $z = 0$ 平面镜像对称薄膜介质结构 (灰色阴影) 的电场线 (**E**) 示意图。此平面镜像对称的偶模是 **TE-like** 模 (左)：**E** 与镜像平面几乎平行 (并且在 $z = 0$ 时完全平行)；而奇模是 **TM-like** 模 (右)：**E** 几乎垂直于镜像平面 (在 $z = 0$ 时完全垂直)

$y = 0$ 提供了一个额外的镜像对称平面，该平面上的模式是纯极化的，只是其对称性相反。对于 y 平面对称来说，TE-like 模式是奇模，而 TM-like 模式是偶模。最像 TE 的模式是 z-偶对称模式和 y-奇对称模式，如上文所述的 $\mathrm{E}_{(\mathrm{o},n)}$，反之亦然 (TM-like 模式 $\left[\mathrm{M}_{(\mathrm{e},n)}\right]$)。

例如，考虑图 5 的 $\mathrm{E}_{(\mathrm{o},1)}$ 和 $\mathrm{E}_{(\mathrm{o},2)}$ 态。因为它们都是 TE-like 的，所以只绘制 H_z 分量 ($z = 0$ 平面上 **H** 唯一的分量)，如图 6 所示。这个图展示了一个关于对称和极化的微妙事实：**H和E似乎有着相反的对称性**。在 $y = 0$ 的平面对称下，H_z 图显示出偶对称模式，而在 $z = 0$ 的平面对称下，H_z 图显示出奇对称模式。实际上，两种对称性没有区别。微妙之处在于 **H** 是一个**赝矢量**，其在镜像反射下会乘上 -1。①因此，通常只参考 **E** 的对称性来避免这种微妙性。

波导通常需要两种不同的镜面对称性，这样即使其中一种对称性消失，也可以保证 TE/TM-like 的带隙。例如，如果将波导放置在低折射率的基板上，那么 $z = 0$ 的镜面对称性就会消失。然而，$y = 0$ 的镜面对称性保持不变，因此图 5 中 y-奇对称模式之间的大带隙将保持不变。

同时，基板介电常数必须比波导小得多，这样波导模和带隙就可以保持在光锥下方。在红外波长下，硅 (Si) 与二氧化硅 (SiO_2) 的介电比约为 12:2。②基板是为了降低光锥 (以及波导模式，因为它们会轻微渗入基板) 的频率。而基板对点缺陷有

① 任何非真转动 (行列式为 -1 的 3×3 旋转矩阵) 都会产生 -1 因子。见本书 23 页脚注② 和 Jackson (1998) 的文献。

② 波长等于 1.5μm 时，硅的介电常数约为 12.1(Palik,1998)，二氧化硅的介电常数约为 2.1(Malitson,1965)。

额外的影响，如下一节所述。

简而言之，具有镜面对称性薄膜结构的模式可分为 “TE-like” 或 “TM-like”。在二维结构中，空气中的介质点是 TM 带隙的最佳几何结构，而介质材料中的气孔是 TE 带隙的最佳几何结构。同样，图 1(a),(c) 中的结构通常拥有 TE-like 带隙，而图 1(b) 中的结构拥有 TM-like 带隙。

7.5　周期介质波导中的点缺陷

周期介质波导没有完全局域化的缺陷态。再次考虑图 1(a) 的周期波导，并通过更改**一对孔**的间距来获得点缺陷 (尽管方法众多)。如果将间距从 a 增加到 $1.4a$，额外引入的介质材料会将 $\left[\mathrm{E}_{(o,2)}\right]$ 从上能带拉入带隙。而产生的缺陷态是 TE-like 的，如图 8(左) 所示。这个态的频率是 $\omega_0 \approx 0.308\,(2\pi c/a)$。

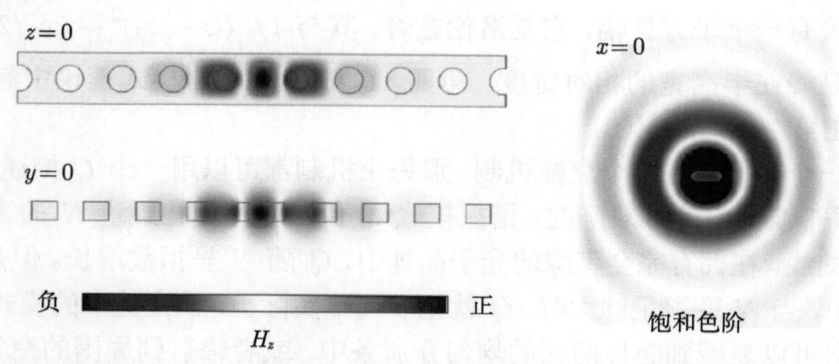

图 8　图 1(左) 中周期波导 (悬浮在空气中) 缺陷空腔中局域谐振模式的 H_z：一对孔的间距从 a 增加到 $1.4a$。在左图横截面中可以看到模式在波导中的强局域 (指数衰减)；半透明黄色为电介质。不过，由于缓慢的辐射泄漏 (右图所示，由饱和色阶来表现)，场仅在横向与距离呈反比衰减

此时，带隙是不完整的：任何频率都存在光锥模式。因此，缺陷态为**泄漏模式**，或**谐振模**，点缺陷形成了一个**谐振腔**。由于平移对称性消失，k 不再守恒，同时缺陷态与具有相同频率的光锥模耦合，这些因素导致**固有辐射损耗**。图 8(右) 是缺陷模分布，突出显示的小振幅表明了向外辐射的波。

相对于完全光子带隙，固有辐射损耗是不完全带隙系统的主要缺点。它提出了几个挑战。首先，人们必须量化损失，如下一节所述；其次，人们必须确定给定的应用可以容忍的损失有多大，这在第 10 章中有更详细的讨论；最后，如果必要，必须减少损失。第 8 章结束时会回到这个主题，那时会概述两种可能减少损失的机制。

7.6　有损腔的品质因子

谐振腔中的模式会缓慢衰减。它就像一个具有复频率 $\omega_c = \omega_0 - \mathrm{i}\gamma/2$ 的模式，其中频率虚部对应于指数衰减。[①]如果场振幅衰减为原来的 $\mathrm{e}^{-\gamma t/2}$，那么腔中的能量衰减为 $\mathrm{e}^{-\gamma t}$。可以用 γ 来描述损失率，但由于麦克斯韦方程组的尺度不变性，人们更喜欢使用无量纲量 $Q \triangleq \omega_0/\gamma$。这个称为**品质因子**的量，会出现在任何关于共振的讨论中，并且可以用许多方式来解释。第一，$1/Q$ 是无量纲衰减率：

$$\frac{1}{Q} = \frac{P}{\omega_0 \mathcal{U}} \tag{1}$$

式中，P 为输出功率，$\mathcal{U}$ 为腔体中的电磁能。第二，Q 是无量纲*寿命*，即能量衰减 $\mathrm{e}^{-2\pi}$ 之前经过的光学周期数。第三，$1/Q$ 是共振的*相对带宽*。腔中时变电磁场的傅里叶变换有一个平方振幅，它是**洛伦兹峰**，其与 $1/\left[(\omega-\omega_0)^2 + (\omega_0/2Q)^2\right]$ 成正比，$1/Q$ 是峰在半高宽的相对宽度。第四，Q 在时间耦合模式理论中起着关键作用，这将在第 10 章中讨论。

如果一个共振存在多个衰减机制，那每个机制都可以用一个 Q 描述。比如，考虑"空气桥"波导中的点缺陷腔，谐振模式 Q 值与腔两侧孔数量 N 的函数关系如图 9 蓝色曲线。在拥有完全带隙的光子晶体中，Q 随 N 呈指数增长。但是在"空气桥"结构中，当 N 变得足够大时，Q 就*饱和*了。实际上，该空腔中的模式有两种衰减机制：它可以衰减到腔体两侧的均匀介质条中；或者辐射到周围的空气中。无量纲衰减率 $1/Q$ 可以写成两个衰减率之和：$1/Q = 1/Q_\omega + 1/Q_r$，其中 $1/Q_\omega$ 和 $1/Q_r$ 分别是波导衰减率和辐射衰减率。(将方程 (1) 细分为两个损耗功率，$P = P_\omega + P_r$，便定义了两个独立衰减率。) 当 Q 值较大时，如果取一阶近似，那么这两个衰减率互相独立：Q_ω 随 N 呈指数增长 (由于带隙)，而 Q_r 与 N 无关 (近似的)。所以当 $N \to \infty$ 时，$Q \to Q_r$(本例中 $Q_r \approx 1200$)。

在许多设备中，辐射功率带来了损耗，为了尽量减少这种损耗，需要 $Q_r \gg Q_\omega$。第 10 章将量化这个概念。

图 9 还说明了基板的影响。黑线和红线分别是两种不同基板 Q 随 N 的关系，其中波导 $\varepsilon = 12$，基板 $\varepsilon = 2.25$。第一种基板 (红色) 为**单轨** 结构，其横截面与波导相同 (包括孔的位置)。[②]第二种基板 (黑色) 是没有孔的固体。

---

① 严格来说，这不是麦克斯韦方程的本征模。真实介质和无损耗介质的所有本征值 ω 都是实数。实际上，谐振腔模式是一系列扩展模式的叠加，每个扩展模式的频率都是实数，通过指数衰减函数可以在近场中对慢衰减 ($\gamma/2 \ll \omega_0$) 进行精确近似。这种泄漏模式的数学理论相当微妙；例如，参见文献 (Snyder and Love，1983)。

② Foresi 等 (1997) 制造了这种单轨结构。

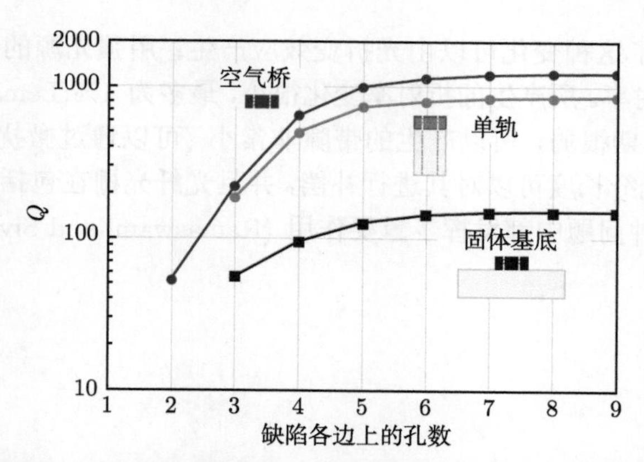

图 9　图 8 点缺陷态 Q 值是缺陷两侧孔数 N 的函数。图中显示了三种结构 (见插图)：悬浮在空气中的空气桥空腔 (顶)；具有相同横截面基板 ($\varepsilon = 2.25$) 的单轨结构 (中)；以及固体 ($\varepsilon = 2.25$) 基板 (底)。Q 饱和值为固有的辐射损失，或 Q_r

在这两种情况中，$y = 0$ 的镜像平面仍然存在，因此保留了带隙。然而，基板往往会降低辐射寿命 Q_r。将局域模式进行傅里叶分解，晶体中的局域场近似为一个 $e^{i\pi x/a}$ 振荡乘以一个衰减指数。将这种分布进行傅里叶变换得到了一个以布里渊区边界 ($k = \pi/a$) 为中心的洛伦兹峰，辐射损失来自傅里叶峰的尾部 (该尾部位于光锥内)。当基板折射率增加时，光锥被拉低，更多尾部落在光锥内并辐射出去。①

单轨基板的影响比固体基板弱，因为单轨基板包含许多空气，因此对光锥的影响较小。②单轨基板使得 Q_r 减少约 30%，而固体基板使得 Q_r 减少为原来的 1/10。

7.7　深入阅读

周期介质波导中光锥、波导模式和带隙 (或 "阻带") 的概念已有几十年历史了，正如 Elachi (1976) 所述。早期研究方法是基于弱周期性的微扰方法，但也可以找到对可变电抗面 (Oliner and Hessel, 1959) 和介质波导 (Peng et al., 1975) 进行严格非微扰计算的例子。Villeneuve 等 (1998) 对此进行了回顾。Foresi 等 (1997) 和 Ripin 等 (1999) 报道了由周期介质波导缺陷形成的谐振腔 (红外尺寸) 的两个早期实验。

光纤布拉格光栅是采用周期介质波导的一个重要应用。这是一种标准的玻璃纤维，通过折射率引导来引导光线，但沿光纤轴的折射率却缓慢周期变化。Hill 等

① 如果波导上方和下方材料的介电比较低，则辐射损耗会降低 (Benisty et al., 2000)，另见第 8 章 "解局域"。

② 单轨或任何其他非均匀基板能带中的光线不再是直线，而是相应二维结构 (具有相同截面) 中的最低频率模式。第 9 章会讨论一个类似情况。

(1978) 首先证明了这种变化可以由光折变效应产生：用强光源的干涉图照射光纤会改变材料的折射率。所产生的折射率变化很小，最多为 1%(Lemaire et al., 1993)。由于 (折射率) 周期很弱，所以产生的带隙非常小 (可以通过微扰理论进行分析)。然而，通过增长光纤长度可以对其进行补偿，并且光纤光栅在包括从滤波到传感器到色散补偿的各种问题中都发挥了重要作用 (Ramaswami and Sivarajan, 1998)。

第 8 章　光子晶体板

只有一维周期的简单结构可以通过带隙和折射率引导来约束三维光束。本章进一步研究具有二维周期性但厚度有限的结构。这种混合结构被称为**光子晶体板**或**平面光子晶体**。它们并非“二维”光子晶体：垂直 (z) 方向有限的厚度引入了新特性。与三维周期晶体一样，光子晶体板中的缺陷可以形成波导和谐振腔。基于二维图纸的标准光刻技术以这种结构为骨架，制造了多种装置并进行实验。然而，这种制造方法有一定的代价：需要仔细设计，以减少谐振腔以及打破周期所产生的损耗。

8.1　柱板和孔板

图 1 是光子晶体板的两个例子。本章研究两种基本拓扑结构：空气中介质柱的四方晶格 [**柱板**，图 1(a)] 和介质中空气孔的三角晶格 [**孔板**，图 1(b)]。在柱板中，柱的半径 $r = 0.2a$，板的厚度为 $2a$，在孔板中，孔的半径 $r = 0.3a$，板的厚度为 $0.6a$。(稍后将讨论优化这些参数) 首先考虑悬浮在空气中的**悬浮膜**结构，①然后讨论基底的影响。

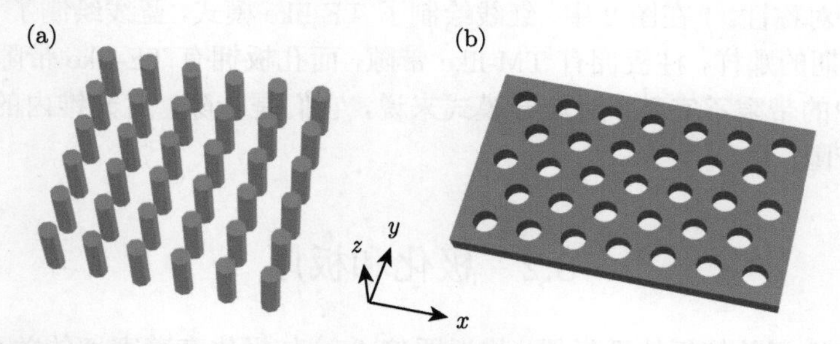

图 1　**光子晶体板**，它结合了二维 (xy) 周期性和垂直 (z) 方向的折射率引导。(a) **柱板**，空气中介质柱的四方晶格。(b)**孔板**，介质板中空气孔的三角晶格

这两种结构拥有二维离散平移对称，所以面内波矢 $\mathbf{k}_{\parallel} = (k_x, k_y)$ 守恒，而纵波矢 k_z 不守恒。因此可以绘制投影带结构，并且此时，它是二维晶格不可约布里渊区中 ω 与 $\mathbf{k}_{\parallel}$ 的图，如图 2 所示。在空气中传播的扩展模式形成了光锥 $\omega \geqslant c|\mathbf{k}_{\parallel}|$。

① 孔板悬浮结构由多组构件组合而成。早期例子请参见 Kanskar 等 (1997) 和 Scherer 等 (1998) 的文献。

在光锥下方，高介电常数板将一些扩展态拉到了离散的导带中。这些带的本征模在垂直方向 (远离平板) 呈指数衰减。

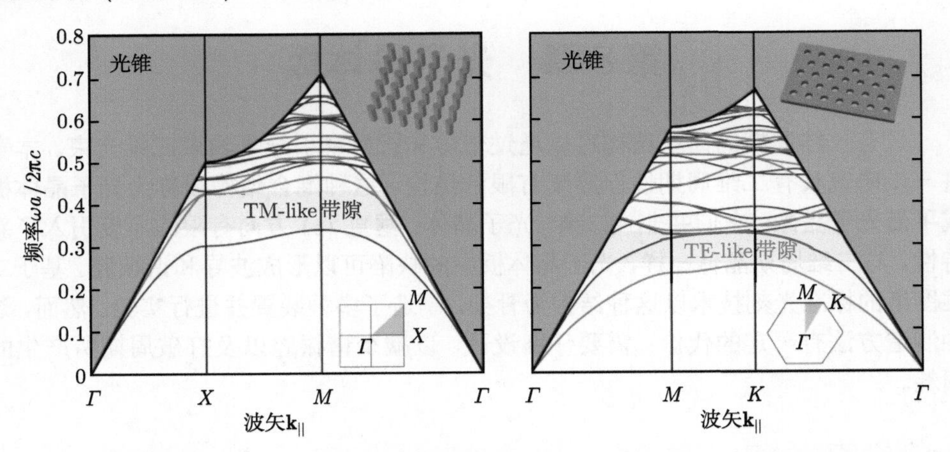

图 2　图 1 悬浮光子晶体板 (插图) 的带图：**柱板**(左) 和**孔板**(右)。蓝色阴影区域是光锥，所有的扩展模式在空气中传播。光锥之下是局域在平板中的波导带：蓝色/红色分别表示 TM/TE 模式 (相对于 $z=0$ 镜像平面为奇模/偶模)。柱/孔板分别有 TM/TE-like 带隙，如浅蓝色/红色阴影所示

系统通过 $z=0$ 平面的反射是不变的，所以可以将电磁波的模式分为 TE-like(偶模) 和 TM-like(奇模)。(在这种情况下，通常不存在 y 或 x 镜像对称性；$\mathbf{k}_{\|}$ 打破了这些对称性。) 在图 2 中，红线绘制了 TE-like 模式，蓝线绘制了 TM-like 模式。正如预期的那样，柱板拥有 TM-like 带隙，而孔板拥有 TE-like 带隙。然而，光子晶体板中的带隙**不完整**：对波导模式来说，它们是带隙；对光锥内的模式来说，它们不是带隙。

8.2　极化和板厚

为什么选择的柱板比孔板厚 (将近四倍)? 这与极化有着密切的关系。图 3 是柱板和孔板带隙尺寸与板厚的关系，确实存在一个最佳厚度。事实上，如果板太厚，带隙可能会完全消失。

考虑非常薄或非常厚的极端情况，就可以对此有直观理解。如果板太薄，那么带对光线的引导很微弱。位于光线下方的模式会缓慢衰减到空气中。对带隙来说，一阶导带和光线之间的频率差太小，模式发散以至于周期性不再重要。另一方面，如果板很厚，基本波导模式 (一阶模式，无节点) 带隙的确趋于二维光子晶体的一阶带隙。但是，高阶模式 (具有更多垂直节点) 会向低频移动并进入带隙。在这种

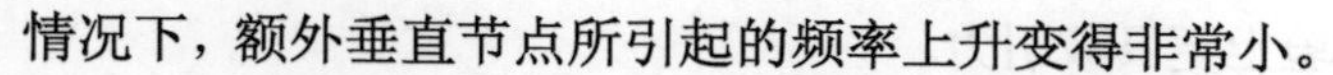

情况下，额外垂直节点所引起的频率上升变得非常小。

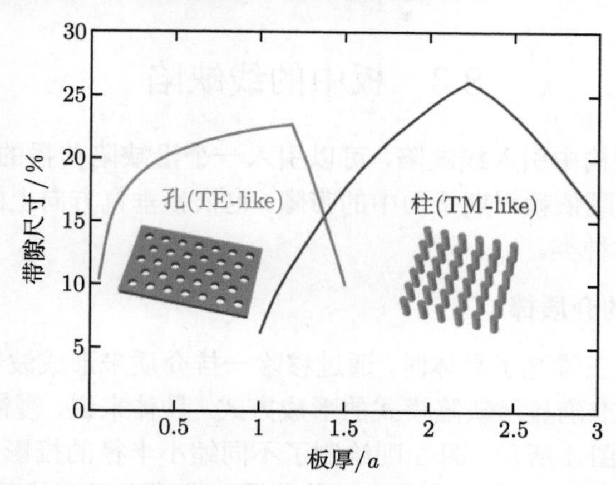

图 3　图 2 中柱板和孔板波导模式带隙的尺寸，它是板厚的函数，板厚以周期 a 为单位。孔板有 TE-like 带隙 (红色，左侧)；柱板有 TM-like 带隙 (蓝色，右侧)。随着板厚增加，带隙开始增大，趋于相应的二维 TE/TM 带隙；然而，在某个点，一个高阶模式被“推入”带隙，带隙突然开始减小

所以，板的理想厚度大约为半个波长。这足够厚，可以很好地约束基模；又足够薄，可以防止板内出现高阶模式。但是，半个波长是空气中的波长，还是电介质中的波长？答案就在两者之间，这取决于材料的“有效”介电常数。而“有效”介电常数取决于模式，取决于 ε 的加权平均值 (加权因子在某种意义上取决于场分布)。加权因子的精确公式属于*有效介质理论*领域，这里不再详细讨论，除非本书引用某个依赖极化的加权因子。①TE-like 模的有效垂直波长主要由高介电常数材料决定，而 TM-like 模的有效垂直波长主要由低介电常数材料决定。

孔板可以以更低的厚度打开带隙，因为前者 (孔板) 拥有 TE-like 带隙，后者 (柱板) 拥有 TM-like 带隙。当这些带隙打开时，它们开始向相应二维结构的带隙靠近：孔 28%，柱 39%。然而，在临界厚度 (孔为 $\sim 1.2a$，杆为 $\sim 2.25a$) 下，一个高阶模式被“推入”带隙，带隙开始急剧减小。

为什么图 2(孔和柱的厚度分别为 $0.6a$ 和 $2a$) 没有选择产生最大带隙的板厚度？主要原因会在随后的章节中讲到。限制板结构应用的通常不是带隙的大小，因此没有必要选择严格最优的尺寸。相反，设计结构会受到诸如光锥、缺陷中的高阶模式、基底等因素限制。因此，对应于常见的实验参数，图 2 选择了一个厚度更小，更容易制造的结构，它仍然有一个大带隙。②无论如何，柱板厚度和孔板厚度必须

① 关于光子晶体板的有效介质描述，请参见 Johnson 等 (1999) 的文献。
② 出于类似原因，图 2 选择相对较小的孔半径 $r = 0.3a$，尽管更大的半径可以产生较大的带隙。

相差很大，以至于后者在实验上更具吸引力。

8.3 板中的线缺陷

通过在周期结构中引入线缺陷，可以引入一个沿缺陷传播的波导模式。此时，波导模式的局域化既依赖周期平面中的带隙，也依赖垂直方向上的折射率引导，这将限制波导模式的种类。

8.3.1 半径减小的介质棒

在讨论二维和三维光子晶体时，通过移除一排介质来形成波导。而本节将慢慢删除一排介质，以准确显示缺陷模式的形成方式。具体来说，慢慢缩小特定行中所有介质的半径，如图 4 所示。图 5 则绘制了不同缩小半径的投影带图，图中只画出了 TM-like 模式。晶体中扩展模式为深蓝色区，带隙出现在浅蓝色区。在带隙中，每种半径都有一个波导带，对应于图 6 所示的 TM-like 波导模式。此模式局域在线缺陷内：它不能耦合到晶体中的扩展模式，因为它在带隙中；它也不能耦合到空气中的扩展模式，因为它在光线之下。虽然带隙是不完全的，但由于 k_x 是守恒的，所以波导模式仍然存在。这种波导模式可以在一个完美周期系统中无限传播 (就像第 7 章不连续二维结构中的模式)。

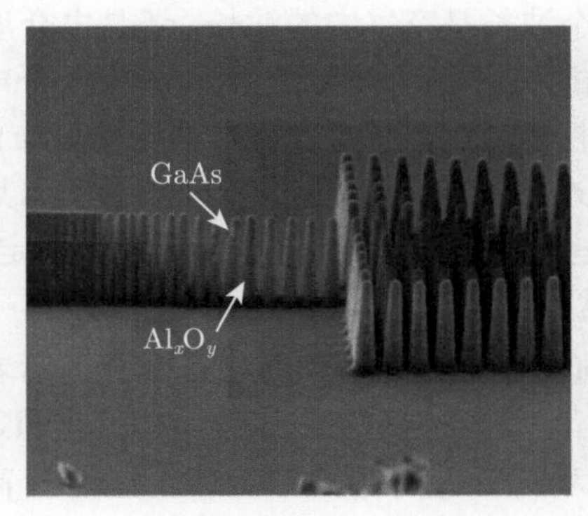

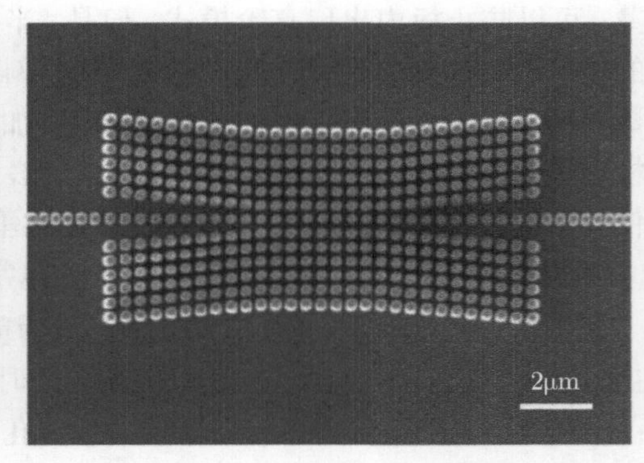

图 4　Assefa 等 (2004) 制作缩小半径的波导 (柱板) 视图，该波导用于近红外波长 (低折射率氧化铝基底上的砷化镓棒)。通过绝热锥将线性波导耦合到两端的介质条波导中 (图片由 L. Kolodziejski 提供)

平板和二维光子晶体的主要区别在于板的带图有一个光锥。光锥对波导模式有限制作用：不能完全移除一排介质以得到波导模式。① 如图 5 所示，杆半径减小

① 如果以不同的方式终止晶体，例如，将某一行附近的柱切成两半，就可以得到表面态。然而，这种模式大部分都不局域在空气中。

到 0.10a 时，该模式在非常靠近带隙顶的位置与光锥相交。如果进一步减小半径，模式将不能继续引导。此时不能利用介质棒之间的空气来引导光，因为垂直方向的折射率引导消失了。

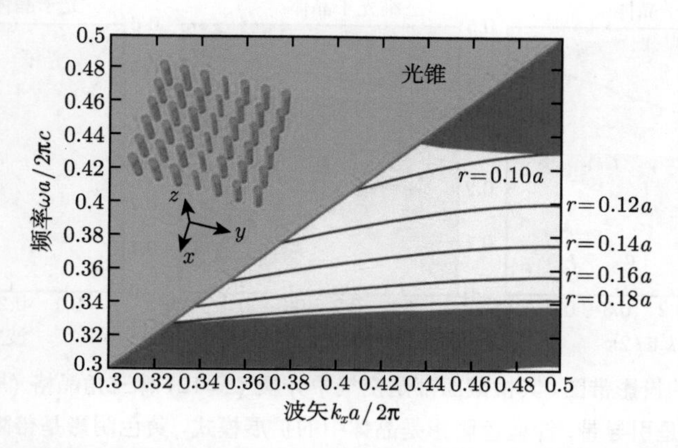

图 5　图 2(左) 柱板线波导 TM-like(z 方向奇对称) 态的投影带图，它是波矢量 k_x(沿着缺陷方向) 的函数，通过减小一排柱体的半径 (插图) 形成该波导。深蓝色阴影区域 (红线下方) 是晶体中的扩展模式。体晶体中的棒半径 $r=0.2a$；带隙中标记了 5 种不同缺陷半径的局域波导带

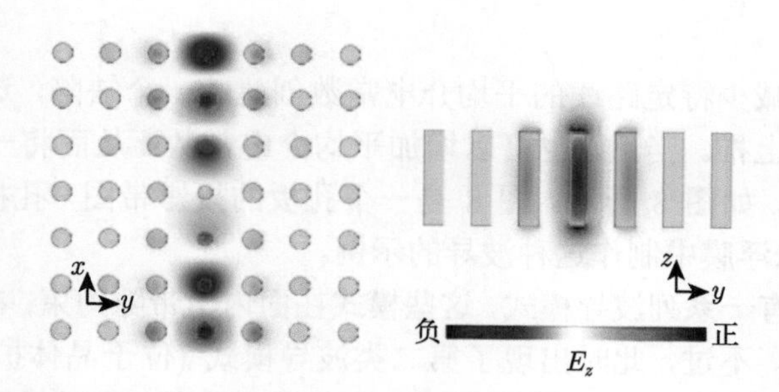

图 6　图 5 所示半径减小线缺陷波导的场 E_z 截面图，波矢量 $k_xa/2\pi=0.42$，$r=0.14a$。半透明绿色标注了电介质材料。左：水平 ($z=0$) 横截面 (E_z 是唯一的，非 0 电场分量)。右：波导介质棒的垂直平分 ($x=0$) 面。磁场从波导两侧呈指数衰减

为了进一步进行比较，可以考虑三种不同的结构：它们在两个维度上具有相同的周期性，但在第三个维度 (垂直) 上有所不同。这三个结构的横截面 ($z=0$) 都是一个三角晶格线缺陷，其中一排介质棒被完全移除。第一种结构是具有完全 TM 带隙的二维光子晶体，介质棒在垂直方向上延伸到无穷远。第二种结构是具有完全带隙的三维光子晶体，如第 6 章“线缺陷中的局域”。第三种结构是光子晶体板。

图 7 展示了这三个结构的投影带图。可以看到，前两个晶体中由空气引导的模式几乎完全位于光子晶体板的光线之上。

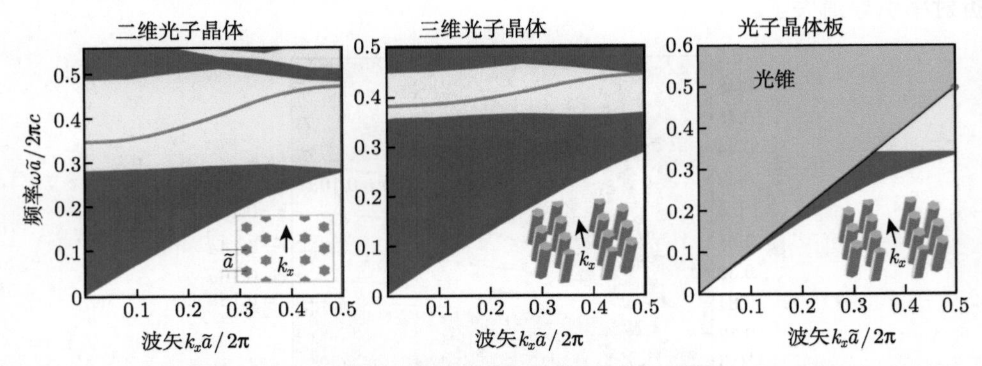

图 7　三个波导的投影带图，其横截面都是空气中介质 (ε=12) 棒三角晶格 (周期为 a，缺少一排介质棒)。红线是引导带，深蓝色阴影是晶体中的扩展模式，黄色阴影是带隙。左：二维晶体 (z 方向均匀，k_z=0) 的 TM 模式存在一个 TM 间隙。中：第 6 章三维晶体的 TM-like 模式 (见线缺陷中的局域) 具有完全带隙。右：悬浮在空气中的柱板 (厚度 $2a$)，它有一个 TM-like 带隙；由于光锥，带隙边缘 (红点) 至多有一个非常弱的波导带

8.3.2　移除孔

上一节通过减少特定路线的平均介电常数创建了一个缺陷，这将一个导带从带隙的下边缘向上推。当然，也可以增加平均介电常数，从而将一些模式从带隙的上边缘拉下来，如图 8 所示。图 8 是一个孔板的投影带图，孔板中填充了一排孔。①图 9 是在悬浮膜中制作这种波导的示例。

这种波导具有一系列波导模式，这些模式在面内由带隙约束；在垂直方向由折射率引导所约束。不过，此时出现了第二类波导模式 (位于晶体扩展模式的下方，如图 8 绿色虚线)，这是因为波导比周围介质具有更高的平均介电常数。这些模式在所有方向都是折射率引导的。既然所有的波导模式都是 TE-like 的，并且它们在 z 方向上是基模 (无节点)，所以自然可以在 $z=0$ 平面上绘制 H_z 来观察它们。图 10 画出了图 8 中用字母标识的五个波导模式分布。

因为系统在 $y=0$ 平面的反射下不变，所以可以利用该平面将所有模式分类为奇模或偶模。因为 $\mathbf{H}$ 是一个赝矢量，所以一个看起来是 y-偶对称的 H_z 分布实际上是 y-奇对称。基模是 y-奇对称模式。现在把注意力集中在 y-奇对称模式上，因为平面波输入光束很容易激发这些模式。

① 这种设计称为“W_1”缺陷。广义地说，“W_n”缺陷去除 n 排孔 (Olivier et al., 2001)。Lončar 等 (2000) 描述了如何在悬浮膜上制造这种波导。

当波矢从光锥移动到布里渊区边界，第二个 y-奇对称带 (位于带隙内) 的场分布显示出了惊人的变化。图 10(b) 显示了 $k_x = 0.3 \times 2\pi/a$ 的模式分布，图 10(c) 显示了 $k_x = 0.5 \times 2\pi/a$ 的模式。后一种模式在 y 方向上有一对额外节点。这种突变是**反交叉**的结果：两个预期相交的带将相互耦合 (除非一些对称性阻止它)，而带将相互排斥。①

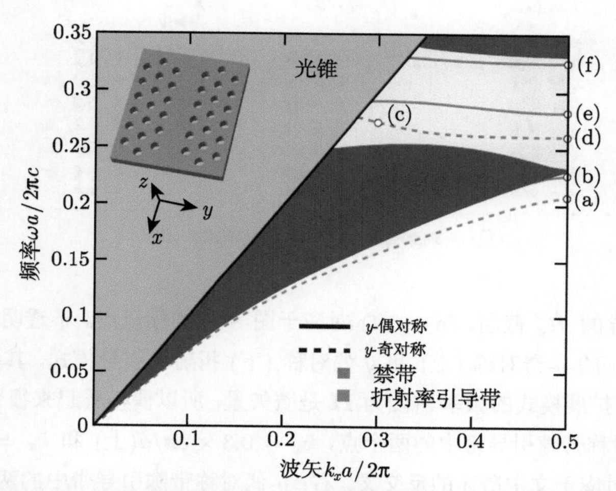

图 8　图 2(右) 孔板 "W_1" 缺陷的 TE-like(z-偶对称) 模的投影带图，移除 x 方向的某一行孔洞形成这种缺陷。暗红色阴影区域表示晶体中的 TE-like 扩展模式。波导模式 (粉红色阴影区中的红色带) 出现在带隙中，或者位于晶体中所有扩展模式 (红色阴影区下的绿色带) 之下，后者属于折射率引导。平分波导的 $y = 0$ 镜面对称面将波导模式分为 y-偶对称 (实线) 或 y-奇对称 (虚线)。与标记点 (a) ~ (f) 对应的场分布如图 10 所示

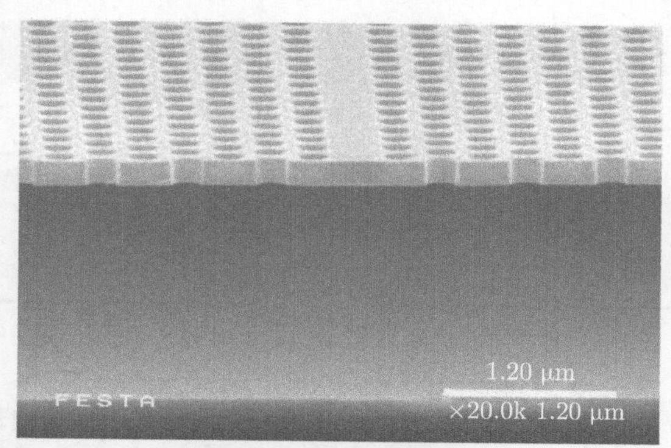

图 9　悬浮孔板中缺失一排孔洞形成波导的扫描电镜图像 (Sugimoto et al., 2004) (图片由 K. Asakawa 提供)

① Notomi 等 (2001) 首先指出这种模式分布差异来源于反交叉，Olivier 等则研究了二维的情况 (Olivier et al., 2001)。Kuchinsky 等 (2000) 研究了一个相关系统，其中不同的对称性允许带相交。

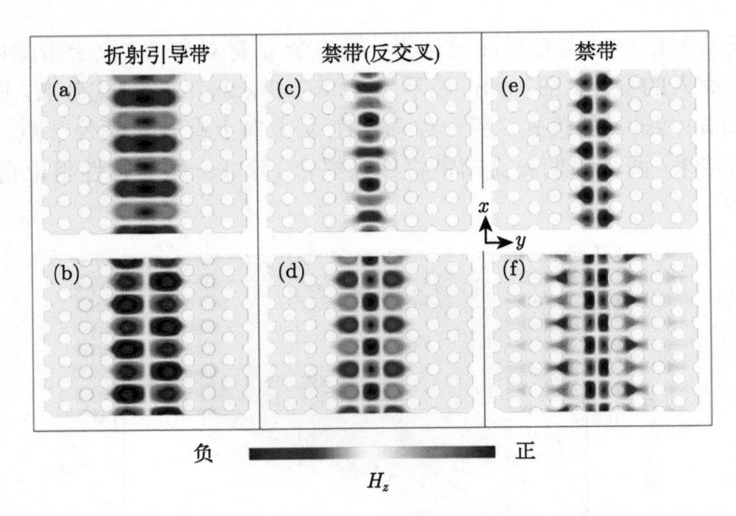

图 10 缺失孔波导的 H_z 截面，(a) ~ (f) 对应于图 8 中的标记点。半透明黄色是介质材料。左：位于 $k_x = \pi/a$ 的 y-奇对称 (上) 和 y-偶对称 (下) 折射率引导模式，其频率低于该 k_x 处晶体或空气中任何扩展模式的频率。(因为 $\mathbf{H}$ 是赝矢量，所以偶模看起来很奇怪，反之亦然。) 中：同一个 y-奇对称带隙引导带中的两个点，$k_x = 0.3 \times 2\pi/a$(上) 和 $k_x = \pi/a$(下)；场分布的剧烈变化对应于文中所述的反交叉。右：y-偶对称带隙引导带中的两个高阶模式

图 11 可以帮助人们理解这种现象。左图是一个非周期波导 (a) 的 y-奇对称带。折射率引导模式 (绿色) 在 “人为” 施加的布里渊区边界折叠。高阶 y-奇对称模式 (红色) 频率更高，并且也向后折叠。接下来打开板中的周期性 (b)。带隙出现，能带

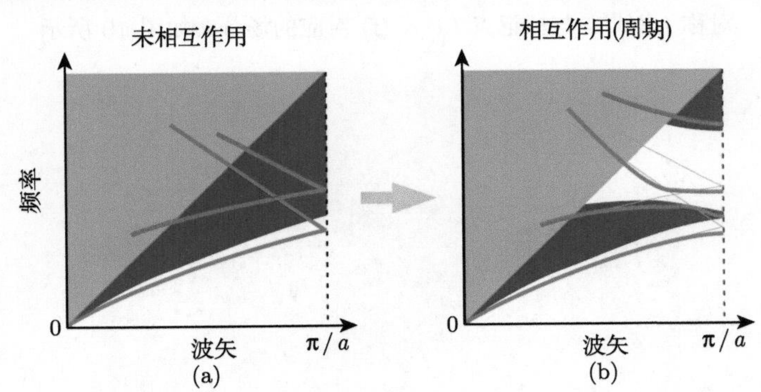

图 11 当周期性 (b) 引入无周期性的 “平均” 平板介质波导 (a) 时会出现反交叉。折射率引导的基模 (更低的线，绿色) 在布里渊区边界折回，与高阶模式 (较高的线，红色) 相交，该模式本来是泄漏模 (在光线上方)。周期性 (b) 打开一个带隙，导致这两条带在其交叉点处发生耦合，这使得它们分裂并形成一个混合带 (带隙中的红色/绿色线)。在这个混合带中，场会从一个模式分布过渡到另一个模式分布

相互排斥。这不仅发生在布里渊区边界，也发生在红绿带相交的地方。因此，k_x 沿着第二条带增加时，场分布从红色模式 [图 10(b)] 持续地转换为绿色模式 [图 10(c)]。这种现象可以产生不寻常的色散效应，如超平坦四次带边和零色散拐点。①

8.3.3　基板、色散和损耗

前面的章节集中讨论了飘浮在空气中的光子晶体板。这是一种特殊结构，因为板与周围介质的折射率对比度最大，而且这种结构具有 $z=0$ 的镜像对称性。将平板放置在基板上会破坏镜像对称性，导致 TE-like 和 TM-like 模式耦合，并破坏任何单独 TM/TE 的带隙 (这与第 7 章周期性波导不同，后者具有额外的对称性)。因此，把一个拥有线性波导的光子晶体板放置在一个基板上，会导致任何被带隙约束的波导模式发生漏损。引导的 TE-like 模式将与扩展的 TM-like 模式耦合，反之亦然，这导致模式在周期平面内辐射离开。②

当然，只有当漏损率太高时，这才是一个问题。大量实验表明，高效的波导可以用氧化物作为基底 ($\varepsilon \approx 2$)。③此外，可以通过在基板或平板上蚀刻周期图案来减少偏振混合，就像第 7 章的单轨结构；或者，在平板顶部沉积与基板类似的“覆盖物”，可以在一定程度上恢复 z 对称性。

即使是对称结构，带隙中的导带 (位于光锥之下) 也相对靠近布里渊区边界。由于能带接近布里渊区边界会变平，因此这些模式的群速度 v_g 接近零。同样，表示波动传播速度的**群速度色散** $\sim \mathrm{d}v_g/\mathrm{d}\omega$ 在边界发散。④因此，如图 5 和图 8 所示，波导带大部分带宽上的波导模式可能具有低群速度和强色散。

但是有时，这种劣势是有用的。例如，Soljačić 等 (2002b) 所述：低群速度 (慢光) 可以增强光学非线性效应。其他某些应用需要较宽的低色散 (并拥有更典型的群速度) 带。通过改变波导设计可以实现这种需求。例如，可以用光子晶体板包围介质条波导⑤(要注意避免拥有表面态的表面终端)。这种结构的波导模式与孤立介质条的波导模式没有太大的不同，但它仍然可用作一个通道，与光子晶体中的点缺陷 (和其他嵌入光子晶体中的设备) 连接。⑥

最后，虽然完美对称平板中的波导模式没有损耗，但在现实中总会有一定程度

① 比如，参见 Petrov 和 Eich (2004) 所著文献。

② Vlasov 等 (2004) 讨论了有限尺寸效应导致的一些微妙现象。

③ 制造含氧化物基板的孔板波导参见 Baba 等 (1999)、Phillips 等 (1999)、Lin 等 (2000)、Lončar 等 (2000)、Tokushima 等 (2000) 和 Chow 等 (2001) 所著文献. 柱板可参见 Assefa 等 (2004) 和 Tokushima 等 (2004) 所著文献。

④ 参见，Ramaswami 和 Sivarajan (1998) 所著文献. 更准确地说，应该是**色散参数** $D=-(2\pi c/\lambda^2)\mathrm{d}^2k/\mathrm{d}\omega^2=\left(2\pi c/v_g^2\lambda^2\right)\mathrm{d}v_g/\mathrm{d}\omega$，它给出了每单位传输距离每单位带宽 $\Delta\lambda$ 的脉冲展宽 Δt。

⑤ 参见 Johnson 等 (2000) 及 Lau 和 Fan (2002) 所著文献。

⑥ 当平移对称性消失 (比如，制造带来的无序)，这种介质条波导 (被光子晶体板包围) 可以减少平面内的辐射损失 (Johnson et al., 2005)。

的损耗。除了基板损耗，损耗也可能来自材料吸收；或来自无序结构 (制造过程中不可避免的*无序*) 引起的辐射散射。无序会破坏平板的平移对称性，这导致波导模式耦合到具有不同 k 值的其他态；无序也会产生位于反向波导模式-k 的反射。对无序的详细研究超出了本书范围，这里只给出一个简单比例关系，其适用于 $v_{\mathrm{g}}=0$ 带边的模式。①其他条件相同时，无序散射耦合到反射模式引起的损耗率每单位距离增长为 $1/v_{\mathrm{g}}^2$；其他模式 (如辐射或吸收) 损耗率每单位距离增长为 $1/v_{\mathrm{g}}$。

有时，设计必须考虑到损耗。如果人们想让波导弯曲，或是过渡到另一个波导，就必须打破平板的平移对称性。弯曲损耗的最小化将在第 10 章进行讨论。过渡损耗可以通过类似绝热的方式 (尽量让过渡平缓) 最小化。②实际上，光长时间停留在一个点产生的损失最具挑战性，挑战在于：v_{g} 很小，而人们想要一个高 Q 谐振腔。

8.4　板内的点缺陷

光子晶体板点缺陷可以捕捉一种局域模式，这种局域模式类似于无限二维晶体中相应的点缺陷模式。然而，正如第 7 章“周期介质波导中的点缺陷”所述，光锥意味着板中的局域模是泄漏共振模，具有固有的垂直辐射损耗。

例如，假设想要在柱板中引入一个“单极子”态。在二维或三维光子晶体中，最简单的方法是移除一个介质柱，但这种方法不适用于光子晶体板。如果这样做，垂直约束就太弱了。因此，不需要完全移除一根杆，而是将其半径或介电常数减小一点。图 12 是将单个介质柱和四个最近邻介质柱介电常数从 12 减少到 9 产生缺陷模式的场分布 (选择修改相邻介质柱的原因见下一节)。这是一种单极 TM-like 模式，辐射寿命 $Q_r \approx 13000$。

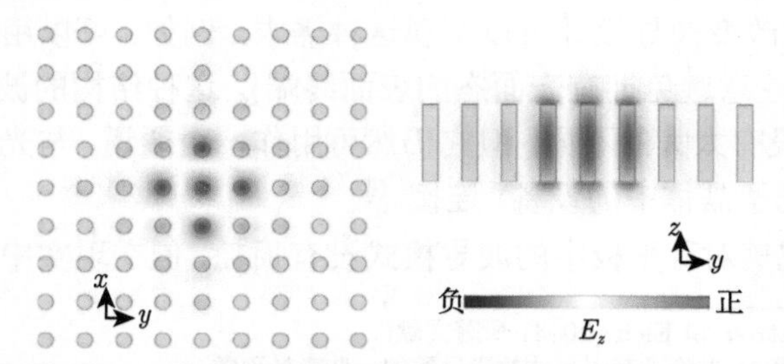

图 12　柱板 (半透明绿色是电介质材料) 点缺陷中“单极”谐振模式的 E_z 分布，将中心介质柱和其四个最近邻介质柱的介电常数从 $\varepsilon=12$ 降低到 $\varepsilon=9$ 形成该缺陷。该模式在板平面内呈指数衰减，但在垂直方向上缓慢向外辐射

正如第 7 章“有损腔的品质因子”所述，基板类型会影响平板谐振模式的寿

① 参见 Hughes 等 (2005) 和 Johnson 等 (2005) 所著文献。

② 周期系统中的绝热定理和它需要的设计条件，请参见 Johnson 等 (2002b) 所著文献。

命。表 1 是单极子态辐射寿命 Q_r 与不同基板选择的关系。当基板具有与板相同的横截面时，基板损耗再次降低。与此同时，可以考虑同时将基板放置在板顶部，从而恢复 z 对称性。这可以防止偏振混合和其引起的面内辐射损失。但是，通过增加结构的平均介电常数，间接增强了辐射态的局域密度。这两种效应几乎相互抵消，如表 1 所示。在这种特殊情况下，系统并没有变得更对称。

表 1

	对称	非对称
悬浮结构	13000	—
$\varepsilon = 2.25$ 介质柱	7200	8100
$\varepsilon = 2.25$ 固体基板	380	370

注：图 12 中点缺陷固有辐射寿命 Q_r 取决于各种基底 —— 空气，$\varepsilon = 2.25$ 介质柱 (横截面与板相同)，以及 $\varepsilon = 2.25$ 的固体介质。表中包括对称 (上和下都有基板) 和不对称 (板下有基板)。

8.5 不完全带隙高 Q 的机制

在设计谐振腔时，核心问题是如何尽量减少辐射损失，或者说，如何最大化辐射品质因子 Q_r。对于某些设备，如窄带滤波器，Q_r 需要超过 10^5(在第 10 章会看到)。在不完全带隙系统中，这是一个挑战，每种设计都存在权衡和约束，目前还没有明确的最佳解决方案 (尽管已经实现了一些高性能设计)。本节不会徒劳地尝试呈现 “最佳” 设计，而是着重于更基本的问题：为什么在没有完全带隙的情况下，高 Q_r 腔是完全可行的？可达到的 Q_r 有上限吗？人们可以利用什么物理机制来提高 Q_r，这些机制提出了什么样的权衡？

8.5.1 解局域

在电磁谐振器的设计中，人们可以*牺牲一定的局域性来抵消损耗*。例如，考虑一个传统介质腔，**环形谐振器**，它是一个弯曲成圆形环路的介质条波导。由于波导不直，所以会有辐射损耗，但随着半径增大 (曲率减小)，损耗会减小。Marcatilli (1969) 表明，环形谐振器的 Q_r 实际上随环形半径呈指数增长。而增加半径的代价是：谐振模式在不断增加的体积中传播，这是一个问题，原因下文会讲到。此外，大体积系统可以支持更多模式，并且模式的频率间隔 (**自由光谱范围**) 减小。

光子晶体板点缺陷中的情况类似。增加环形谐振器半径的过程类似于增大点缺陷并引入更多的模式。另一种方法是略微降低某些介质的介电常数来获得弱缺陷。例如，如果将某个介质柱的介电常数减少 $\Delta\varepsilon$ (一个小量)，那么单极子模式从介质带进入带隙，频率只增加一个小量 $\Delta\omega$。正如第 4 章 “光子带隙中的倏逝模”，这意味着该模式将解局域，并缓慢衰减到平板中。因此可以猜测 Q_r 会随着 $\Delta\omega$ 减小而增大，如图 13。为了使同一 $\Delta\omega$ 的模式更加解局域，图中也给出了改变中心柱和四个最近邻介质柱，如图 12 所示，$\Delta\varepsilon$ 的结果。同一个 $\Delta\omega$ 下，五个介质柱缺陷 Q_r 几乎比单介质柱缺陷 Q_r 大两个数量级。①

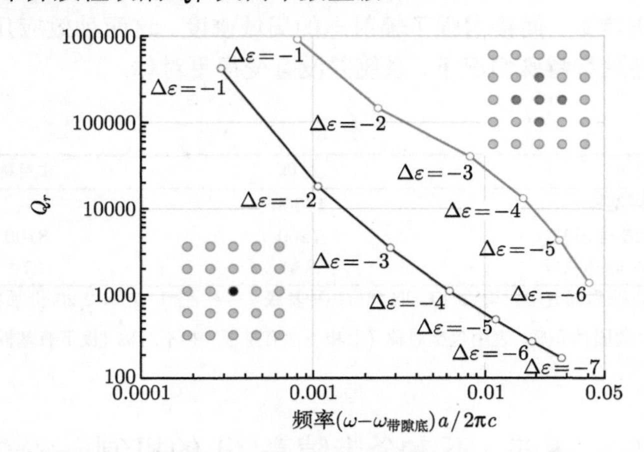

图 13　柱板内谐振腔模式的辐射寿命 Q_r 与 $\Delta\omega$(与带隙底的差值) 的关系。接近带隙底时，模在平面内更加解局域，Q_r 增加。下曲线 (黑色) 对应减少单个介质柱介电常数 (下插图，$\Delta\varepsilon$) 而形成的空腔。上曲线 (红色) 是减少五根介质柱介电常数 (上插图，$\Delta\varepsilon$) 而形成的空腔，如图 12 所示

解局域单极子态 Q_r 增加的原因是什么？如果模式在 xy 面内解局域，它与相应光子晶体的扩展模有更多相似性。这些模式是导模，因此唯一的辐射损失来自 $\Delta\varepsilon$ 缺陷所散射的小部分场。同样，如果看场分布的傅里叶分量，可以看到场在空间中的非局域度越大，其傅里叶变换就越局域化，这就允许大多数傅里叶分量位于光锥内而不辐射。

增加模态体积 (V) 是一个不利因素②。因为它限制了元器件的小型化程度；且大模态体积通常需要大功率。例如，第 10 章中某些非线性光学器件的功率会随着 V/Q^2 的增加而增加。另一个例子是，Purcell(1946) 表明，如果谐振腔频率与发射端频率相同，那么自发辐射率 (这是激光器和发光二极管性能的一个重要因素) 与 Q/V 呈比例提高。不管怎么讲，既然从环形谐振器来看，Q_r 的增长速度比 V 快得

① 更广义地讲，可以考虑一种结构，其中缺陷到体晶体是平滑“绝热”过渡的 (Srinivasan et al., 2004; Istrate and Sargent, 2006)。对于这种结构，适当的设计可以使 Q_r 随尺寸呈指数增长，正如环形谐振器中的情况。

② 模态体积的精确定义取决于当前优化处理的具体物理过程。有关非线性，请参阅第 10 章的“非线性滤波器和双稳态”一节。对于自发辐射，$V \triangleq \int \mathrm{d}^3\mathbf{r}\varepsilon|\mathbf{E}|^2/\max\left(\varepsilon|\mathbf{E}|^2\right)$，或类似地，参见文献 (Purcell, 1946; Cocciol et al., 1998; Robinson et al., 2005)。通常，V 拥有尺度不变单位 $(\lambda/2n)^3$，即材料中的立方半波长 $n=\sqrt{\max\varepsilon}$。

多 (呈指数增加)，那么最佳结构可能是无限大结构。然而，实际情况并非如此，因为有其他因素限制最终的 Q 值，如带宽、材料吸收或无序。因此对于给定 Q_r，人们通常倾向于最小化 V。

更关键在于，少量的解局域就可以为 Q_r 带来大量增益。实际上，只需要增加一点点 V(就可以获得高 Q_r)，以至于这一物理机制更多时候是一种权衡 (自由光谱范围内)：要么谐振腔变为多模 (增加太多 V，如环形谐振器)；要么接近像单极子谐振腔那样的带边 (V 增加不够)。

8.5.2　对消

通常只需对少量结构参数进行优化，就可以在不增加模态体积或减小自由光谱范围的情况下大幅增加 Q_r。对应的物理机制是对消：辐射主要分量被具有相反符号的散射场所消除。

为了研究这个概念，需要将辐射分解为一系列损耗“分量”。既然本节研究来自局域源的辐射模式，所以很自然地利用**多极展开**来表示辐射场。① 如图 14 所示，场被分解成偶极子、四极子、六极子等的总和。结果表明，辐射功率来自每个多极项的贡献之和 (每个项之间不存在干扰)。如果能将散射场中的优势项 (通常是**偶极子项**) 抵消掉，就可以大大增强 Q_r，而远场将呈现出高阶辐射模式的分布。

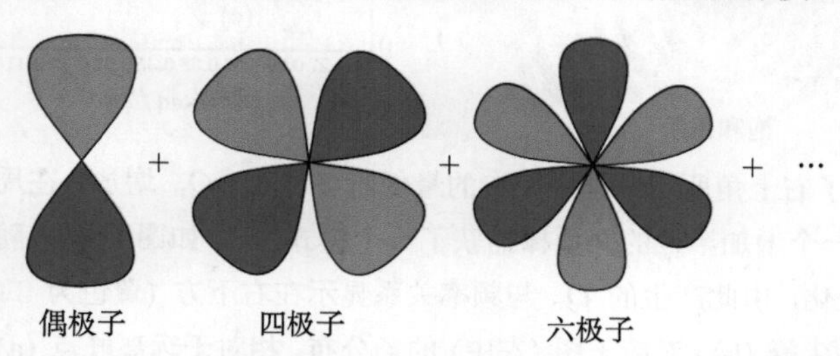

图 14　多极展开示意图：局域源辐射场展开为偶极子、四极子等贡献之和，对应于球面谐波展开。通常每种类型都有对应的几个术语 (例如，方向不同的偶极子)

这里用一个简单的二维例子来说明对消机制。考虑如第 7 章“一个二维模型”中的介质柱晶格，但是此时是圆形介质柱。这种结构有一个 TM 带隙，增加单个介质柱的半径可以引入局域谐振模式，如图 15(右上) 所示。右下图将 $Q_r(\omega)$ 绘制为谐振频率的函数，而谐振频率本身是缺陷介质柱半径的函数。值得注意的是，Q_r 中有一个**峰值**，其频率在带隙中心附近，而不是在带隙边缘。峰值来源于最低阶多极矩的对消。可以通过检查远场分布来确认这个结论，远场分布如图 15(左) 所示。Q_r 最大共振模式的远场辐射分布具有一个表示高阶多极的额外节面。空腔中

① 用矢量球谐波来扩展辐射场；这不应该与静电学中电荷分布的多极展开混淆，参见 Jackson(1998) 所著文献。

的场几乎没有变化，但远场分布具有不同对称性，且振幅大大减小。为什么呢？因为此时来自中心介质棒中的偶极子场振荡与来自邻近介质棒中的场对消了，在这些介质棒中，场有相反 (与偶极子场相比) 的符号。

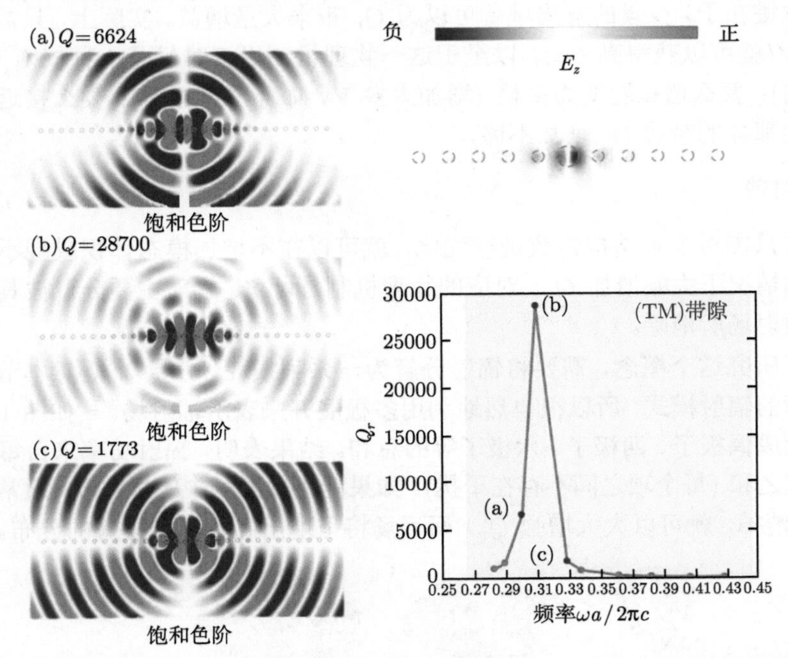

图 15　由于对消了右上角所示二维空腔中的最低阶多极矩，Q_r 增加：在周期介质棒阵列内 (绿色虚线轮廓) 一个增加半径的介质棒捕获了一个模式 (E_z 如图所示)。随着缺陷半径的变化，频率会发生变化，由此产生的 Q_r 与频率关系显示在右下方 (黄色为 TM 带隙)。在带隙内部有一个 Q_r 的尖峰 (b)，对应于图 (左中) 的场分布。相对于远离峰点 (a) 和 (c) 的场分布 (图左上和左下)，图 (b) 中的场分布有一对额外的节面。左图的色阶是饱和的，以突出较弱的辐射场

对消也发生在三维系统中。例如，图 16 显示了在孔板中增加单个孔介电常数引入的点缺陷模式。用 p，即单排孔 (包括缺陷) 拉伸的距离，将结构参数化，如图 16(右上) 所示。①当连续调整参数 p，图 16(左上) 显示了谐振腔某个模式不断变化的频率和 Q_r。在整个 p 范围内，频率变化仅为 ±5%，但 Q_r 可以呈 10 倍增加。同样，这源于偶极对消。通过检查远场 (在远远高于平板的面内，如图 16 底) 强度

① Vučković 等 (2002) 对该设计及其发现过程进行了描述。注意，在所考虑的 p 范围内，线缺陷强度不足以产生一个冲击谐振腔频率的波导模式。该谐振腔支持两种偶极分布模式，$p=0$ 是双简并态；图中只画出了拥有更高 Q_r 的模式，它的 $\mathbf{E}$ 场几乎平行于线缺陷。

$\hat{\mathbf{z}} \cdot (\mathbf{E} \times \mathbf{H})$ 可以对其进行验证。Q_r 最大时，辐射场转变为高阶四极子模式。①与之前一样，尽管远场发生了巨大变化，但谐振腔内的模式几乎没有变化。

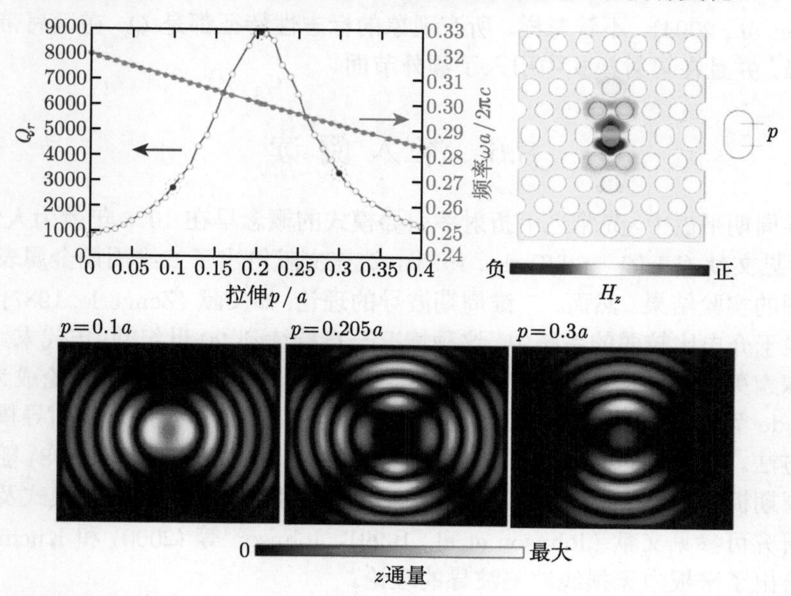

图 16　孔板中的三维多极对消效应，孔板中有一个增加介电常数的点缺陷 (绿色) 和一排调谐参数为 p 的变形单孔 (右上)。左上：Q_r(蓝色空心圆) 和频率 (红色实心圆) 与 p 的关系。右上：$p = 0.205a$(对应于峰值 Q_r) 时平板中平面上场分布 H_z，黄色阴影为电介质材料。底：平板上方 $3.5a$ 处平面上的垂直 (z) 通量分量，对应的模式分别为 $p = 0.1a$(左)；$p = 0.205a$(中)；$p = 0.3a$(右)，对应于图 (左上) 虚线圆圈点

目前存在一种相关结构，其点缺陷通过减小中心孔半径而不是增加其介电常数而产生，该结构工作在 λ =1.5μm，如图 17 所示 (Lončar et al., 2002)。

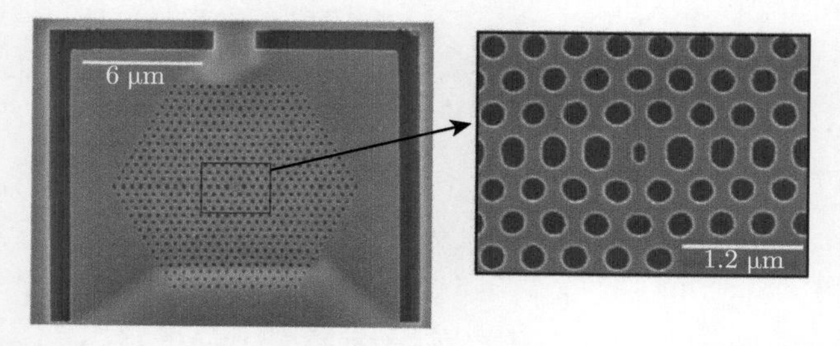

图 17　孔板膜实验空腔结构的电子显微镜图像 (Lončar et al., 2002)。与图 16 空腔相似，但通过减小中心孔半径而不是增加其介电常数来创造点缺陷 (图片由 M. Lončar 提供)

① 感谢麻省理工学院的 A. Rodriguez 进行的这些计算。

同样的对消机制有多种表现形式，例如，对消位于光锥内的主要 $\mathbf{k}_{\parallel}$ 傅里叶分量。①对于有图案的基板，辐射场本身可能就包含可单独对消的离散波导模式 (Karalis et al., 2004)。不管怎样，所有现象的标志性特征都是 Q_r 在远离带边时出现的尖峰，并且在辐射模式中引入了额外节面。

8.6 深入阅读

二维周期平板中，光锥之下折射率引导模式的概念早在 1973 年就为人们所知，比如，参见文献 (Ulrich and Tacke, 1973)，这些文献给出了二维周期金属表面波导模式带图的实验结果。然而，二维周期波导的理论, 如文献 (Zengerle, 1987) 一开始主要局限于介电比较弱的系统中，这种情况一直持续到 20 世纪 90 年代末。随着实验开始探索更高介电比系统 (Krauss et al., 1996)，一个严格的三维理论成为必要。

Meade 等 (1994) 提出了在强介电比二维周期光子晶体板折射率引导模中使用带隙的方法。Fan 等 (1997) ，Villeneuve 等 (1998) 和 Coccioli 等 (1998) 随后计算了此类周期板中的导带，后两者也考虑了点缺陷空腔。关于平板波导模式及其带隙的综合研究可参见文献 (Johnson et al., 1999)。Johnson 等 (2000) 和 Kuchinsky 等 (2000) 给出了平板中无损线缺陷波导的理论。

描述二维周期板中高 Q 空腔的解局域机制包括文献 (Villeneuve et al., 1998; Johnson et al., 2001a)，以及描述垂直解局域的文献 (Benisty et al., 2000) 。Johnson 等 (2001c) 描述了对消机制。在高对比度二维周期板结构中制作波长尺度的空腔可参见 Paint 等 (1999)、Lin 等 (2001) 和 Lončar 等 (2002) 所著文献。Song 等 (2005) 报告了一个著名的高 Q 腔。

① 例如，参见 Vučković 等 (2002) 及 Srinivasan 和 Painter (2002) 所著文献。

第 9 章　光子晶体光纤

现代电信最重要的波导是**光纤**：一根长玻璃丝 (有时是塑料丝)；用于引导光线；通常长达数公里。光纤也用于一系列其他应用中 (从天体物理学到医学)。传统光纤由**包层**(介电常数稍低) 包围的**芯层**组成，包层通过折射率引导来约束光。在包层中引入周期结构，可以产生新的光纤：**光子晶体光纤**。①

9.1　约 束 机 制

光子晶体光纤，又称**微结构光纤**，根据约束机制 (折射率引导还是带隙)，以及结构周期性 (一维还是二维)，可分为几个大类。

光子带隙光纤利用带隙 (而不是折射率引导) 来约束光。带隙约束的好处是它允许光在空心芯层中传播 (就像在第 5 章“线缺陷与波导”一样)。这可以将损耗，人们不希望出现的非线性现象，以及任何其他无益特性的影响降至最低。Yeh 等 (1978) 首先研究了具有带隙的一维周期光纤 [包层如图 1(a) 所示，为一系列同心圆]，称之为**布拉格光纤**。Knight 等 (1998)② 研究了具有带隙的二维周期光纤，如图 1(b) 所示。研究最多的结构是**多孔光纤**，其横截面是空气孔 (贯穿整个光纤) 的周期晶格。

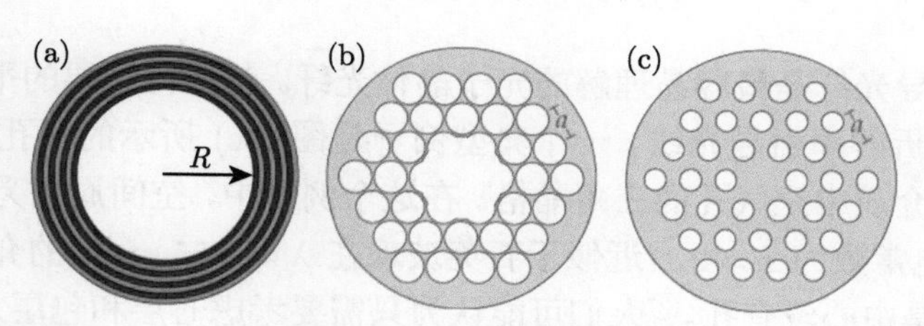

图 1　三种光子晶体光纤。(a) 布拉格光纤，具有一维周期同心包层。(b) 二维周期结构 (空气孔的三角晶格，又称为“多孔光纤”)，通过带隙将光约束在芯层。(c) 一种多孔光纤，通过折射率引导将光约束在实心芯

另一种**光子晶体光纤**利用折射率引导约束光，其周期结构不是为了产生带隙，

① 有人认为光子晶体光纤一词仅限于光子带隙光纤。然而，术语光子晶体与原子晶体类似，指的是结构的周期性，而不是带隙的存在或利用。

② Melekhin 和 Manenkov(1968) 早期的一篇论文在大芯 (射线光学) 近似下提出了类似的圆柱形结构，并进行了分析。

而是为了在芯层周围形成有效的低折射率包层。其结构大多采用实心芯多孔光纤，如图 1(c) 所示。通过这种方式，人们可以获得比一般固体光纤更高的介电比，从而更好地约束光。这也可以加强非线性效应，或创造不寻常的色散现象。

第三类称为**光纤布拉格光栅**(不要与上面的布拉格光纤混淆)，其结构沿着导光方向 (纵向) 具有周期性。这种光纤只是一种周期介质波导，正如第 7 章末尾所讨论的。因此，本章只关注横向周期性的情况。

光子晶体光纤与前几章讨论的周期结构相比具有巨大优势：光纤可以通过**拉伸工艺**产生。第一步是创建光纤的比例模型 (或**预制件**)，通常为厘米大小。接下来，将预制件加热并拉伸，像泡泡糖一样将其拉伸成一条细线，其横截面则是预制件的缩小版。①通过这种方式，可以从一个预制件中提取数百米甚至数千米长的光纤，均匀性几乎完美。

本章按照与前几章相反的顺序进行讲解：从折射率引导光纤开始，因为这些内容最容易理解，并且阐述了高频标量极限的重要概念，它是本征模式的严格渐近形式，本章将使用它解释许多现象。然后，对于光子带隙光纤，本章将从二维周期性结构开始，然后是一维周期结构。逆转顺序的原因有两个：一是多孔带隙光纤与对应的折射率引导光纤密切相关；二是布拉格光纤引入了一些新概念：连续旋转对称和一种新极化 (“tm” 和 “te”)。每一种光纤都给出了应用的例子。当然，这些例子并不详尽，因为它们主要是为了说明一些基本原理：这些光纤与它们前身如何关联，如何区别。

9.2　折射率引导光子晶体光纤

折射率引导光纤是最容易理解的光子晶体光纤。包层比芯层的平均折射率小，所以它们利用折射率引导光线。一个典型例子是图 1(c) 所示的多孔光纤，其包层横截面是均匀介质中空气孔的三角晶格。在这个例子中，空间周期为 a；孔半径为 $0.3a$，背景介电常数为 $\varepsilon = 2.1$(近似于石英玻璃在 $\lambda = 1.55\mu m$ 处的介电常数)。“芯层” 实际上只是中心没有孔。②人们可能认为只需要考虑芯层和包层之间的 “平均” 折射率对比就足够了。但事实上，人们需要对能带图进行分析。

由于光纤沿光纤轴 (我们将其视为 z 轴) 具有平移对称性，因此 k_z 守恒，可以用布洛赫形式表示场：$\mathbf{H}(x, y, t) = \mathbf{H}(x, y)\,\mathrm{e}^{\mathrm{i}k_z z - \mathrm{i}\omega t}$。然后绘制 ω 与 k_z 的关系，得到带图 (或**色散关系**)，如图 2 插图所示。投影带由两部分组成：表示包层中所有扩展态的连续频率区域 (光锥)，以及位于光锥下方的一组离散波导带。如果包层均匀，介电常数为 ε(不依赖于频率)，则光线 (光锥的下边界) 是一条直线，$\omega = ck_z/\sqrt{\varepsilon}$。

① 对于空气孔光纤，气孔可能部分 (或全部) 塌陷，这取决于拉伸工艺。
② Knight 等 (1996) 报告了这种实心多孔光纤的制造方法。

如果包层不均匀，比如这个空气孔晶格，光线就不是直线。此时，它由包层的**基本空间填充模**给出，是每个 k_z 对应的包层内最低频率扩展模式。

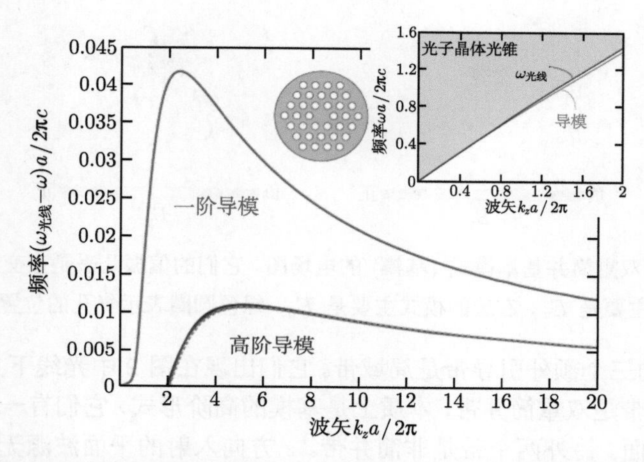

图 2　实心芯多孔光纤的能带图是轴向波矢 k_z 的函数。为了清楚比较，图中还绘制了导带和光线之间的频率差 $\Delta\omega$。三个几乎相互重合的导带是高阶波导模式

然而，图 1(c) 结构的波导模式非常接近光锥，因此绘制光线 $\omega_{\rm lc}$ 与导带 ω 之间的频率差 $\Delta\omega=\omega_{\rm lc}-\omega$ 会更好 (而不是绘制 ω)，如图 2 所示。定义的 $\Delta\omega$ 对于折射率引导模式而言是正数。

对于每个 k_z，针对所有可能的横波矢 (k_x,k_y)，找到无限周期包层 (没有芯层) 中所有的扩展模式。然后将得到的频率绘制成 k_z 的函数；每个 k_z 的最低频率组成光线。通过考虑周期包层本身来分析这些扩展模式，与第 5 章“面外传播”完全一致：人们只需考虑三角晶格不可约布里渊区中的 (k_x,k_y)。扩展模式是布洛赫形式：平面波 $\mathrm{e}^{\mathrm{i}\mathbf{k}\cdot\mathbf{r}}$ 乘以周期包络函数 $\mathbf{H}_{\mathbf{k}}(x,y)$。

高介电常数芯层将光线下的模式下拉，从而引入一个或多个波导模式。因为它们在光线之下，所以只能以指数形式衰减到包层中。它们被芯层拉得越远，横向衰减越快。对图 1(c) 所示结构而言，一个双重简并带局域在芯层中，场分布如图 3 所示，这是**基模**。一般来说，任何给定频率下 k_z 最大的模式 (或任何给定 k_z 下频率最小的模式) 就是基模。这是一种与标准“单模”二氧化硅光纤中双重简并的、正交的、线性极化的“LP_{01}”模式类似的模式。[①]但是在这种情况下，由于较大的折射率对比度以及六重对称，这两个正交模式既不是纯线性极化的，也不是通过 90° 旋

① 在标准石英光纤中，折射率对比度很低 (小于 1%)，可以用单偏振标量近似描述电场，参见本章“标量极限和 LP 模式”小节。

转而精确转换的。①

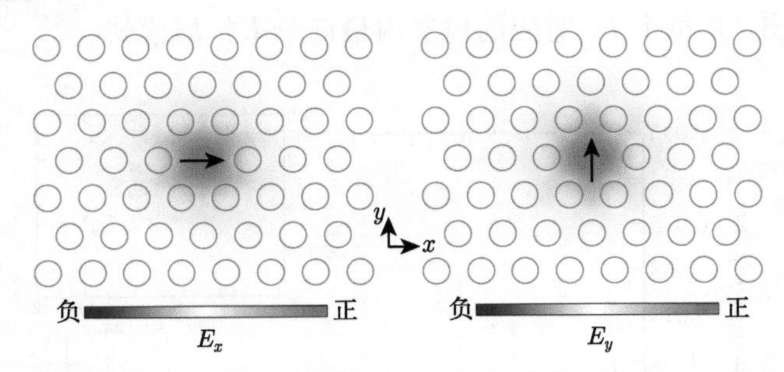

图 3　图 2 所示双重简并基本模式 (基模) 的电场图。它们的偏振几乎是正交的：左边的模式主要是 E_x，右边的模式主要是 E_y。绿色圆圈表示气孔的位置

较大 k_z 的三个额外引导带是局域带。它们出现在图 2 中光线下方 ($k_za/2\pi \approx 2$ 处)。其中一个带是双重简并带，本质上是基模的高阶形式，它们有一个与极化方向垂直的额外节面。另外两个带是非简并带。z 方向入射的平面波源无法激发这些高阶模式，因为激发源和模式具有不同的对称性。②这三个高阶带几乎完全重叠，这似乎令人惊讶；下文“标量极限和 LP 模式”一小节解释了这种巧合。

9.2.1　无限单模光纤

在普通折射率引导波导中，频率越来越高 (波长 λ 越来越小) 时，越来越多的波导模式进入光线以下，这种现象第一次出现在第 3 章的图 3。最后，波长接近射线光学极限，其中波导模式由大于全内反射临界角的连续角度描述。然而，正如 Birks 等 (1997) 首先指出的，光子晶体光纤并非如此：无论波长如何，它们都可以保持*无限单模* (仅受到材料限制)。

图 2 所示多孔光纤最多可引导四个带，因此它不是无限单模。然而，它仍然显示了无限单模的基本特征，因为 k_z 越来越高 (或频率更大) 时，人们没有得到越来越多的带，即带的数目永远不会超过四个。通过将孔洞半径减小到 $0.15a$，人们就可以将模的数量减少为一个 (更精确地说，是一对双重简并态)，从而削弱约束强度。

为什么没有高阶模式？因为波长减小时，多孔光纤中芯层和包层之间有效折射

① 这种波导由 C_{6v} 对称群描述，它具有与正交极化概念对应的双重简并态。尽管这两种简并态的区别不仅仅在于 90° 旋转，但它们在正交镜像平面下具有相反的偶/奇对称性，因此可以利用平面波光源选择性激发 (更准确地说，一种状态经过另一种状态的 60° 和 120° 平均值旋转得到)。参见 Inui 等 (1996, Table B.12) 的文献。

② 它们根据 C_{6v} 对称群的不同表示进行变换。参见 Inui 等 (1996, Table B.12) 的文献，基模和平面波光线的变换均为 Γ_6，高阶双简并带为 Γ_5 (像 xy 和 x^2-y^2 这样的变换)。另外两个带是 Γ_1 (完全对称) 和 Γ_2 (旋转不变，但在镜像平面反射下进行奇数变换)。

率的对比度减小 (不像均匀包层那样保持固定)。因此，在较小的波长下，局域强度较弱，高阶波导模式都在更低的光线之上。定量地说，将电磁场模式的**有效折射率**定义为 ck_z/ω，即光速 c 与相速度 ω/k_z 的比值；有效折射率等于均匀介质中平面波的寻常折射率。给定频率下，折射率引导模式的有效折射率明显大于光线的有效折射率。为了表明有效折射率对比度会随波长 (减小) 下降，图 4(基于图 2 给出的带图) 画出了有效折射率与真空波长之间的关系，$\lambda/a = 2\pi c/\omega a$。

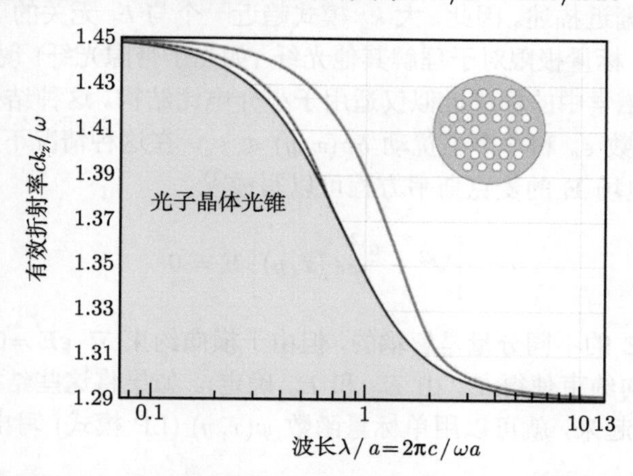

图 4　基于图 2 实心芯多孔光纤带图所绘制 “有效折射率” ck_z/ω 与波长的关系，以及光锥 (灰色区域)。在小波长极限下，波导模式和光线的有效折射率均接近体二氧化硅折射率 1.45

有一个直观解释可以说明为什么有效折射率对比度随波长 (减小) 而减小。正如第 2 章 “电磁能量和变分原理”，包层中基模 (即光锥下边界)“希望” 尽可能地集中在高介电常数材料中。长波长 $\lambda \gg a$ 的电磁波不能完全位于高介电常数材料内，因为电磁场不能比波长变化得还快。然而，波长更短时，更多电磁波可以 “留在” 孔洞之间的介质中。在 $\lambda \ll a$ 的极限下 (射线光学极限)，光由全内反射引导，几乎完全留在介质材料中，其有效折射率接近体介质材料的折射率。由于芯层由均匀介质制成，因此 (波长降低时) 波导模式的有效折射率必须接近这个固定介电常数。准确地说，这个极限如图 4 所示，其中光线和波导模式的有效折射率都接近体二氧化硅的折射率 $\sqrt{\varepsilon} = 1.45$。

然而，这一解释并不完整。例如，小波长下，有效折射率对比度能够迅速下降以至于模式越来越发散 (不局域在芯层中) 吗？或者，也许有效折射率对比度下降不够快，以至于无法渐近地排除高阶模式？其实两者都不是：正如下一小节更严格的推导，当 $k_z \to \infty$ 时，人们得到了有限数量的，具有固定电磁场分布的模式。

当然，真实材料介电常数 ε 是频率的函数，实际上，材料在某些频率可能不透明。等效地，人们可以保持频率不变，并重新缩放结构。在这种情况下，上述分析结论则是准确的。此时，无限单模意味着人们可以增大波导，同时只引导单一 (双重简并) 波导模式。这有利于减少材料非线性的影响，当然这种做法 (增大波导) 会受到限制：随模态尺寸增加，弯曲损耗也会增加。

9.2.2　标量极限和 LP 模式

定量理解大 k_z 极限的关键在于：这个区域内的模式实际上由一个标量波动方程 (与 k_z 无关) 渐近描述。因此，大 k_z 模式趋近一个与 k_z 无关的 “线性极化”(LP) 场分布。实际上，标量极限对于理解其他光纤 (如光子带隙光纤) 现象也很有帮助。

传统上，电磁学中的标量近似仅适用于小介电比结构。这种结构的介电函数可以描述为一个常数 ε_c 和一个小扰动 $\delta\varepsilon(x,y) \ll \varepsilon_c$。在这种情况下，如果忽略次序项 $|\nabla\delta\varepsilon|$，那么电场 $\mathbf{E}$ 的麦克斯韦方程可以写成①

$$\left[\nabla^2 + \frac{\omega^2}{c^2}\varepsilon(x,y)\right]\mathbf{E} = 0 \tag{1}$$

在这个近似中，$\mathbf{E}$ 的不同分量是解耦的，但由于横向约束 $\nabla\cdot\varepsilon\mathbf{E}=0$，它们并不完全独立 (例如，横向约束使得 E_z 由 E_x 和 E_y 确定)。如果将这些结果与波导模式的布洛赫定理结合起来，就可以用单标量函数 $\psi(x,y)$ (LP 模式) 写出 $\mathbf{E}$ 的横向 (xy) 分量：

$$\mathbf{E}_t = \left[p_x\hat{\mathbf{x}} + p_y\hat{\mathbf{y}}\right]\psi(x,y)\,\mathrm{e}^{\mathrm{i}k_z z} \tag{2}$$

其中，p_x 和 p_y 是指定极化振幅和方向的常数，下标 t 代表横向。函数 ψ 满足本征方程

$$\left[-\nabla_t^2 - \frac{\omega^2}{c^2}\delta\varepsilon(x,y)\right]\psi = k_t^2\psi \tag{3}$$

这让人想起量子力学的薛定谔方程。在这个方程中，∇_t 代表 ∇ 的横向 (x 和 y) 分量，k_t 定义为横向波数

$$k_t \triangleq \sqrt{\frac{\omega^2}{c^2}\varepsilon_c - k_z^2} \tag{4}$$

与这个传统近似相比，光子晶体光纤通常具有较大的折射率对比度。因此，如果说光子晶体光纤也可以用标量近似精确地描述，这可能令人惊讶。具体的原理如下：假设除了小变量 $\delta\varepsilon$ 外，还有一些折射率非常低的区域 (如气孔)，其介电常数 $\varepsilon = \varepsilon_c - \Delta\varepsilon$。在这种情况下，$\Delta\varepsilon$ 很大且为正数。关键是，由于折射率引导，极低折射率区域中大 k_z 电磁场非常小。因此可以在 $\Delta\varepsilon=0$ 的区域中使用标量近似 (3)，并将 $\Delta\varepsilon\neq0$ 区域的 ψ 设置为 0。②由此可知，气孔的作用是对 ψ 施加边界条件。

更明确地说，第 3 章 “折射率引导” 表明场以指数形式衰减到低折射率区域，

① 参见文献 (Jackson, 1998)，第 8 章。
② Birks 等 (1997) 进一步讨论了这种近似及一些结果。

衰减常数为 $\kappa=\sqrt{k_z^2-\dfrac{\omega^2}{c^2}\varepsilon}$。就 k_t 而言，$\kappa\approx k_z\sqrt{\Delta\varepsilon/\varepsilon_c}\left[1-O\left(k_t^2/k_z^2\right)\right]$。因此，当 $\kappa\sim k_z\gg k_t$ (即电磁场衰减比横向 ψ 振荡快得多) 时，可以忽略该区域中的电磁场。条件 $k_z\gg k_t$ 等效于条件有效折射率 ck_z/ω 接近 $\sqrt{\varepsilon_c}$，而在高频条件 (大 k_z) 下，这一条件肯定成立。

大 k_z 的标量极限有几个有趣的结果。

首先，如果 $\delta\varepsilon$=0，就像多孔光纤一样，那么 ψ 满足本征方程 $-\nabla_t^2\psi=k_t^2\psi$(孔中的 ψ =0)，其中既没有出现 k_z 也没有出现 ω。因此，k_z 和 ω 不会影响 ψ 或本征值 k_t^2。可以立即得出结论：大 k_z 模式趋于一个色散关系为 $\omega^2=c^2\left(k_t^2+k_z^2\right)/\varepsilon_c$ 的固定电磁场分布。

其次，标量极限中的每种模式 ψ，即所谓的 **LP模式**(Gloge，1971)，都对应于麦克斯韦方程组相同 $|\psi|^2$ 态密度分布和相同本征值 k_t 的几个矢量解。这对应两种可能性。如果 ψ 是一个非简并模式，那么可以得到两个矢量模式 $\psi\hat{\mathbf{x}}$ 和 $\psi\hat{\mathbf{y}}$，对应于一个双重简并“线性极化”模式；如果 ψ 本身是一个双重简并态，有两个解 $\psi^{(1)}$ 和 $\psi^{(2)}$，那么可以得到四个向量模 $\psi^{(\ell)}\hat{\mathbf{x}}$ 和 $\psi^{(\ell)}\hat{\mathbf{y}}$，$\ell$=1，2。如果 k_z 有限，标量近似就不精确，简并会被打破 (最多留下一对双重简并)。状态分解为不同矢量本征模的线性组合，这正是图 2 中的 LP 模式：一对对应于非简并 (单极子)ψ 的双重简并模式，以及四个与双重简并 (偶极子)ψ 有关的近似简并模式 (包括一对双重简并)。①

最后，可以预测 $k_z\to\infty$ 是否会产生有限或无限导模。为了简单起见，假设 $\delta\varepsilon=0$。如果低折射率 ($\Delta\varepsilon$，空气) 区域完全包围了芯层，那么在标量极限下，场的行为就像具有无限势垒“盒子中的粒子”。“盒子”支持任意多种模式，仅受 $k_t\ll k_z$ 近似的限制。如果是空气孔周期结构包围芯层，当本征值 k_t 较大时，标量场 ψ 会“泄漏”到连接空气孔的介质中，模式不再受到引导。从数学上讲，这种情况与理想金属棒的二维 (2D) 光子晶体 ($\varepsilon\to-\infty$) 相同，在 TM 极化的情况下：k_t^2 对应于 2D 频率本征值 ω^2/c^2，ψ 对应于 E_z。这种二维金属结构的带图如图 5 所示。它显示了**金属介质光子晶体**的一种著名特性：有一个带隙从 k_t=0 开始，一直延伸到第一个带的最小值。②这个有限带隙反过来对应于数量有限的离散 k_t 局域模式，这些模式会出现在一个缺陷中。图中还显示了一个重要特征：这个标量/金属极限结构较高的带之间也存在“普通”光子带隙。带隙引导多孔光纤将再次研究这个特点。

---

① 群论可以预测这些 LP 模式分解为矢量模式的方式。组合 $\psi\hat{\mathbf{x}}$ 以 ψ 和 $\{\hat{\mathbf{x}},\hat{\mathbf{x}}\}$ 对称群形式的乘积形式进行变换，并且乘积只能分解为对应矢量模式的某些不可约形式，参见文献 (Inui et al., 1996)。因此，举例来说，只有特定 ψ 的对称性允许模式与来自 z 方向的平面波输入光耦合。在具有 $C_{6\mathrm{v}}$ 对称性的结构中，LP 模式总是对应于一个双简并模式或两个非简并模式和一个双简并模式。

② 对于自由电子色散模型 $\varepsilon(\omega)=1-\omega_{\mathrm{p}}^2/\omega^2$，这个带隙有点类似于**等离子体频率** ω_{p} (Jackson, 1998)，其中 $\omega<\omega_{\mathrm{p}}$，$\varepsilon<0$ 并且这种材料不透明。Kuzmiak 等 (1994) 对二维非金属介质光子晶体中的“等离子体”带隙进行了描述。

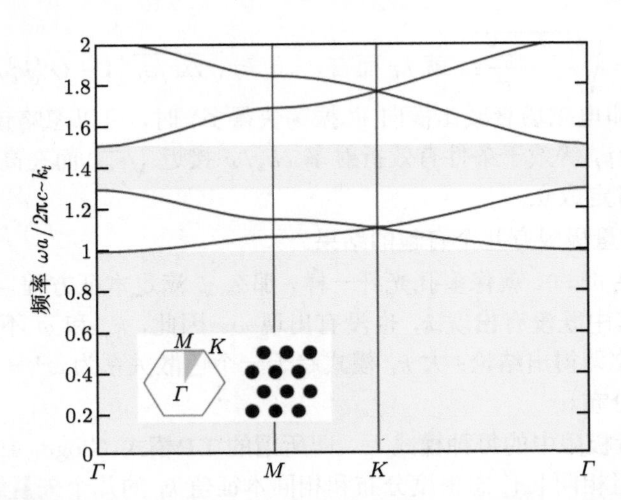

图 5　完美金属圆柱二维三角晶格 TM 极化能带图。图中出现了两个带隙 (黄色阴影)，其中最低的带具有金属结构低频截止特征。这些带相当于标量 (大 k_z) 极限下多孔光纤的模式

9.2.3　增强非线性效应

折射率引导光子晶体光纤的主要应用之一是增强光学非线性效应。光纤中的非线性现象通常由**克尔效应**引起，其中折射率随电磁场强度呈比例变化。对于位于无限各向同性介质中的平面波，折射率 $n=\sqrt{\varepsilon}$ 平均变化量为 $\Delta n=n_2 I$，其中 I 为时间平均强度，n_2 称为**克尔系数**。当这种效应很明显时，频率 ω 不再是不变量。人们可以据此得到许多应用，例如，创造没有色散的模式 (**孤子**)；将信号从一个频率转换到另一个频率，或用一个输入频率生成一个频率范围 (激发**超连续谱**)。①然而，大多数材料的非线性 (小 n_2) 相当弱，②必须使用非常高的场强或传播很长的距离才能产生显著的 Δn。这就是这本书忽略大部分非线性的原因。光子晶体光纤将场集中在较小的空间中，从而提高给定总输入功率的场强，并提供了增强非线性现象的机会。此外，大折射率对比度允许人们对带图进行大幅修改。例如，安排不同频率模式具有相同群速度，从而大大增强模式之间的任何交互作用。

一般来说，光在非线性波导的传播是一个涉及非线性偏微分方程解的复杂问题。③然而，就这本书的目的而言，人们只需要知道：特定波导模式的非线性效应强度可以用一个数字 γ 来表示。它表示该模式传播单位功率 (P) 时的波矢变化 Δk_z。给定 $\gamma \triangleq \Delta k_z/P$，其倒数 $1/\Delta k_z=1/(\gamma P)$ 是使非线性效应显著的长度尺度。在较短距离内，它们可以忽略。γ 出现在非线性 “薛定谔” 方程中，该方程控制电磁波

① Ranka 等 (2000) 和 Wadsworth 等 (2002) 报道了光子晶体光纤产生的超连续谱。
② 对于石英玻璃，$n_2 \approx 3\times10^{-8}\mu m^2/W$。
③ 有关非线性波导的详细讨论，请参阅文献 (Agrawal, 2001)。

在非线性区域的传播，并且 γ 可以通过一个包含线性波导本征模的方程进行计算(之后将会看到)。

在低介电比极限下，Δk_z 有一个简单而常用的表达式：

$$\Delta k_z = \gamma P = \frac{\omega}{c}\frac{n_2 P}{A_{\text{eff}}} \tag{5}$$

其中，A_{eff} 是模式**有效面积**，下文会提到其定量描述。方程 (5) 表明，$\Delta k_z = \omega\Delta n/c$，其中，$\Delta n = n_2\bar{I}$ 由材料中的平均强度 $\bar{I} = P/A_{\text{eff}}$ 确定。然而，在光子晶体光纤中，仅仅知道该面积是不够的；人们还必须知道模式集中在哪里。此外，非线性磁化率中的矢量效应在大介电比 (远离大 k_z 极限) 情况下变得非常重要。但在方程 (5) 中，这一点被忽略了。

相反，可以采用方程 (5) 作为有效面积 A_{eff} 的定义 (为了简单起见，将目标限制在只有一个非线性系数 n_2 的材料系统中)。对于给定结构，可以利用第 2 章微扰理论求解方程 (5) 的 A_{eff}。使用微扰理论很可靠，因为真实材料的非线性 Δn 几乎总是小于 1%(事实上，当假设 Δk_z 与 P 成比例时，已经隐含了一阶微扰理论)。根据第 2 章方程 (28)，[①]从给定的 $\Delta\varepsilon \sim |\mathbf{E}(\mathbf{r},t)|^2$ 中找到 $\Delta\omega$，然后得到 $\Delta k_z = \Delta\omega/v_{\text{g}}$，其中 $v_{\text{g}} = \text{d}\omega/\text{d}k_z$ 是群速度。群速度等于功率与能量密度之比，于是[②]

$$A_{\text{eff}} = \frac{\mu_0}{\varepsilon_0}\frac{\left[\text{Re}\displaystyle\int \text{d}^2\mathbf{r}\,(\mathbf{E}^*\times\mathbf{H})\cdot\hat{\mathbf{z}}\right]^2}{\displaystyle\int_{n_2}\text{d}^2\mathbf{r}^2\mathbf{r}\frac{\varepsilon}{3}\left(|\mathbf{E}\cdot\mathbf{E}|^2 + 2|\mathbf{E}|^4\right)} \tag{6}$$

其中 $\mathbf{E}$ 和 $\mathbf{H}$ 是线性 $\varepsilon(\mathbf{r})\,(n_2{=}0)$ 的 (复数) 本征场，$\int_{n_2}$ 是非线性 n_2 区域横截面内的积分。图 6 画出了折射率引导多孔光纤基模的有效面积，它是 λ/a 函数。

图 6 是折射率引导多孔光纤基模的有效面积，是 λ/a 的函数。为了进行比较，图中还绘制了直径为 a，介电常数为 2.1(二氧化硅) 的单个 (由空气包围) 圆柱基模的 A_{eff}[③] (忽略了空气本身的非线性)。主图 A_{eff} 的单位为 $(\lambda/2n)^2$，其中 $n = \sqrt{\varepsilon}$ 是二氧化硅的折射率。这个比率 (具有尺度不变性) 告诉人们模式的相对尺寸 (相对于介质中半个波长的“自然直径”)；还可以方便人们对不同 $a(\lambda$ 不

① 在这里应用微扰理论需要注意一下，因为在非线性系统中，必须取物理实数值场 $\mathbf{E_r}(\mathbf{r},t) = (\mathbf{E}(\mathbf{r})\,\text{e}^{-\text{i}\omega t} + \mathbf{E}(\mathbf{r})^*\text{e}^{+\text{i}\omega t})/2$。

② 该有效面积由 Tzolov 等 (1995) 给出。在零群速度点附近，更适合利用 $\Delta\omega$ 求解，而不是 Δk_z，相应的表达式由 Lidorikis 等 (2004) 给出。然而，后一位作者定义的 n_2 是这里的 4/3[还要注意 $|\mathbf{E}\cdot\mathbf{E}|^2$ 与 $|\mathbf{E}|^4 = (\mathbf{E}^*\cdot\mathbf{E})^2$ 不同]。在标量极限中，$\mathbf{E}$ 是一个实振幅为 ψ 的横向极化场，此时 (6) 简化为标准式 $A_{\text{eff}} = \left(\int|\psi|^2\right)^2 \Big/ \int|\psi|^4$。

③ 这种亚波长二氧化硅棒是通过拉伸标准二氧化硅光纤制成的（Birks et al., 2000; Tong et al., 2003）。

变) 的有效面积进行比较。在多孔光纤和介质柱中，有一个 λ/a 对应着最小 A_{eff}：对于多孔光纤，$A_{\mathrm{eff}} \approx 10.1(\lambda/2n)^2$ 位于 $\lambda/a \approx 1.37\,(k_z a/2\pi \approx 1.0)$ 处；对于介质柱，$A_{\mathrm{eff}} \approx 4.04(\lambda/2n)^2$ 位于 $\lambda/a \approx 1.46$ 处。存在最优解的原因很简单：如果 λ 远远大于 a，芯层就像一个小扰动，所以是一个弱波导，且具有较大的模式面积。如果 λ 太小，那么芯层中有许多模式 (许多波长)。图 6 插图是以 a^2 为单位的两个 A_{eff} (即保持 a 固定并改变 λ)。可以看到，$\lambda \ll a$ 时，A_{eff} 接近一个常数，这个常数略小于芯层面积。这与标量极限的渐近预测一致：对于小 λ，人们应该得到一个趋于固定的场分布 (固定的 A_{eff})。

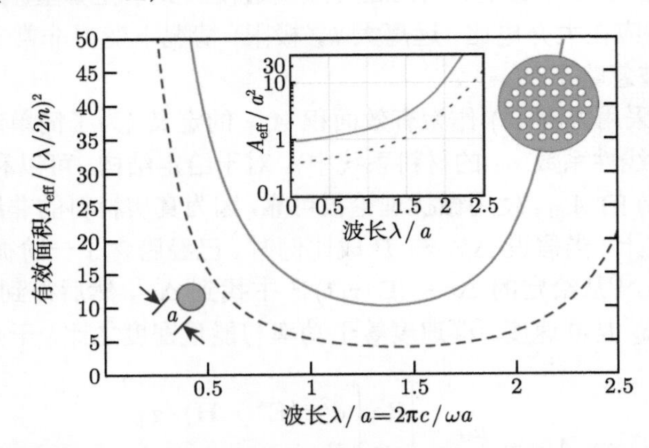

图 6　以波长平方作为单位的有效面积，实红线是周期为 a 的实心芯多孔光纤，蓝虚线是直径为 a 的一个介质柱。有效面积是波长的函数。插图显示的有效面积单位为 a^2

相比之下，标准掺杂二氧化硅单模光纤在 $\lambda = 1.55\mu\mathrm{m}$ 或 $175\ (\lambda/2n)^2 \sim 280\ (\lambda/2n)^2$ 下的有效面积为 $50 \sim 80\mu\mathrm{m}^2$，某些高度非线性掺杂二氧化硅光纤①的 $A_{\mathrm{eff}} \approx 10\mu\mathrm{m}^2 = 35(\lambda/2n)^2$。这些更大的有效面积对应着非线性器件的更高功率需求。在低折射率对比度的波导中，大幅修改群速度色散进一步限制了它们在非线性器件中的应用。

与实心芯相比，空心芯光纤 (下一章节中会提到) 中传播模式的非线性较弱，有时差几个数量级。最终可能会产生一种高度线性的光纤，该光纤可以在很长的距离上传输信号，且不会因为非线性效应 (例如，不同频道之间的串扰) 而引起失真。

9.3　带隙引导多孔光纤

只有有效折射率较高的区域才能依靠折射率引导约束光线。相反，光子带隙可以把光约束在低折射率引导中 [如图 1(b) 所示的空心芯]。当然，光纤的带隙不完

① 参见文献 (Okuno et al., 1999)。

整，因为它在 z 方向具有连续平移对称，但它不需要一个完全带隙。波矢量 k_z 守恒 (由于平移对称)，因此在 k_z 的有限范围内有一个可用带隙。但是，多孔二氧化硅光纤怎么会出现这种带隙呢？怎样才能用它把光波约束在空气中呢？

9.3.1　多孔光纤带隙的起源

首先考虑没有任何芯层的完美周期包层。任何给定 k_z 的本征解都是布洛赫模式，它们组成了二维布里渊区的带结构。希望找到一个 k_z 范围，带结构在这个范围内存在带隙。

既然研究的是一个二维周期结构，自然会想到二维光子晶体。二维光子晶体带隙在这里有什么用途吗？答案是否定的，因为二维光子晶体的带隙对应于 k_z=0。在波导中，带隙必须适用于更多的 k_z 范围内。如果晶体在 k_z=0 处有一个完全带隙 (TE 和 TM 带隙重叠)，那么确实有一个 $k_z \neq 0$ 的范围，在该范围内，带隙将一直存在 (与下文*布拉格光纤*的带隙很像)。但是，二氧化硅/空气介电比 2.1∶1 不足以获得这样一个完全二维带隙 (至少，对于这种简单的周期几何来说不够)。[①]二氧化硅/空气结构存在 TE 带隙，但没有与之重叠的 TM 带隙，并且对于 $k_z \neq 0$，TE/TM 的区分和带隙都会消失。

在多孔光纤中，还有什么其他办法可以解决这个问题呢？既然 k_z=0 是无用的，那么来考虑 $k_z \to \infty$。在这个极限中，这个系统再次等效于一个二维系统 (如“标量极限和 LP 模式”一节所述)，后者用完美金属棒代替了孔，并且只存在一个 TM 极化的类比模式。这样的结构在两个带之间确实可以有一个带隙。例如，在图 5 中，半径 $r = 0.3a$ 的圆柱金属导致第二和第三条带之间存在一个带隙。此外，只要 k_z 足够大，这个带隙不仅会出现在二氧化硅/空气结构中，还会出现在具有任何折射率对比度的相同几何结构中。在这种情况下，标量极限中的前两个 “LP” 带对应于四个矢量模式，因此可以期望第四和第五个带之间也存在带隙 (k_z 足够大)。

引入空气芯层后，当 k_z 不太大时，为了使带隙延伸到空气中的光线 ($\omega = ck_z$) 之上，扩大带隙很重要 (将在下面解释)。因此，通过将孔扩大到 $r = 0.47a$ 来增加带隙强度，其投影带图如图 7 所示，其中*周期包层* (无缺陷/芯) 所有模式都是 k_z 的函数。这是晶体的光锥，但与均匀介质中的光锥不同，它的最下边界上方有开口：光子带隙。[②]

正如标量极限预测的那样，第四和第五个带之间确实存在最窄的带隙，如图 8 所示，这是特定面外波矢 $k_z a/2\pi = 1.7$ 时 $r = 0.47a$ 多孔光纤的带图。当然，在第一条带下面有一个带隙，对应于光锥之下的折射率引导区，而第二个带隙在第四个

---

① 另一方面，对于其他材料，在 $k_z = 0$ 时可能有一个完全带隙，因此在 k_z 附近的范围内有可能存在完全带隙；例如，一些硫化物玻璃的折射率为 2.7 或更高，理论上来说，这足以产生完全带隙。

② 这种面外带隙首先由 Birks 等 (1995) 定义。

带之后。甚至前四条带的形状也很像图 5 中的标量带，其中每个标量带都分裂成两个矢量带。由于这个带隙来自于标量极限，所以当 k_z 增加时，它仍然存在 (实际上宽度单调增加)。k_z 较大时，来自标量极限的高阶带隙也会打开。

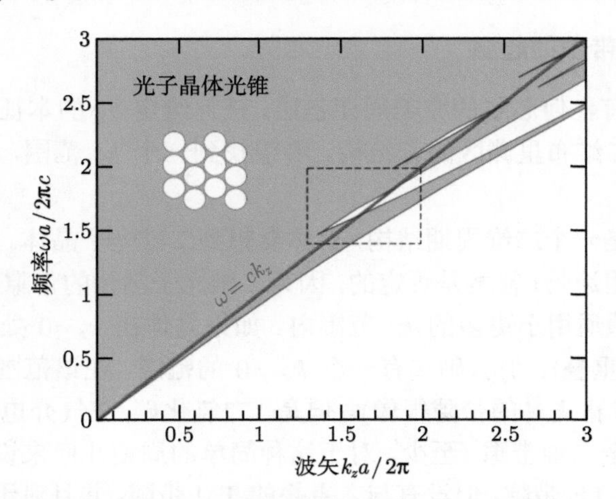

图 7　以 $\varepsilon = 2.1$ 为基底的空气孔三角晶格 (插图：周期 a，半径 $0.47a$) 的投影带图，它是面外波矢 k_z 的函数。这形成了图 1(b) 多孔光纤的光锥，开放区域为带隙。红线表示空气中的光线 $\omega = ck_z$(虚线框表示图 10 和图 12 绘制的缺陷模的区域)

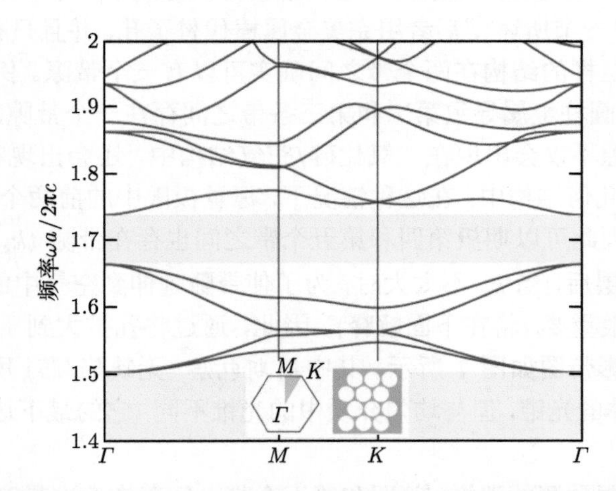

图 8　面外波矢 $k_z a/2\pi = 1.7$ 时，图 7 空气孔三角晶格不可约布里渊区 (插图) 的带图。黄色阴影为带隙：底带隙对应于折射率导向区域，顶带隙对应于光锥内的一个带隙，在该带隙中，有可能利用空气芯约束光线

(有趣的是，图 7 中至少有一个可见的小带隙并不直接对应于标量极限带隙，因此很难预测。这个带隙在 $k_z a/2\pi = 1.85$ 附近出现，然后在 $k_z a/2\pi = 2.5$ 附近关

闭。在复杂的高对比度结构中，经常出现这种没有简单解析解释的带隙。)

最后，利用标量极限可以理解光纤另外两个有趣的带隙特征。首先，在第 5 章和附录 C 中能看到，二维带隙仅对某些阈值折射率对比度开放 (圆形孔三角晶格的折射率对比度约为 1.4∶1)。但对光纤来说，情况有所不同。光纤带结构接近“金属”棒的标量极限，无论何种折射率对比度，无论有多小，它都具有相同的带隙。当然，对于较小的折射率对比度，可能需要远低于空气光线的较大 k_z 才能打开带隙。[①]其次，如果高折射率材料包围低折射率介质棒，在标量极限下，可以得到一个 100% 约束在棒内的光模式，得到一个与面内布洛赫波矢 (k_x, k_y) 无关的带。也就是说，最低光子带的带宽变得非常窄，接近于圆柱金属空腔中标量模式对应的一组离散带，正如第 5 章 “面外传播”。在这些带之间是带隙，但带隙在很大程度上对介质棒的位置不敏感，因为在标量极限中，介质棒组成了非干涉腔，腔的频率由介质棒的几何结构决定。通过这种现象局域的模式称为*反共振反射光波导*，或 ARROW 模型 (Litchinitser et al., 2003)。

9.3.2　空心芯中的波导模式

到目前为止，读者已经知道：若给定一个带隙，然后在晶体中引入一个缺陷，就能产生局域态。空心芯光子晶体光纤可以利用这种现象引导光的传播。[②]图 9 是一种实验二氧化硅多孔光纤的横截面，其空心芯覆盖了周期结构中七个孔的面积。理论上可以将单个孔的半径扩大到 $1.202a$ 形成类似横截面，并且本章节重点研究图 7 第一个带隙中的模式。

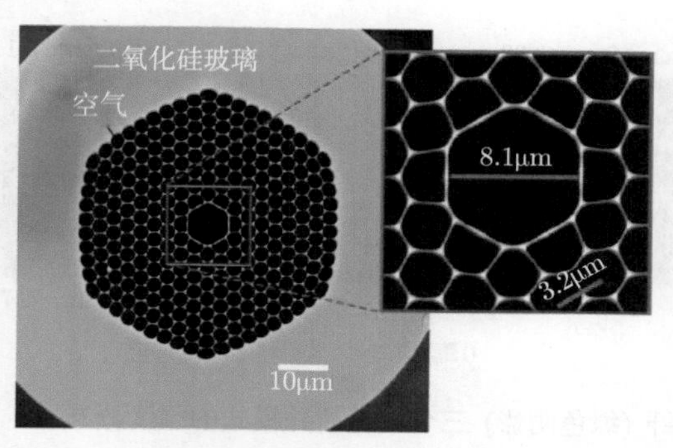

图 9　空心芯多孔光纤横截面电子显微镜图像 (黑色区域为气孔，灰色区域为石英玻璃)。中心的空气芯占据了 7 个孔的面积，该结构支持波长为 1060nm 左右的带隙波导模式 (图片由 Karl Koch 和 Corning 公司提供)

① 实验已经观察到了折射率对比度低至 1% 时的带隙引导 (Argyros et al., 2005)。

② Cregan 等 (1999) 首次用实验进行了证明。Smith 等 (2003) 和 Mangan 等 (2004) 报告了一个显著改进的版本。

带图如图 10 所示，显示了各种令人眼花缭乱的波导模式。可以利用两种方法对这些模式进行分类：第一种方法是对称性；第二种方法是观察它们是表面态还是空气芯中的模式。不同颜色的线对应不同的对称性。粗红线是双重简并模式，是唯一能与 z 方向入射平面波源耦合的模式，并且本节重点研究这些模式。(绿线是拥有另一种对称性的双重简并模式，蓝线是非简并模式。①) 图中有三个红线所示的双重简并带，它们的强度分布 (图 10 中标记的点) 如图 11。

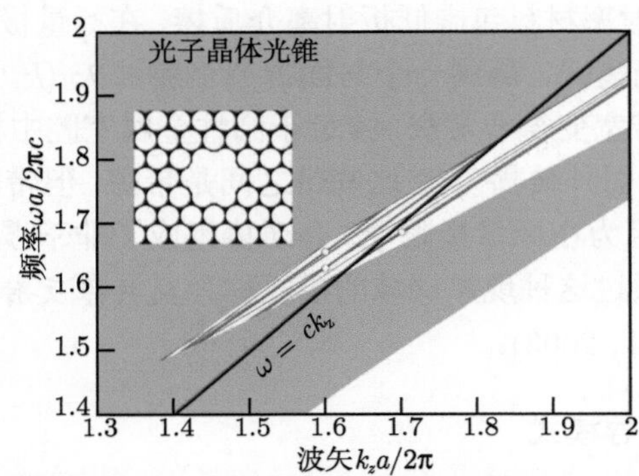

图 10　带图给出了空心芯多孔光纤 (插图，类似于图 9 实验结构) 的波导模式，对应于图 7 虚线区域 (半径为 $1.202a$ 的气孔形成了空气芯)。三条粗红线表示双重简并带，它们具有能与平面波输入光耦合的正确对称性。细绿线表示具有另一种对称性的双重简并带，细蓝线表示非简并带。光线 (粗黑) 之下的带是约束在芯层边界的表面态。图 11 画出了图中三个点所代表的模式分布

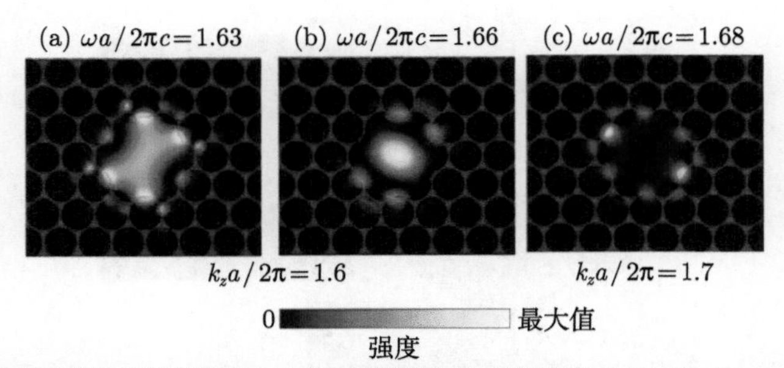

图 11　空心芯多孔光纤 (绿色阴影) 三个双重简并模式的强度分布 ($\hat{\mathbf{z}}\cdot\mathrm{Re}[\mathbf{E}^*\times\mathbf{H}]$)，对应于图 10 粗红线上的三个点。(a) 和 (b) 位于空气光线的上方 $k_z a/2\pi = 1.6$；而 (c) 是一个位于空气光线下方 $k_z a/2\pi = 1.7$ 的表面态

强度分布表明空气光线 ($\omega = ck_z$) 上方的两个带和空气光线下方的一个带之

① 准确来说，不同的“对称性”指的是 $C_{6\mathrm{v}}$ 对称群中不同的不可约表示。实际上有四种非简并表示，但我们这里不区分它们。

间有显著差异。前者集中在空气芯内，后者集中在空气芯**表面**。后者是一个**表面态**：它在晶体中是倏逝的，因为它在带隙中；它在芯中是倏逝的，因为它在空气光线之下。

事实上，图 10 中能找到位于空气光线之下的四种表面态 (拥有不同对称性)。为什么这么多？为了理解这一点，可以以第 5 章二维晶体的表面态为参考。在二维晶体中，如果只考虑 $k_z=0$，可以找到一个连续带，这个带中的表面态沿平滑界面传播。但光纤中的界面是弯曲且**有限**的。此时，每个 k_z 都有**一组离散**的表面态 (改变 k_z 会形成连续带)。这种情况类似于：一组有限钢琴音符只支持一组离散的谐波，其原因可参见 2.8 节“频率的离散与连续性”。如果芯变大，界面变长，就会得到更多的表面态，这些表面态挨得更近。然而，必须考虑表面终止的作用。

如前几章所述，表面态取决于如何终止晶体。例如，空气芯的边界是出现在孔的边界呢？还是将孔切成两半呢？理论上调整终端可以改善光纤性能并消除表面态。①表面模式可能比其他波导模式具有更大的损耗，所以会降低光纤的性能。对于集中在表面的模式，由表面粗糙度而产生的散射比集中在芯层的模式 (的散射) 要严重得多。人们可以试着仅仅以图 11(a) 中的空芯模式引导光线传播，但实践证明这很困难。任何缺陷或不对称都会趋向于将能量从一个模式耦合到另一个模式，这种情况更容易发生在带图中不同对称模式交叉的地方。

可选芯表面终端如图 12 所示，为了消除表面态，缺陷孔半径为 1.4a。结果

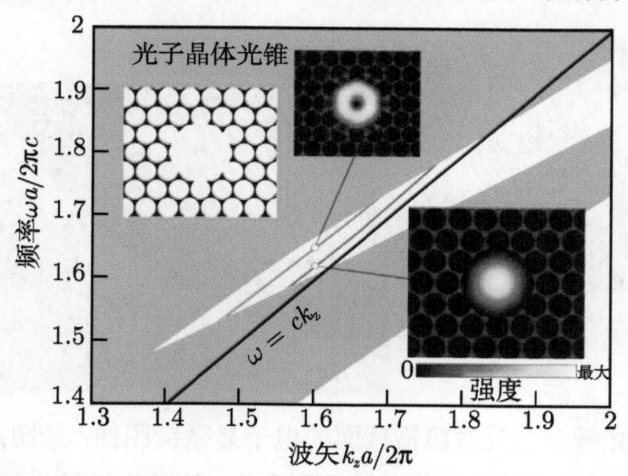

图 12　空心芯多孔光纤 (具有半径 1.4a 的较大空气芯，左插图) 的带图和模式分布，表面终端不存在表面态。粗红线 (下) 表示具有正确对称性的双重简并模式，可以与平面波输入光耦合。细蓝色和绿色线表示其他对称性 (蓝色是非简并的，绿色是双重简并的)；实际上这里有两条很难区分的蓝色线。图中显示了 $k_z a/2\pi = 1.6$ 时的模式强度分布，并以圆点标出 (四个高阶模式有相似的强度分布；图中还显示了一个非简并模式)

① Saitoh 等 (2004)，West 等 (2004) 以及 Kim 等 (2004) 分析了表面终端对空心芯光纤性能的重要性。

也许违反直觉，扩大缺陷反而减少了缺陷模式数量。这是因为表面终端消除了表面态。事实上，在这个纤芯中，只有一个双重简并模式 (粗红线) 具有与平面波输入光耦合的正确对称性。其他三种模式 (两个非简并模式和另一种双重简并模式) 几乎相互重合。它们与图 2 高阶模式非常相似，其强度分布如图 12 插图所示，强烈局域于空气芯中。事实上，它比在之前的结构中更加局域，这是由于缺乏与之相互作用的表面态。

9.4 布拉格光纤

除了使用二维周期性，人们也可以使用一维周期性制作带隙光纤，并简单地将多层膜包裹在纤芯周围，如图 1(a) 所示。这种结构是布拉格光纤，由 Yeh 等 (1978) 提出，甚至更早可追溯到 Melekhin 和 Manenkov (1968) 的文献。Fink 等 (1999b) 建议用布拉格光纤制造全向反射镜。全反向区域与最强光学约束区域相关, 如下文所述。实验制造的空心芯布拉格光纤全向反射镜如图 13 所示，其周期包层 (热性能与拉伸光纤相似) 由低折射率聚合物和高折射率硫化物玻璃制成。这种光纤可以将光束约束在空心芯中。事实上，它们已经用于引导内窥镜手术的高功率激光，在这种波长下，固体材料的损耗很大 (Torres et al., 2005)。

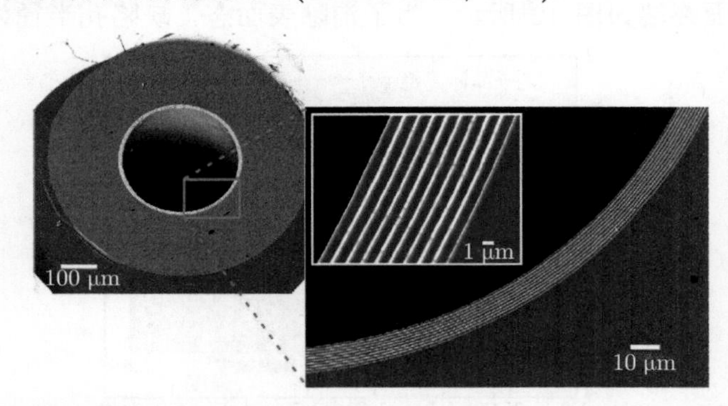

图 13　空心芯布拉格光纤全向反射镜横截面的电子显微镜图像，插图是多层结构的放大图。白色薄层是硫化物玻璃，灰色区域是聚合物。这种光纤的设计工作波长为 10.6μm(Temelkuran et al.，2002)

9.4.1　圆柱形光纤的分析

由于布拉格光纤具有旋转对称性，所以其分析大大简化。z 方向连续平移对称意味着取决于 z 的电磁场可以写成 $e^{ik_z z}$。类似地，连续旋转对称 (方位角 φ) 意味着场 φ 可以写成依赖于某个数 m 的形式 $e^{im\varphi}$。m 是**角模数**，它必须是一个整数。

因为 $\varphi=0$ 和 $\varphi=2\pi$ 等效，因此 $\mathrm{e}^{\mathrm{i}m2\pi}=1$。[①]本征态的场可以表示为

$$\mathbf{H}_{k_z,m}=\mathrm{e}^{\mathrm{i}k_z z+\mathrm{i}m\varphi}\mathbf{h}_{k_z,m}(r) \tag{7}$$

对于取决于径向 (r) 的 $\mathbf{h}_{k_z,m}(r)$，方程 (7) 已经简化为一维问题。[②]

方程 (7) 对应于一个“圆”极化模式，将其写成包含时间项的表达式 $\mathrm{e}^{\mathrm{i}(m\varphi-\omega t)}$，可以发现 $m\neq 0$ 时，固定 z 处的场分布以角速度 ω/m 旋转。许多作者使用取决于 φ 的 $\sin(m\varphi)$ 或 $\cos(m\varphi)$，形成非旋转的“线性”极化模式 (尽管在横截面上的极化不均匀)。也就是说，镜像对称性 $\varphi\rightarrow-\varphi$ 意味着 $\pm m$ 的本征模简并，因此可以用 $\mathrm{e}^{+\mathrm{i}m\varphi}\pm\mathrm{e}^{-\mathrm{i}m\varphi}$ 组合获得余弦和正弦值。

9.4.2　布拉格光纤的带隙

为了理解布拉格光纤的约束原理，必须先解决带隙问题。这看起来是一项艰巨的任务，因为同心圆不是布洛赫定理所要求的周期结构。它们的曲率随 r 增大而减小。但是，约束光的关键是光不能逃逸到 $r\rightarrow\infty$ 的地方。在这个极限下，环曲率接近零，结构接近于平面多层膜。平面多层结构的带图 (如*离轴传播*) 给出了极限 $r\rightarrow\infty$ 的精确解。如果模式的波矢 k_z 和频率 ω 位于“一维”带隙中，那么模式就不能逃逸到大半径的地方，它局域在纤芯中。

人们还可以利用多层膜的解析结果。1/4 *波长多层膜*结构拥有最佳带隙，这个准则并不适用于光纤，因为波导模式通常不会正入射进入周期包层。特别是利用空心芯层引导光线传播时，随着芯尺寸的增大，低阶模态几乎水平入射。等效地说，它们趋于空气光线 $\omega=ck_z$。在这种极限情况下，折射率为 n_1 和 n_2，厚度为 d_1 和 d_2 的 1/4 波长多层膜的条件变为 $d_1\tilde{n}_1=d_2\tilde{n}_2$，其中 $\tilde{n}\triangleq\sqrt{n^2-(ck_z)^2/\omega^2}\approx\sqrt{n^2-1}$。[③]相应的 1/4 波频率为 $\omega a/2\pi c=(\tilde{n}_1+\tilde{n}_2)/4\tilde{n}_1\tilde{n}_2$。请注意，必须有 $n_{1,2}>1$，才能满足 $\tilde{n}>0$，并满足有限厚度层的掠射角 1/4 波条件。1/4 波厚度*不是*引导光线所必需的，因为任何周期层都会产生带隙。但对于给定折射率对比度，1/4 波厚度有利于光纤的约束性。

图 14 是掠射角 1/4 波长多层膜的投影带图，其中折射率为 $n_1=1.6$ 和 $n_2=2.7$(类似于图 13 聚合物和硫化物玻璃的折射率)。图中有许多带隙，如带图中的白色开放区域所示。该结构实际上正是全向反射镜，而全向带隙以黄色突出显示。这种光纤不需要全向带隙来引导光线，一个模式 (k_z,ω) 的任何带隙都可以对其引导，但全向带隙的出现并非巧合。强约束通常需要较大的折射率对比度，并且为了

① m 也称为“角动量”，类似于量子力学，后者波函数的角动量 L_z 是 $\hbar m$。

② 均匀折射率区域内的 $\mathbf{h}_{k_z,m}(r)$ 可根据贝塞尔函数获得解析解。在多层光纤中，通过匹配每个界面边界条件的“传递矩阵”，将每一层中的贝塞尔函数解连接起来 (Yeh et al., 1978; Johnson et al., 2001b)。

③ 这个公式来源于以下事实：折射率 n 中的径向波矢量 $k_r=\sqrt{n^2(\omega/c)^2-k_z^2}$，1/4 多层膜的条件是 $k_r d=\pi/2$。

满足掠射角 1/4 波条件，还需要 $n_{1,2} > 1$。这两个条件正好是全向反射所需要的一部分。①此外，当一个人想要捕捉来自多个方向的入射光时，全向带隙具有潜在的优势。②

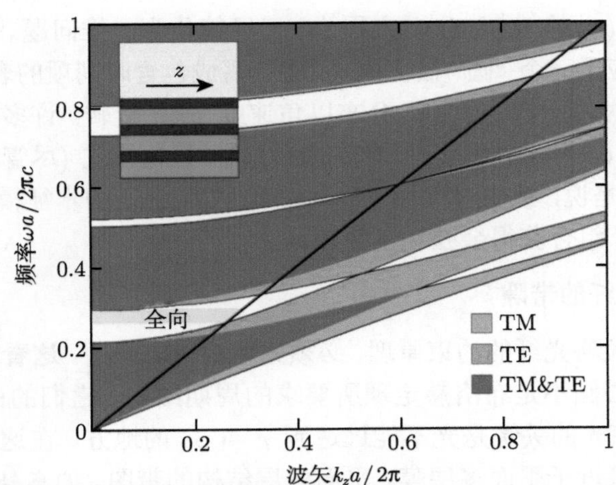

图 14　掠射角 1/4 波长多层膜的投影带图，折射率为 $n_1 = 1.6$ 和 $n_2 = 2.7$，横坐标是与层 (插图) 平行的波矢量 k_z。阴影表示多层膜中存在传播模式的区域：TM 为蓝色 (**E** 垂直入射面)，TE 为红色 (**E** 在入射面内)，两者重合则为紫色。黄色阴影是空气介质 (对应于黑色的光线 $\omega = ck_z$) 全向反射频率范围 (请注意，此 "TM/TE" 术语与本章后面使用的 "te/tm" 术语的意义相反)

只考虑 rz 面内传播的模式似乎有些不够。事实上，如果考虑到面外传播，即考虑到沿方位角方向传播的模式，人们会发现根本没有带隙。幸运的是，这种模式不存在：对于任何有限角模数 m，如果 $r \to \infty$，则对应的方位波矢量 $k_\varphi = m/r \to 0$。换句话说，角动量守恒可以防止波导芯中的模式变成沿方位角方向传播无限远的模式 (无法逃逸)。正因为这种守恒定律，在布拉格光纤中产生带隙 (特别是 $k_z = 0$ 附近的带隙) 要比在二维周期光纤 (如前一节中的多孔光纤) 中产生带隙容易得多。另一方面，多孔光纤可以由单一固体材料 (如二氧化硅) 构成，而布拉格光纤则需要两种不同的固体材料，这两种材料必须可以一起拉伸。

9.4.3　布拉格光纤的波导模式

现在，将前一节所述参数的多层反射镜包裹在一个空心芯表面，形成空心芯光纤。这里涉及两个重要选择：使用什么芯半径 R? 选择什么表面终端？R 的选择通

① 对于本章后面定义的 TM 极化 (它是不利的)，有人认为在低对比度情况下，非全向机制也行之有效 (Skorobogatiy, 2005)。

② 例如，全向带隙有利于收集和引导空心芯中荧光光源发出的光 (Bermel et al., 2004)。

常是不同损耗机制之间的权衡，这将在“空心芯光纤的损耗”一节进行讨论，而这里则选择 $R=3a$。至于表面终端，本节使用半层高折射率介质层在位置 R 处结束晶体的周期：在内表面使用高折射率层可以更强烈地约束芯层中的模式，并且使用半层可以消除表面态。

所得的能带图着重于空气光线上方的第一带隙，如图 15(a) 所示。因为芯直径为数个波长 $(6a)$，所以可以预测芯层支持多个模式。然而，事实证明，这些模式与一个更简单波导系统的模式相关：一个空心的完美金属圆柱。图 15(b) 显示了具有相同半径 $R=3a$ 的空心金属波导带图，图中一并展示了布拉格反射镜的带隙以进行直观比较。通过比较，不难发现模式之间有一一对应关系。落在带隙中的金属模式基本上可以给出布拉格光纤的模式。

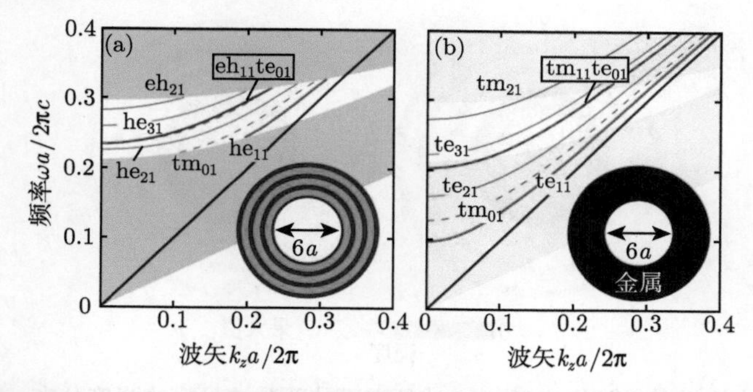

图 15　(a) 折射率为 2.7/1.6 (插图中蓝色/绿色层) 的空心芯布拉格光纤 $(R=3a)$ 带图；灰色区域表示在多层反射镜中传播的扩展模式。(b) 空心 (相同半径) 完美金属波导的前几条能带；浅色区域表示布拉格反射镜中的扩展模式。模式由极化和径向/角模数标记，如文中所述

空心金属波导也相当于用一个镜子包裹在空心芯表面。考虑到这一点，至少在大 R 或在全向反射模式下 (多层模反射镜更像金属)，①布拉格光纤的模式结构类似于空心金属波导的模式结构。两种结构都有角指数 m 所描述的模式，但金属波导 (内部均匀) 具有额外的特殊性质：所有模式都可以分为两种极化。不幸的是，光纤中的术语 “TE” 和 “TM” 含义与本书前几章中的用法有些不同，因此这里使用小写字母来区分含义：**te** 表示模式的电场只在 xy 面内，但磁场可能在任何方向上；**tm** 表示模式的磁场只在 xy 面内，但电场可能在任何方向上。所以，可以把圆柱形金属波导的模式标记为 $\mathrm{te}_{m\ell}$ 和 $\mathrm{tm}_{m\ell}$，其中 m 是角指数，$\ell=1, 2, \cdots$ 是径向次序 ($r>0$ 区域内场节点的数量)。从图 15(b) 可以看出，最低频率的金属模式是 te_{11}，其次是 tm_{01}、te_{21}、te_{01}、tm_{11}、te_{31} 等。当然，任何 $m\neq 0$ 的模式都与 $-m$ 模式简并。特别地，te_{01} 和 tm_{11} 恰好也是简并的。

① Ibanescu 等 (2003) 更详细地比较了布拉格光纤与空心金属波导。

布拉格光纤的模式与空心金属波导的模式相似，但有一些重要区别。最明显的是，光纤模式的频率有轻微移动，并且类似于 te_{01} 和 tm_{11} 的模式不再完全简并。

更重要的是，只有 $m=0$ 模式保持纯粹的极化。由于 φ 的镜像对称性，$\mathrm{te}_{0\ell}$ 模式的电场完全沿着 φ 方向，$\mathrm{tm}_{0\ell}$ 模式的电场完全位于 rz 面内。然而，所有 $m \neq 0$ 模式都从 te 和 tm 转变为 **he** 和 **eh** 的 "混合" 极化态，这取决于它们主要是 te-like 还是 tm-like。例如，金属波导的 te_{11} 模成为布拉格光纤的 he_{11} 模，等等。在许多实际应用中，最重要的两种模式是 he_{11} 和 te_{01}：te_{01} 通常是损耗最低的模式 (在金属波导和布拉格光纤中)，原因下文给出；而 he_{11} 通常是 $m=1$ (唯一可以直接与平面波输入光耦合的 m) 时的损耗最低模式。这两种模式的场和强度分布如图 16 所示，它们与相应的金属波导模式非常相似。

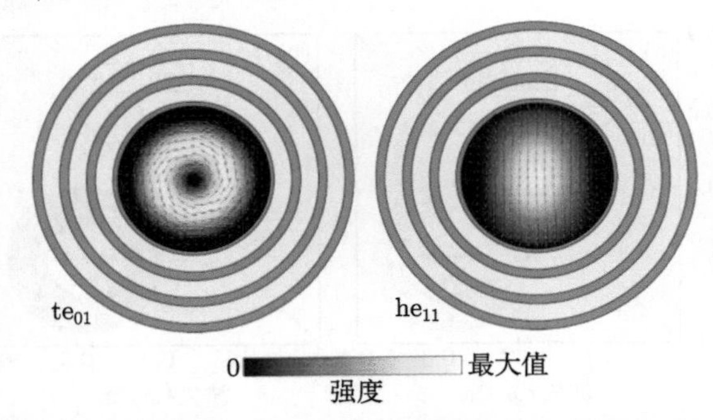

图 16　图 15 中空心芯布拉格光纤 1/4 波频率下的两种波导模式强度分布。色标表示功率强度，绿色箭头表示横向 (xy) 电场分布

在多层膜结构中，可以通过 **E** 是平行于平面 (TE) 还是垂直于平面 (TM) 对空间模式分类。$m=0$ 时，也可以利用极化对空间模式分类。在这种情况下，rz 是每个 φ 的镜像平面，但是用于分类的标签 (te/tm) 与之前 (TE/TM) **相反**。传播平面很远就是 rz 平面：**E** 平行于 rz 平面就是现在所说的 $\mathrm{tm}_{0\ell}$；**E** 垂直于 rz 平面就是现在所说的 $\mathrm{te}_{0\ell}$。te(以前的 TM 或 s 极化) 带隙通常大于 tm(以前的 TE 或 p 极化) 带隙，因为后者在布儒斯特角处完全关闭。因此，除 $\mathrm{te}_{0\ell}$ 模式外的所有模式通常都受到较小 tm 带隙的限制，如图 15 所示。

另一方面，$\mathrm{te}_{0\ell}$ 模式拥有更大的带宽和更强的约束性，因为它们拥有更大的 te 带隙。因此，当 R 足够大时，te_{01} 模式具有可预测的最低损耗。类似的结论对于圆柱形金属波导依然适用，尽管原因有所不同。对于理想金属，$r=R$ 时的边界条件是 E_z 和 E_φ 必须为零，而 E_r 可以为非零。因此 $\mathrm{te}_{0\ell}$ 模式 (其中，$E_r=0$ 处处成立) 是 $r=R$ 时 $\mathbf{E}=0$ 的唯一模式。对于非理想金属，场会穿透到 $r>R$ 的区域并产生欧姆损耗。te_{01} 模式对金属的穿透力最小 (因为界面上的电场几乎为零)，因此欧姆损耗最小。事实上，空心芯布拉格光纤与金属波导非常相似，所以布拉格光纤

te_{01} 模式 (图 16 左) 在 $r \approx R$ 处有一个非常类似的场节面。

9.5　空心芯光纤的损耗

光在光纤中会传输几千公里。在这样的距离内，即使很小的缺陷也会产生实质性的影响。传统的二氧化硅光纤已经达到了惊人的完美度，其损耗 (1.55μm 时仅约 0.2dB/km) 来自材料固有的吸收和微观密度波动引起的散射。另一方面，在长波长下，例如，许多用于工业和医疗应用的 10.6μm 大功率激光器，二氧化硅和其他普通光纤材料根本不透明。

通过放宽固体材料特性所施加的基本限制条件，空心光子带隙光纤可能比实心光纤具有更低的损耗。要为这一目标设计光纤，必须了解真实光纤中不同的损耗机制。尽管对这些损耗的详细研究超出了本书范围，但根据光纤损耗与空心芯半径 R 的比例，可以将光纤损耗分为两类。随 R *减少* (与包层中场穿透相关的损耗) 的损耗和随 R *增加* (与模式耦合相关的损耗) 的损耗之间存在着平衡。所以 R 的选择非常微妙，对光纤性能至关重要。

更有趣的是，并非所有损耗都有害。大多数空心芯光纤是多模光纤。它们支持以不同速度传播的多种波导模式。如果不加控制，将导致**模式色散**：因为无法避免激发多个模式，所以不同的速度会导致脉冲扩散并扰乱信息传输。然而，空心芯光纤利用差分衰减可以解决这个问题：一些模式 (通常是低阶模式) 的损耗比其他模式低得多，因此除了最低损耗模式外，其他模式将在长距离传输后被过滤掉。①

9.5.1　包层损耗

三种重要损耗机制均与场穿过包层的量有关：材料吸收、有限晶体尺寸引起的辐射泄漏和无序散射。这些损耗会随着芯层半径 R 的增大而减小。损耗速率通常与 $1/R^3$ 成比例。

在这三种损耗机制中，最简单的是材料吸收。在材料折射率 n 中引入一个假想的小虚部 $\mathrm{i}\kappa$(κ 称为**消光系数**) 就可以描述这种损耗。对于 $\kappa \ll n$ 的透明材料，人们可以从无损结构的本征模开始，并采用微扰理论，从而获得精确的损耗值。第 2 章方程 (29) 说明由 κ 而导致的频率变化为 $\Delta\omega$。为了得到单位距离的损耗率，可以通过群速度 $v_{\mathrm{g}} = \mathrm{d}\omega/\mathrm{d}k_z$ 计算 $\Delta k_z = -\Delta\omega/v_{\mathrm{g}}$。设置 $\alpha \triangleq 2\mathrm{Im}\Delta k_z$，它描述了电磁场振幅衰减 $\mathrm{e}^{-\alpha z/2}$ 和强度衰减 $\mathrm{e}^{-\alpha z}$。结合这些方程，具有复合折射率 $n+\mathrm{i}\kappa$ 的吸收材料损耗率 α 为

$$\alpha = \frac{2\omega\kappa}{v_{\mathrm{g}} n} \cdot \left(\int \varepsilon |\mathbf{E}|^2 \text{ 在吸收材料中的占比} \right) \tag{8}$$

① Johnson 等 (2001b) 针对布拉格光纤对这种过滤进行了更详细的讨论。

(对于多个材料，只需在每个材料中独立添加 α)。如果场能量作为平面波以群速度 $v_{\mathrm{g}}c/n$ 在材料中完全传播 (忽略材料色散)，就可以获得**体吸收**损耗率 $\alpha_0 \triangleq 2\omega\kappa/c = 4\pi\kappa/\lambda$。因此，空心芯光纤模的无量纲品质因数是比值 α/α_0。这称为**吸收抑制因子**，即由光线进入空气而导致损耗减少的因子。

例如，考虑上一节空心芯布拉格光纤，并假设低折射率材料 (n_1=1.6) 具有一定损耗。这些设想基础来源于图 13 的实验 (工作波长为 10.6μm)，其吸收损耗主要来源于低折射率聚合物的影响，低折射率聚合物的体吸收约为 50000dB/m($\kappa = 0.01$)。图 17 绘制了图 15(a) 芯层半径为 $R = 3a$ 的四种模式吸收抑制因子 α/α_0。可以看到，即使对于这种小半径，吸收损耗抑制也超过 10 倍 (也请注意，当接近 te_{01} 或 eh_{11} 模式的零群速度带边时，吸收损耗会发生**发散**)。然而，该半径比实验结构的半径小得多，这对损耗有显著影响。图 18 绘制了 1/4 波 $\omega a/2\pi c \approx 0.30$ 吸收抑制因子与 R 的关系。可以看到，无论极化如何，模式吸收正比于 $1/R^3$，而 te_{01} 模式具有最低的渐近损耗。在实验半径 $R \approx 80a$ 处，he_{11} 的抑制因子几乎为 10^{-5}，实验观察到的损耗确实小于 1dB/m，这表示聚合物吸收受到了超过四个数量级的抑制。

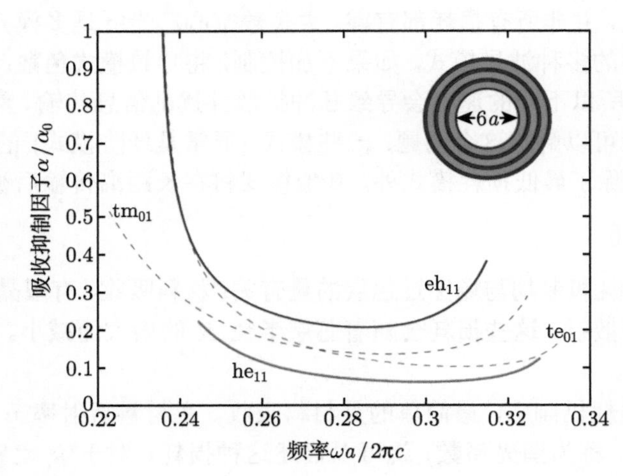

图 17　图 15(a) 中 $R = 3a$ 布拉格光纤的吸收抑制因子 α/α_0 与四种模式频率的关系。α/α_0 是模式吸收损耗与材料吸收损耗比例因子，假设吸收损耗主要是低折射率材料 ($n = 1.6$，插图中用绿色阴影表示) 的吸收损耗。图中，he_{11}(基本) 模式的损耗最小，而对于较大的 R，te_{01} 模式的损耗最小

$1/R^3$ 的源头是什么？从方程 (8) 可以看出，特定吸收材料的损耗贡献与材料中电场能量成正比。有人可能会得出这样的结论：对于芯层波导模式 (非表面态)，损耗和 $1/R$ 成正比：如果场穿透一定距离 d_p 进入包层，那么包层中场的占比为穿

透面积 $2\pi Rd_p$ 除以芯层面积 πR^2，根据公式 (8) 可以得出损耗率 $\sim 1/R$。然而，这种论点假定：与芯层相比，包层中的场振幅 $|\mathbf{E}|$ 与 R 无关。然而，事实并非如此。比如，te_{01} 模式的 $\mathbf{E}$ 在 $r=R$ 附近有一个节面 (图 16)。因此，te_{01} 在包层的 $|\mathbf{E}|$ 与在 $r=R$ 处的场 (约为 0) 不成比例，而与 $r=R$ 处的斜率 $\mathrm{d}|\mathbf{E}|/\mathrm{d}r$ 成比例。如果芯层中场的最大值为 $|\mathbf{E}|$，则这个斜率为 $1/R$。因此，te_{01} 在包层中的 $|\mathbf{E}|^2$ 引入一个额外因子 $1/R^2$，吸收损耗比例为 $1/R^3$。

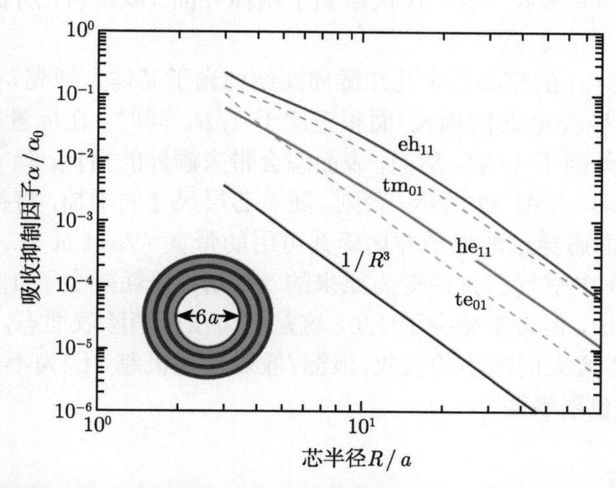

图 18　空心芯布拉格光纤 (折射率为 2.7/1.6，插图中蓝色/绿色) 几种模式在 1/4 波频率下吸收抑制因子 α/α_0 与半径 R 的关系。假设吸收损耗主要来源于低折射率材料的吸收损耗。所有模式吸收抑制因子的渐近线都正比于 $1/R^3$ (显示为黑线，以供参考)

事实上，由于标量极限，所有芯层模式都有类似的结论。对于任何给定的模式，当 R 趋于无穷大时，模式变得越来越像一个沿 z 轴传播的平面波，其色散关系接近于空气中的光线。与横向振荡的尺度相比，在包层中的穿透深度可忽略不计，这正是标量极限的条件。在这个极限下，可以将电磁场模式描述为一个线性极化乘上一个标量振幅 $\psi(x,y)$(其在包层中为零)。实际上，包层中有一些非 0 的小振幅。在 $r=R$ 处，边界条件是场近似为 0，所以包层中场振幅实际上以这个非 0 值以速率 $1/R$ 下降，正如上文 te_{01}，因此所有模式的吸收抑制因子都近似正比于 $1/R^3$。

另一个与包层有关的损耗是辐射泄漏。由于光子晶体光纤不可能拥有无限个晶体周期数量，因此场在晶体边界会有一个小指数尾巴，这将与辐射模式耦合。同样，这个损耗正比于 $1/R^3$，$1/R$ 表示表面积/体积，$1/R^2$ 来自于标量极限中的场振幅比例。然而，仅仅增加周期数量就可以很容易地减少这种辐射。对于高对比度带隙光纤 (如本章所讨论的光纤)，每增加 1~2 个周期，辐射泄漏通常减少 1/10。因此，最多几十个周期就可以获得非常低的辐射损耗。

最后，也可能因为无序而造成损耗：无序通过破坏平移对称性导致散射和辐射。由于光子晶体光纤通常具有许多高对比度的界面，因此问题主要来自于表面粗糙度。当二氧化硅光纤的吸收损耗 (位于工作波长) 很低时，表面粗糙度的影响更明显。对无序的分析很复杂①，但是通常情况下，粗糙度的尺度远远小于波长。在这种情况下，散射是**瑞利散射**，且散射 (损失) 功率大致与 $|\mathbf{E}|^2$(位于散射处) 和散射体体积的平方成正比。②无序损耗取决于 $|\mathbf{E}|^2$，无序损耗正比于 $1/R^3$，和吸收损耗一样，因为无序和吸收一样，仅仅影响了粗糙界面 (或材料) 所在包层内的一小部分场。

那么，如图 1(b) 的空心芯多孔二维周期结构光子晶体光纤呢？整体而言，其应该也正比于 $1/R^3$：空心芯的周长/面积正比于 $1/R$。同时，在标量极限下，包层场振幅引入一个额外因子 $1/R^2$。然而，表面态会带来额外的损耗。除非选择可以消除表面态的表面终端，如图 12 所示。否则，随着芯层尺寸的增加，将得到越来越多的表面态。这些表面态穿过波导带并切碎其可用的带宽 (West et al., 2004)。Mangan 等 (2004) 将图 9 中空气芯直径变为原来的 2.2 倍：损耗减少了 1/8 (从 13dB/km 减少到 1.6dB/km)，但带宽减少了 1/5，这是因为没有消除表面态。(光线之下的表面态不存在随 R 增大而减小的吸收/泄漏/散射损耗机制，因为不管 R 如何变化，它们仍然局域在包层表面。)

9.5.2 模式耦合

考虑到上述损失机制正比于 $1/R^3$，增加芯层半径 R 似乎是一个成功的决策，事实并非如此。随着 R 增大，由于模式耦合，损耗和其他问题会更加明显：能量在频率 ω 相同但波矢 k_z 不同的情况下可以从一个模式转移到另一个模式中。这是因为光纤不均匀性破坏了 z 方向的平移对称性。高阶模式通常有更高的损耗 (例如，对包层的穿透力更强)，并且还会产生模式色散。如上所述，高阶模式的差分损耗可以抑制模式色散，但如果它们耦合的速度比过滤的速度快，色散就不会被抑制。由于以下两个原因，当芯层半径 R 增大时，模式耦合的坏处趋于明显。

首先，芯层波导模式数量增加。(模式数与芯层面积成比例。) 相应地，模式间距 Δk_z 减小，非均匀性更容易引起不同模式之间的耦合。粗略地说，$\pi/\Delta k_z$ 是表征非均匀性的最小尺度：如果光纤在这个尺度 (或更短的距离) 上改变形状 (例如，

① 例如，Johnson 等 (2005) 针对高对比度材料的表面扰动进行建模时出现的一些困难。Roberts 等 (2005) 对空心光纤不可避免的表面张力效应导致的粗糙度进行了分析。

② 在均匀非色散介质中，散射功率也正比于 ω^4 (Jackson, 1998)，但在这里，这种比例被光子晶体对局域态密度和模式 (随频率变化) 的影响所修正。瑞利散射功率正比于 ω^4 是天空呈蓝色的原因：空气分子会更强烈地散射短 (蓝) 波长 [相比于对长波长 (红) 散射]。

由于椭圆度或应力)，那么模式耦合不可忽略。①

其次，即使模式之间的 Δk_z 固定，随着 R 增加，光纤弯曲引起的模式耦合也会增加。直观地说，随着 R 增大，弯曲芯层的内侧和外侧之间的路径长度差也会增大。其结果是一个更大的“离心力”扭曲了模式。弯曲的数学处理相当复杂，涉及弯曲波导到直波导的坐标变换。②然而，计算结果非常明了，并且这里给出其总结。如果取 x 为远离弯曲中心的方向，$x=0$ 为弯曲半径为 R_b 的光纤中心，那么弯曲相当于增加了一个正比于 x/R_b 的微扰 $\Delta\varepsilon$ 和 $\Delta\mu$。这就像一个阶梯扫描，将场推向弯曲的外侧，类似于量子力学中的斯塔克效应。接着，光纤性能会因为两个原因变得更差。第一，在离芯层足够远的地方，波导模式的指数尾部将“看到”一个非常大的微扰，以至于带隙转移到其他频率。这会导致辐射损耗随 $1/R_b$ 呈指数增长。第二，对于足够大的 R_b，弯曲辐射可以忽略不计，此时高对比度光子晶体光纤的损耗主要来自于波导模式耦合。耦合随 $(R/R_b)^2$ 而变化 (因为 R 是芯层中 x 的最大值)，这不包括 Δk_z 的变化。

最后，模式耦合的另一种重要形式是**偏振模色散**(PMD)。在普通光纤中，因为工作模式双重简并，有两个正交的偏振，所以出现了 PMD。光纤中的任何缺陷或应力都会破坏对称性，并将这两个偏振分裂为拥有不同传播速度的模式。这就产生了一种模式色散，其中脉冲信号由于随机缺陷 (光纤中) 而发生扩散。如果工作模式为双重简并模式，那么光子晶体光纤也可能发生同样的事情。③然而，空心芯光纤的差分损耗机制允许其以低损耗高阶模式进行工作，如 te_{01}。这个模式是非简并的，因此对 PMD 免疫 (任何扰动都不能将其分裂)。或者，可以设计一个不对称空心芯，其只支持一个非简并模式 (Kubota et al., 2004；Li et al., 2005)。

9.6 深入阅读

文献 (Russell, 2003) 是一篇关于光子晶体光纤的综述，在文献 (Mendez and Morse, 2006) 中可以找到不同寻常的光纤技术。Johnson 等 (2001b) 对布拉格光纤及其损耗分析进行了综述。Bjarklev 等 (2003) 和 Zolla 等 (2005) 是专门针对光子晶体光纤 (主要是多孔光纤) 的教科书。Ramaswami 和 Sivarajan (1998) 是一本传统光纤的通用教科书，光纤中的非线性现象参见文献 (Agrawal, 2001)。

① $\pi/\Delta k_z$ 长度标度可以参见文献 (Marcuse, 1991) 的耦合模/耦合功率理论，或参见文献 (Johnson et al., 2001b)。

② Marcatilli (1969) 推导了介质波导的弯曲损耗。进一步讨论请参见 Katsenelenbaum 等 (1998) 对金属波导和 Johnson 等 (2001b) 对布拉格光纤的研究。Ward 和 Pendry (1996) 给出了用 ε 和 μ 的简单变化表示坐标变换的一般结果。

③ 事实上，空心芯光纤中的 PMD 效应可能比传统石英光纤中的 PMD 效应更强，这是因为前者折射率对比度更大，或者说，前者群速度色散更大 (Skorobogatiy et al., 2002)。

第 10 章　光子晶体的应用设计

第 1~3 章集合了一些理论工具来帮助人们了解光子晶体的特性。之后的六章则集中讨论了以下问题：哪些结构具有惊人特性，为什么？本章将讨论一个完全不同的问题：如何设计光子晶体应用？

10.1　概　　述

截止到目前，读者应该已经了解光子晶体反射和约束光线的多种方式，这形成了反射镜、波导和谐振腔。这三个部件本身就非常有用，它们具有普通器件 (非结构材料制成) 无法具备的特性。本章将开发一些方法来整合这些部件。人们将看到，不管具体的几何结构如何，这种整合所产生的现象都可以由**时间耦合模式理论**描述。于是，人们能够从第一原理出发，轻松地设计器件，然后仅从少量变量中确定定量细节：对称性、频率和谐振腔的衰减率。本章将研究以下几个例子：**滤波器**，其只允许光线在指定的频带内传播；**弯曲波导**，其引导光线绕过尖角；**分路器**，其将波导分成两部分。最后将进一步考虑有关非线性材料的应用 (在第 9 章中提到的一个主题)。只要有合适的非线性材料，光子晶体滤波器就可以充当光学“晶体管”。

为了简单起见，大多数例子都是二维系统，结论很容易推广到一维和三维晶体。然而，在研究损耗对器件性能的影响时，必须考虑三维结构；为此，本章将考虑如第 7 章所示的混合结构，其中谐振腔会不可避免地出现辐射损耗。

虽然这一章 (和这本书) 主要研究波导和谐振腔结构，但是，本章最后也对晶体中自由光传播现象进行了简要回顾：反射、折射和衍射。

10.2　镜子、波导和谐振腔

很久以前，工程师利用金属引导、反射以及俘获电磁波，解决了控制微波传播的问题。[①]这依赖于金属的高电导率，是一种相当复杂的电子性质，也强烈依赖于频率。不幸的是，对于更高频率的光 (如可见光)，金属部件有很高的损耗。相比之下，光子晶体的介电材料性质更为简单，不怎么依赖频率。人们对电介质材料唯一的要求是：在感兴趣的频率范围内 (通常是一个窄带)，它们应该是无损的。从紫外

① “微波段”包括波长从 1mm 到 10cm 的光。

线到微波，这些材料都有广泛应用。光子随频率和 ε 而具有比例缩放特点。因此，某个器件缩放为其他尺寸后一定可以继续工作，只要能找到合适的材料。

10.2.1　设计镜子

许多器件依靠反射率进行工作，因此本章首先设计一种二维晶体应用。它能在特定频段内反射所有 TM 平面波，而不会产生明显吸收。其可用于带阻滤波器，或者，可用作偏光器 (因为二维光子晶体带结构对于 TE 和 TM 平面波是不同的)。又或者，人们可以将其作为波导、谐振器或其他器件中的组成部分。具体地说，(在设计应用时) 选择的工作波长是：$\lambda = 1.5\mu m$(真空)，这是电信中最常用的波长；选择的材料是砷化镓 (GaAs)，这是一种广泛应用于光电子学的材料，其介电常数在 $\lambda = 1.5\mu m$ 时为 11.4。①

为了获得最大反射率，应该选择一种拥有光子带隙且容易制造 (尽管这个二维例子并不关心制造细节) 的晶体结构。查阅带隙图谱 (如附录 C 提供的缩写图谱) 可以找到具有这些特征的一个简单几何图形：具有大 TM 带隙的介质棒四方晶格。图 1 再现了其带隙图谱，在柱半径 $r = 0.2a$ 时有一个大 TM 带隙，其中 a 是晶格常数。这个带隙出现在第一和第二 TM 带之间，其范围从 $\omega a/2\pi c = 0.287$ 到 $\omega a/2\pi c = 0.422$。如果以带隙中心频率 $\omega a/2\pi c = 0.355$ 表示，则带隙宽度为 38%。将这些无量纲量转换为物理单位很简单。如果希望工作波长 $\lambda = 2\pi c/\omega = 1.5\mu m$ 位于带隙正中央，则

$$\frac{\omega a}{2\pi c} = \frac{a}{\lambda} = \frac{a}{1.5\mu m} = 0.355 \Rightarrow a = 0.533\mu m \tag{1}$$

给定一个 a，计算出柱半径 $r = 0.2a = 0.107\mu m$，从而确定出几何结构。TM 带隙

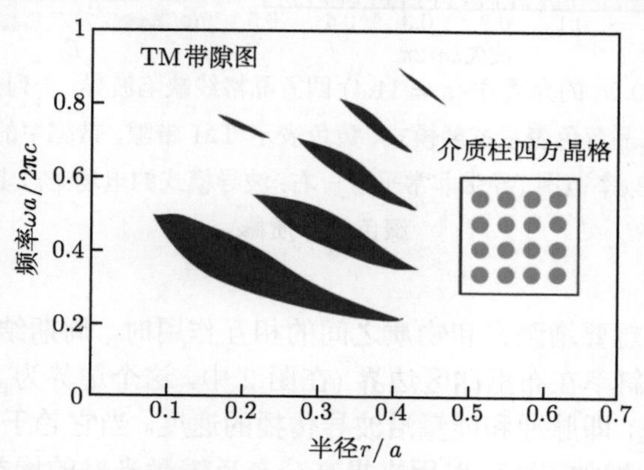

图 1　“带隙图” 显示了空气中介质棒 (ε=11.4) 四方晶格 (插图)TM 带隙与棒半径的关系

① 参见文献 (Palik, 1998)。砷化镓的介电常数在 10μm 时为 10.7，在 1μm 时为 12.3。

的波长范围从 $a/0.422 = 1.26\mu m$ 到 $a/0.287 = 1.86\mu m$，这比典型光通信信道的全部带宽还宽。①

10.2.2 设计波导

特定频率的电磁波可以沿着波导 (通常沿一维路径，也可能是弯曲路径) 从一个地方传播到另一个地方。在微波频率下，这可以通过空心金属管或同轴电缆来实现。在光学频率和红外频率下，介质波导采用折射率引导来导光。在光电器件中，光经过折射率引导从微芯片的一端传播到另一端。在光纤网络中，光经过折射率引导从大陆一端传播到另一端。通过光子带隙约束光线的波导是一种新应用，它们独特的性能已经在空心芯光纤中得到了商业应用。

二维带隙允许人们利用晶体中的线缺陷设计波导。例如，可以从晶体中移除一排介质柱，从而产生如图 2 所示的波导模式。图中还显示了投影带图，可以看到，波导模式 (红色，在黄色阴影带隙中) 有一定的频率范围。这种波导有一个特征：光线主要在空气中传播。所以，这种波导很像空心金属波导，与传统的折射率引导波导非常不同。这一特性可减少光与材料之间的相互作用 (例如，减少吸收或非线性)。

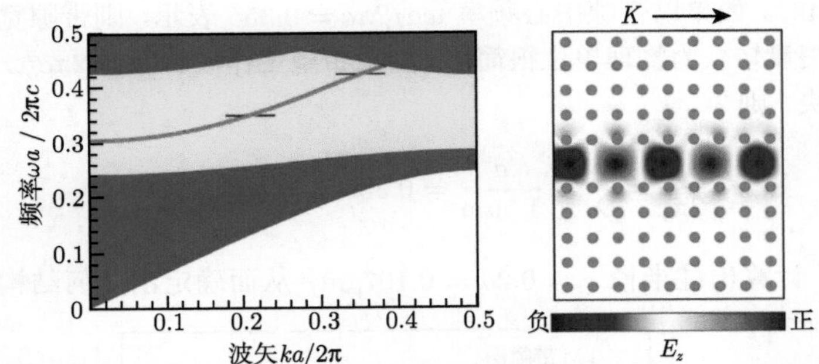

图 2　空气中半径为 $0.2a$ 的介质柱 ($\varepsilon = 11.4$) 四方晶格线缺陷波导，一列介质柱缺失形成线缺陷。左：投影带图，水晶蓝色表示扩展模式、黄色表示 TM 带隙，带隙中的红线表示波导模式。水平黑线表示低色散频率范围 (导带非常平滑)。右：波导模式的电场 E_z，其中 $\omega a/2\pi c = 0.38$，绿色是介质棒

另外，当人们想要增强光和物质之间的相互作用时，周期结构也能提供帮助。关键在于 $\omega(\mathbf{k})$ 的斜率在布里渊区边界 (在图 2 中，这个边界为 $\mathbf{k} = 0$) 为零。斜率可以解释为*群速度*，即脉冲和能量沿波导传播的速度。当它趋于零时，场能量与材料相互作用的时间增加，这可以用来提高分布反馈激光器的增益或操纵非线性现

① 如 Ramaswami 和 Sivarajan (1998) 所述，标准二氧化硅光纤在 $\lambda = 1.5\mu m$ 附近的可用带宽约为 180nm；实际上使用的带宽更窄。单个 100GHz 信道占用的带宽不到 0.1%。

象。[①]即使第 7 章中简单的折射率引导型周期波导也可以增强这种作用，因为它们具有零斜率带边。

另一方面，信息传输需要远离零斜率带边，这既可以减少损耗，[②]也可以将信号失真最小化。工作频率通常位于斜率 (群速度) 几乎*恒定*的导带，如图 2 水平黑线所示 $\omega a/2\pi c = 0.35\sim0.42$ 的频率范围。因为斜率的变化 $(\mathrm{d}^2\omega/\mathrm{d}k^2)$ 会引起**群速度色散**。脉冲会扩散失真，接近零斜率带边时，脉冲扩散速率会发散。[③]在图 2 中，低色散带宽的中心频率是 $\omega a/2\pi c = 0.38$，因此需要重新调整结构，使其位于工作频率 $\lambda = 1.5\mu\mathrm{m}$ 处：使用类似于方程 (1) 的计算，选择 $a = 0.57\mu\mathrm{m}$ 和 $r = 0.2a = 0.114\mu\mathrm{m}$。

从应用设计的角度来看，光子带隙波导最有价值的新颖之处在于它实际上是*一维系统*。在传统折射率引导介质波导中，任何破坏平移对称的缺陷都会导致光发生散射并引起损耗。这就是在尖锐弯曲处、缺陷处、一个波导到另一个波导的过渡区、波导与其他器件的接口处存在辐射损耗的原因。光子晶体波导中不存在这些损耗，因为带隙禁止光沿着任何方向 (除了沿线波导方向) 传播。唯一的损耗机制 (除了材料吸收) 是反射。在许多情况下，通过对称性就可以消除反射。

10.2.3　设计谐振腔

可以在一个点附近引入缺陷来设计电磁谐振腔。例如，通过移除单个介质棒，可以捕获频率为 $\omega a/2\pi c = 0.38$ 的局域态，如图 3 所示。直观地说，无论光线转向哪个方向，它都无法通过带隙逃逸。当然，二维结构只会将光线约束在周期平面内，为了防止它向第三个方向逃逸，需要另一种方法。人们可以将三角晶格**夹在两块金属板**之间，或者使用三维光子晶体。或者，人们可以在第三个方向上利用折射率进行约束，正如第 8 章所述。出于教学目的，本章节继续关注二维结构。

谐振腔可以帮助人们在一个极窄的频率范围内控制光 (或等效地，长时间控制光，因为寿命和带宽与傅里叶变换成反比)。例如，本章稍后将使用谐振腔来制作一个窄带滤波器。本章还会展示如何制作一个非线性开关，其中较长的腔寿命会增加非线性效应。

谐振腔还可以影响原子跃迁速率，原子跃迁伴随着发射或吸收一个特定频率为 ω 的光子，该频率对应于跃迁能量 $\hbar\omega$。如果把原子放在某个光子晶体中，这个晶体不支持这些光子态，就可以抑制跃迁。又或者，把原子放在一个谐振腔中，这个谐振腔恰好在 (精确的) 跃迁频率处有一个紧密集中的光子态，就可以加快这种

---

① 例如，参见 Xu 等 (2000) 或 Soljačić 等 (2002b) 所著文献。

② 见文献 (Hughes et al., 2005; Johnson et al., 2005)。

③ 见 155 页脚注①，以及文献 (Ramaswami and Sivarajan, 1998)。在某些情况下，如见文献 (Povinelli et al., 2005)，色散发散实际上是有用的：它允许人们利用结构中的小变化来实现信号延迟的大变化。

跃迁。这可以参见**谐振腔量子电动力学**(谐振腔 QED)。①

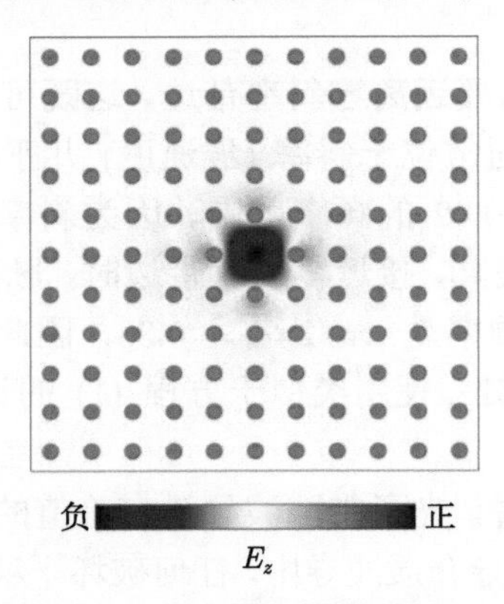

图 3　空气中半径 $0.2a$ 介质柱 ($\varepsilon = 11.4$) 四方晶格点缺陷腔，移除单个介质棒获得点缺陷。该谐振腔在 TM 带隙内可获得一个频率为 $\omega a/2\pi c = 0.38$ 的单模，其电场 E_z 如图所示

但是，如果最终不能把光线弄出去，那么捕获光就没有多大意义。因此，必须安排空腔振荡具有指定的寿命：必须提供一种光逃逸的方法。要做到这一点，可以将光子晶体波导放置在腔附近，如图 4 所示。腔模的指数尾端会慢慢地漏入波导，能量仅仅会漏入期望信道 (或频道)。下一节将讨论这种腔–波导耦合。

腔模的三个重要特性是它的频率、寿命和对称性。改变腔的几何结构可以控制腔模频率。τ 的定义是场衰减形式为 $\mathrm{e}^{-t/\tau}$。无量纲品质因子 $Q = \omega_0\tau/2$ 可以描述腔模寿命 τ，而改变谐振腔和波导之间的晶体周期数就可以控制 Q 值。改变带隙的大小 (例如，改变介质棒半径) 或改变相对于带隙的腔模频率也可以调整 Q 值。腔模对称性是指其电磁场分布是否为单极、偶极等，如第 5 章的图 17 所示。对称

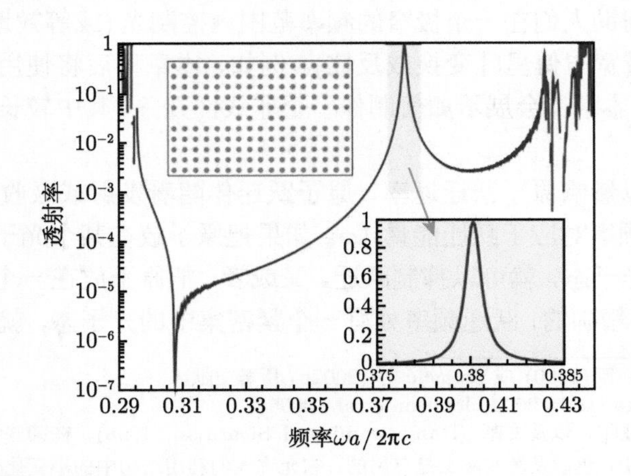

① 例如，参见文献 (Berman, 1994)。

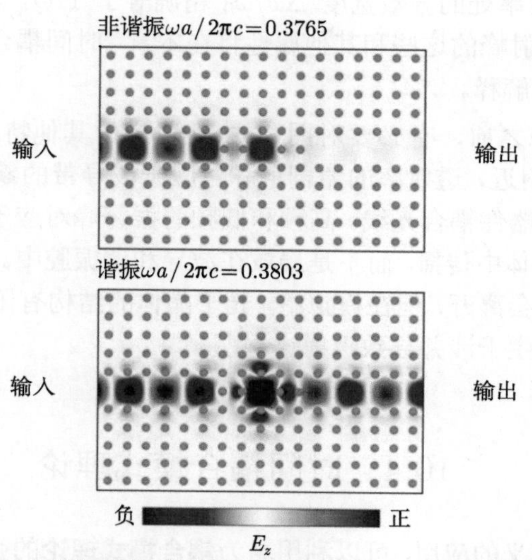

图 4　介质柱光子晶体 (上，插图) 波导–谐振腔–波导滤波器。上：透射谱，在谐振频率 ($\omega a/2\pi c = 0.3803$) 处出现 100%峰值，$Q = 410$；插图为放大的峰值。低频和高频透射率振荡对应于带隙外的传播模式，$a/2\pi c = 0.308$ 附近透射率的陡倾角对应于导带零斜率带边。下：E_z 场，分别对应低于谐振峰 1%频率的传输 (上)，正好位于谐振峰频率的传输 (下)

性很重要，因为拥有某个对称性的模式可能根本不会耦合到具有不同对称性的波导 (或激发或原子跃迁) 中。

10.3　窄带滤波器

考虑图 4(上) 插图所示的结构。光子晶体与前一节讨论的 $\varepsilon = 11.4$ 晶体相同。谐振腔 (缺失一根介质棒) 与两个波导 (缺失一排介质棒) 相邻。如果直接激发腔模 (例如，利用谐振腔内的电流源或原子跃迁)，那么腔中的能量将缓慢泄漏出来。在这种情况下，$Q \approx 410$。然而，经过波导耦合激发腔模时，会发生一些奇妙的事情。

图 4(上) 是**透射谱**：输出波导 (右侧) 传输功率是输入波导 (左侧) 入射功率的一部分，是频率 ω 的函数。透射谱有几个重要特征，最明显的是其在腔频率 $\omega a/2\pi c = 0.38$ 处有一个尖峰。

这一尖峰意味着该应用可以作为一个*窄带滤波器*。光频率接近谐振频率会发生透射，比谐振频率略低或略高则发生反射。谐振峰的出现符合直觉：在谐振频率附近，来自输入波导的光可以耦合到谐振腔，而谐振腔内的电磁波又可以耦合到输出波导。然而，令人惊讶的是，峰值透射率正好是 100%。图 4(底) 显示了共振时传输的场分布。如果将频率仅移动 1%，透射率将下降到低于 2%，场分布如图 4(中)

所示。而 50%透射率处的分数宽度 $\Delta\omega/\omega_0$ 精确等于 $1/Q$，其中 Q 是内源激励腔模的品质因子。透射峰的这些和其他属性将在本章 “时间耦合模式理论” 一节中以更广义的形式进行解释。

在分析谐振峰之前，有必要对图 4 中透射谱的其他特征进行讨论。在频率 $\omega a/2\pi c = 0.3075$ 附近，透射率的急剧下降对应于波导带的零斜率带边。在这个频率附近，很难通过器件耦合光线。高频和低频的振荡峰对应于带隙以外的频率，其中电磁波可以在晶体中传播，而不是局域在波导和谐振腔中。在一个真正无限大晶体中，带隙外的光会离开，但在模拟中，光子晶体的结构有限，一些光会返回到输出波导，在那里产生干涉并导致透射谱振荡。

10.4　时间耦合模式理论

为了分析更广义的应用，可以利用名为**耦合模式理论**的强大理论框架：该理论用一组理想化组件 (例如，孤立的波导和谐振腔) 来描述一个系统，这些组件以某种方式受到扰动或互相耦合。这些方法类似于量子力学中的时变微扰理论，通常有多种形式，并且通常写为理想化系统精确本征模的展开式，从而为特定几何提供数值结果。[①]而本章即将介绍的方法，**时间耦合模式理论**，则使用了更抽象的公式。[②]

在时间耦合模式理论中，系统被视为一组基本组件，仅使用诸如能量守恒等非常普遍的原理进行分析。本章的讨论基石是*局域模式* (共振腔) 和*传播模式*(在波导中)，讨论结果则是某类设备的*通用* 描述。为了获得定量结果，用少量未知参数 (如谐振模的频率和衰减率) 对描述进行参数化，这些未知参数取决于具体的几何结构，而且必须单独计算。

在时间耦合模式理论中，图 4 结构描述为与两个单模波导 (标记为 1 和 2) 连接的谐振腔，如图 5 所示。图中没有其他地方可以让光线通过；忽略了晶体的其余部分。腔模谐振频率为 ω_0，并且以寿命 τ_1 和 τ_2(更精确的定义见下文) 衰减到两个波导中。根据对称性，必须有 $\tau_1 = \tau_2$，并且结果表明这是 100%共振传输的条件。时间耦合模式理论的关键假设是 (与许多其他近似方法一样)：各组件之间的耦合很弱。例如，在图 5 中，假设能量非常缓慢地从腔泄漏到波导中。可以想象 (例如)，在谐振腔周围添加足够多的光子晶体周期就可以保证弱耦合。

① Marcuse (1991) 对其进行了描述。可以在文献 (Johnson et al., 2002b) 和 (Povinelli et al., 2004) 中找到其在光子晶体中的拓展。

② 见文献 (Haus, 1984) 的第 7 章或文献 (Suh et al., 2004)。时间耦合模式理论不仅指任何与时间有关的描述，还指 Pierce (1954)，Haus 和其他人，比如 Haus 和 Huang (1991)，以及 Louisell (1960) 提出的更抽象的公式。相关观点也出现在量子力学 Breit-Wigner 散射理论中 (Landau and Lifshitz, 1977)。

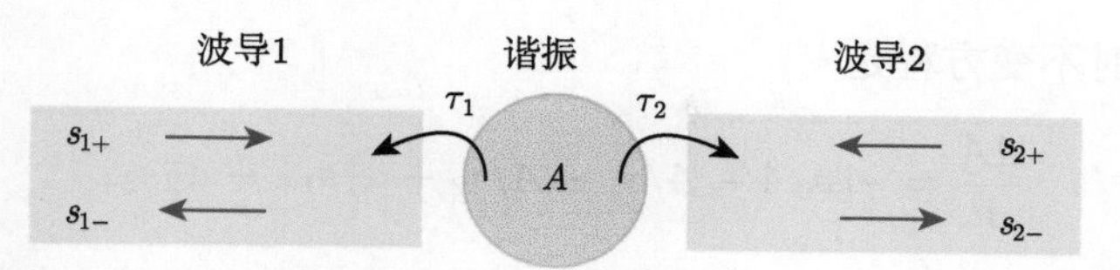

图 5　图 4 滤波器本质特征的摘要图：一个单模输入波导 1，具有输入/输出振幅 s_{1+}/s_{1-}；一个单模输出波导 2，具有输入/输出振幅 s_{2+}/s_{2-}；一个场振幅为 A，频率为 ω_0 的谐振模式分别耦合到波导 1 和 2，寿命分别为 τ_1 和 τ_2(图 4 中 $\tau_1=\tau_2$)。$s_{\ell\pm}$ 是归一化的，这样 $|s_{\ell\pm}|^2$ 就是波导中的功率，A 也是归一化的，这样 $|A|^2$ 就是腔中的能量

10.4.1　时间耦合模式方程

这一节将根据这些组件中的场振幅，推出描述腔与波导耦合的一组方程。为此，需要做出五个非常广义的假设：弱耦合、线性、时间不变性 (即材料/几何结构不会随时间变化)、能量守恒和时间反演不变性。①其中最重要的是弱耦合；后四个实际上比较容易满足。

假设腔中的场与某个变量 A 成正比，因为腔的本征方程决定了电场和磁场的总复振幅，因此称 A 为总振幅 (同时给出振幅和相位)。因为 A 的单位任意，那么为了方便，选择 $|A|^2$ 作为存储在腔中的电磁能。

将波导中的场表示为输入和输出波导模式之和，定义为任意复振幅 $s_{\ell\pm}(\ell=1,2)$。其中，$s_{\ell+}$ 是波导 ℓ 中指向谐振腔的模式振幅，$s_{\ell-}$ 是离开谐振腔的模式振幅。类似地，选择 $|s_{\ell\pm}|^2$ 作为波导模式的输出 (输入) 功率。②

控制这些量的方程是什么？首先，只考虑腔模，此时没有来自波导的入射功率。由于耦合很弱，可以假设模式随时间呈指数衰减，具有一定的寿命 τ。证明如下：③如果模在一个光学周期内几乎不衰减，那么数值解就近似于无损腔模。存在一个与 A 成正比的 (固定的) 场分布，因此输出坡印廷通量 $\mathrm{Re}\left[\mathbf{E}^*\times\mathbf{H}\right]/2$ 必须与能量 $|A|^2$ 成正比；由于能量损失的速率正比于能量，因此也会发生指数衰减。定量来说，需要 $\tau\gg 2\pi/\omega_0$，或者 $Q=\omega_0\tau/2\gg\pi$。(实际上，时间耦合模式理论在 $Q>30$ 时几乎是精确的，而且即使 Q 较小，也常常定性精确。) 如果谐振腔有两种损耗机制，具有两个衰减常数 τ_1 和 τ_2，那么，净寿命由 $1/\tau=1/\tau_1+1/\tau_2$ 给出。振幅 A 满足偏微分方程 $\mathrm{d}A/\mathrm{d}t=-\mathrm{i}\omega_0 A-A/\tau$，其解是 $A(t)=A(0)\,\mathrm{e}^{-\mathrm{i}\omega_0 t-t/\tau}$。

现在引入波导。从 $s_{\ell+}$ 输入的能量可以耦合到腔中，也可以反射到 $s_{\ell-}$ 中 (或者两者都是)。来自腔的能量也必须流入 $s_{\ell-}$。假设弱耦合时，与这些量相关的，最

① 回顾第 3 章“时间反演对称”。

② 更准确地说，时间相关函数 $s_{\ell\pm}(t)$ 是归一化的，使其傅里叶变换 $\tilde{s}_{\ell\pm}(\omega)$ 给出 ω 处每单位频率的功率 $|\tilde{s}\ell\pm(\omega)|^2$。这是因为波导场不是由一次标量振幅决定的：场模式取决于 ω。然而，人们可以忽略这一微妙之处，因为人们对单个频率或谐振频率附近的频率响应最感兴趣。

③ 更正式的证明可以参见关于泄漏模式的理论文献 (Snyder and Love, 1983)。

一般的线性、时不变方程是①

$$\frac{\mathrm{d}A}{\mathrm{d}t} = -\mathrm{i}\omega_0 A - A/\tau_1 - A/\tau_2 + \alpha_1 s_{1+} + \alpha_2 s_{2+} \tag{2}$$

$$s_{\ell-} = \beta_\ell s_{\ell+} + \gamma_\ell A \tag{3}$$

α_ℓ, β_ℓ 和 γ_ℓ 是比例常数。α_ℓ 和 γ_ℓ 表示谐振腔–波导的耦合强度，β_ℓ 是反射系数。方程中似乎有很多未知数，但实际上可以消掉除 ω_0 和 τ_ℓ 以外的所有未知数。

常数 γ_1 和 γ_2 可以用能量守恒来确定。考虑 $\tau_2 \to \infty$ 的简化情况，此时空腔与波导 2 解耦，并假设 $s_{1+} = s_{2+}$=0，这样就没有输入能量。在这种情况下，腔模以指数形式衰减为 $A(t) = A(0)\,\mathrm{e}^{-\mathrm{i}\omega_0 t - t/\tau_1}$，能量 $|A|^2$ 减少。能量唯一可以去的地方是输出功率 $|s_{1-}|^2$。因此

$$-\frac{\mathrm{d}|A|^2}{\mathrm{d}t} = \frac{2}{\tau_1}|A|^2 = |s_{1-}|^2 = |\gamma_1|^2\,|A|^2 \tag{4}$$

因此，$|\gamma_1|^2 = \frac{2}{\tau_1}$。由于 s_{1-} 的相位任意 (它可以表示沿波导任何位置的场振幅)，所以可以选择 $\gamma_1 = \sqrt{2/\tau_1}$。类似地，如果 $\tau_1 \to \infty$，就得到了 $\gamma_2 = \sqrt{2/\tau_2}$。但是，当 τ_1 和 τ_2 都有限时，进入波导 2 的衰减会影响 γ_1 吗 (反之亦然)? 如果衰减率很小，就不会影响。因为 γ_1 已经很小了；由 $1/\tau_2$(另一个小量) 导致 γ_1 的任何变化，都属于二阶效应，并且可以忽略它。②

α_ℓ 和 β_ℓ 可以通过时间反演对称来确定。对于 $s_{\ell+} = 0$，谐振模衰减，输出为 $s_{\ell-} = \sqrt{2/\tau_\ell}A$。时间反演对称告诉人们，通过在时间上向后运行原始解，并进行共轭以保持 $\mathrm{e}^{-\mathrm{i}\omega_0 t}$ 的时间依赖性，可以获得方程的另一个有效解。也就是说，方程 (2) 的解必须形如 $A(t) = A(0)\,\mathrm{e}^{-\mathrm{i}\omega_0 t + t/\tau}$(指数增长)，其输入为 $s_{\ell+} = \sqrt{2/\tau_\ell}A$，输出为 $s_{\ell-}$ =0。将其代入式 (3)，立即得出 $\beta_\ell = -1$。(因此，$\tau_\ell \to \infty$ 时，得到 100% 反射，$s_{\ell-} = -s_{\ell+}$，正如人们所期望的那样。负号是人为选择，在物理上并不重要。) 为了确定 α_1，再次取 $\tau_2 \to \infty$。在这种情况下，将 $A(t)$ 代入方程 (2) 立即得到 $\alpha_1\sqrt{2/\tau_1}A = 2A/\tau_1$。因此，$\alpha_\ell = \sqrt{2/\tau_\ell} = \gamma_\ell$，并且，由于弱耦合，可以再次忽略 τ_2 对 α_1 的高阶效应，反之亦然。③

---

① 假设弱耦合不仅是因为 A 呈指数衰减，也因为 $\frac{\mathrm{d}A}{\mathrm{d}t}$ 只取决于 $s_{\ell+}$ 乘以一个常数。一般来说，可以想象 $s_{\ell+}$ 在不同时间的卷积，或者等效地想象成一个频率函数 $\alpha_\ell(\omega)$。然而，在弱耦合下，只有 ω_0 附近的频率才会耦合。在这种情况下，可以近似认为 $\alpha_\ell(\omega) \approx \alpha_\ell(\omega_0)$。这种情况对 γ_ℓ 来说也是类似的。

② 用这种方法可以看出，τ_1 和 τ_2 本质上是弱耦合极限中的独立量。或者，能量守恒意味着 $2/\tau = |\gamma_1|^2 + |\gamma_2|^2$，所以一些学者简单地将单个衰减率定义为 $2/\tau_\ell \triangleq |\gamma_\ell|^2$。

③ 这个论点虽然简单，但并非绝对必要。相反，人们可以利用时间反演对称性和能量守恒来证明 $\alpha_\ell = \gamma_\ell$，与 $s_{\ell+}$ 和 $s_{\ell-}$ 相关的散射矩阵是对称的 (Fan et al., 2003)，它们可以互换 (Landau et al., 1984)。

最后，图 5 系统的**时间耦合模式方程**可以写成

$$\frac{\mathrm{d}A}{\mathrm{d}t}=-\mathrm{i}\omega_0 A-\sum_{\ell=1}^{2}A/\tau_\ell+\sum_{\ell=1}^{2}\sqrt{\frac{2}{\tau_\ell}}s_{\ell+} \tag{5}$$

$$s_{\ell-}=-s_{\ell+}+\sqrt{\frac{2}{\tau_\ell}}A \tag{6}$$

在推导这些方程时，并没有参考图 5 特定的几何。它们对任何滤波器都有效；具体的几何细节仅仅在确定 ω_0 和 τ_ℓ 时才重要。这种方法很容易推广到包括两个以上的波导、辐射损耗等情况。现在则保留这些方程，并利用其对图 4 滤波器进行分析。

10.4.2 滤波器透射率

利用方程 (5) 和 (6)，人们可以预测任何弱耦合波导–腔–波导系统的透射谱。$s_{2+}=0$ (从右边没有输入功率) 时，透射谱就简化为分数输出功率 $T(\omega)\triangleq|s_{2-}|^2/|s_{1+}|^2$，是频率 ω 的函数。

由于频率在线性系统中是守恒的，因此，如果输入波以固定频率 ω 振荡，那么所有电磁波都必须以 $\mathrm{e}^{-\mathrm{i}\omega t}$ 的形式振荡，并且 $\mathrm{d}A/\mathrm{d}t=-\mathrm{i}\omega A$。将其和 $s_{2+}=0$ 代入方程 (5) 和 (6)，得到

$$-\mathrm{i}\omega A=-\mathrm{i}\omega_0 A-\frac{A}{\tau_1}-\frac{A}{\tau_2}+\sqrt{\frac{2}{\tau_1}}s_{1+} \tag{7}$$

$$s_{1-}=-s_{1+}+\sqrt{\frac{2}{\tau_1}}A \tag{8}$$

$$s_{2-}=\sqrt{\frac{2}{\tau_2}}A \tag{9}$$

将方程 (9) 除以 s_{1+}，然后从方程 (7) 中求解 A/s_{1+}。于是

$$T(\omega)=\frac{|s_{2-}|^2}{|s_{1+}|^2}=\frac{\frac{2}{\tau_2}|A|^2}{|s_{1+}|^2}=\frac{\frac{4}{\tau_1\tau_2}}{(\omega-\omega_0)^2+\left(\frac{1}{\tau_1}+\frac{1}{\tau_2}\right)^2} \tag{10}$$

这是**洛伦兹峰**的方程，其最大值为 $\omega=\omega_0$。同样，可以得出反射谱：

$$R(\omega)=\frac{|s_{1-}|^2}{|s_{1+}|^2}=\frac{(\omega-\omega_0)^2+\left(\frac{1}{\tau_1}-\frac{1}{\tau_2}\right)^2}{(\omega-\omega_0)^2+\left(\frac{1}{\tau_1}+\frac{1}{\tau_2}\right)^2} \tag{11}$$

很容易验证 $R(\omega)+T(\omega)$ 总是等于 1(能量守恒)，远离 ω_0 时反射率接近 100%。

通过检查方程 (11) 或方程 (10)，可以发现只有当 $\tau_1=\tau_2$，即只有腔模以相等速率衰减到两个波导中时，$T(\omega_0)=1$。在图 4 所示的光子晶体中，对称性保证了这种相等，谐振反射 $R(\omega_0)$ 为零。实际上有两个反射源，即直接反射，以及光线从谐振腔向后衰减，在共振频率下，这两种反射被相消干涉完全抵消。

可以将透射谱写为品质因子 Q 的形式。净寿命 $\frac{1}{\tau}=\frac{1}{\tau_1}+\frac{1}{\tau_2}=2/\tau_1$，所以 $Q=\omega_0\tau/2$ 意味着 $1/\tau_1=1/\tau_2=\omega_0/4Q$。在这种情况下，方程 (10) 变为

$$T(\omega)=\frac{\frac{1}{4Q^2}}{\left(\frac{\omega-\omega_0}{\omega_0}\right)^2+\frac{1}{4Q^2}} \tag{12}$$

由式 (12) 知，半–最大透射率 ($T=0.5$) 对应的分数宽度 $\Delta\omega/\omega_0$ 为 $1/Q$，这与图 4 结果一致。事实上，如果在图 4 中绘制方程 (12)，通过数值计算确定 ω_0 和 Q(见附录 D)，它几乎与插图所示的计算谐振峰重叠。

综上所述，可以得出实现 100% 传输窄带滤波器的充分条件。应该有 (i) 一个对称波导–腔–波导系统，(ii) 单模 (iii) 没有其他损耗机制 (如辐射或吸收)。有趣的是，正如下一章节，系统弱耦合 (因此适用于时间耦合模式理论) 的条件并不是真正必要的。光子晶体为 (iii) 提供了保障，因为它禁止所有其他辐射模式，而不完全带隙所引起的损耗将在“有损三维滤波器”一节进行分析。

10.5 弯曲波导

时间耦合模式理论很明显适用于图 5 所示的光子晶体滤波器。当然，它也可以帮助人们理解其他现象。比如弯曲波导，如图 6 所示，移除图 2 中的一些介质形成了一个 90° 弯曲的波导。

弯曲一个普通介质波导会发生两件事：一些光发生反射，一些光辐射出去。一般来说，弯曲越尖锐，辐射损耗越大。在低对比度光纤中，小于几厘米的弯曲半径就可以引起严重的辐射损耗。而在芯片上的高对比度波导中，即使是波长级别的弯曲，辐射损耗也相当小。① 光子晶体波导有些不一样，因为带隙阻止了辐射损耗，人们只需要考虑反射损耗。值得注意的是，直角弯曲波导的反射损耗可以为零，如图 6 (左上) 所示：在一定频率下，即使弯曲“半径”小于波长，光子晶体弯曲波导也可以 100% 透射。

① 随着弯曲半径的减小，辐射开始呈指数增加 (Marcatilli, 1969)。但是，如文献 (Manolatou et al., 1999b) 所证明的那样：在高对比度介质中，有效的急剧弯曲引起的辐射很小。

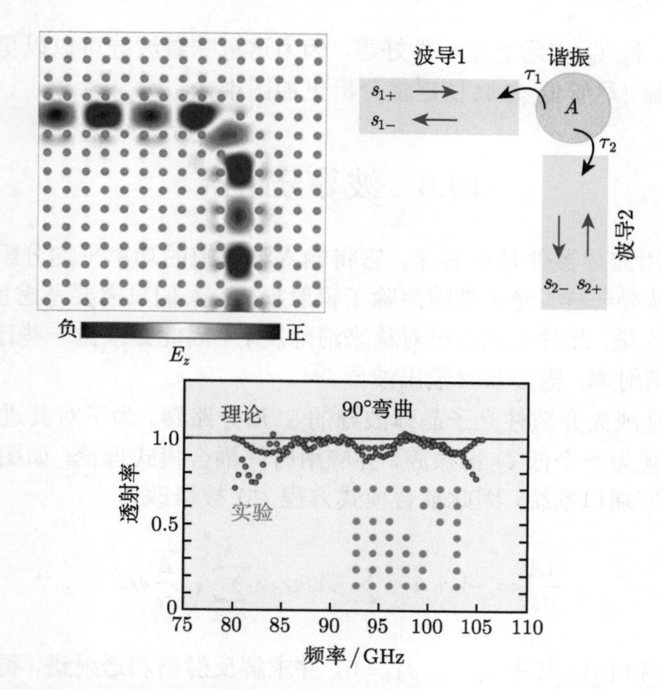

图 6　左上：图 2 所示变形波导 (直角弯曲波导) 的场分布 E_z，在 $\omega a/2\pi c = 0.35$ 处有近 100% 的透射率。右上：大致上，弯曲可以认为是一种弱谐振滤波器，如图 5 所示，对称性使得 $\tau_1 = \tau_2$，因此具有宽频 (低 Q)100% 透射率。下：$a = 1.27\text{mm}, \varepsilon = 8.9$ 氧化铝四方晶格直角弯曲波导的实验数据，以及简单一维模型的理论预测值 (Lin et al.，1998a)

通过耦合模结果，可以立即直观地理解这种谐振传输。将弯曲的角想象为一个弱 (低 Q) 谐振“腔”。弯曲结构将这个“腔”耦合到两个波导上，如图 6(右上) 示意图所示。实际上，前一节的分析并没有考虑几何弯曲。重要的是，通过对称，弱谐振腔中的模式必须以相同速率衰减到水平和垂直波导中，而且没有其他辐射通道。如果这个系统弱耦合，立即可以得出结论：透射在谐振时达到 100% 峰值 (尽管谐振可能会展宽，因为 Q 很低)。

当然，这种分析有不足的地方：谐振腔与波导并不是弱耦合，并且谐振腔不会长时间约束光 ($Q < 10$)。由于这些原因，不能期望耦合模式理论所预测的结果很精确，但其定性预测的结果非常有效。问题的本质上是一维问题，因此可以建立更精确的弯曲理论模型：光在每一点上只能前进或后退。因此可以将弯曲映射到一维对称势阱散射的经典量子力学模型，这个模型中会发生 100% 的传输共振。图 6(下) 是此类模型 (Mekis et al.，1996) 所预测的透射谱与微波实验测量结果的对比 (Lin et al.，1998a)。

与滤波器一样，单模和对称性是实现高传输的关键因素。与滤波器不同的是，在弯曲波导中，低 Q 实际上是一件好事，因为这意味着波导可以以更宽的带宽进行高透射率传输 (尽管低 Q 会使定量分析更加困难)。

10.6　波导分路器

另一种常用波导器件是*分路器*，它将输入波导中的功率平均分配给两个输出波导。和弯曲波导一样，光子带隙消除了辐射损失，人们只需要考虑反射损耗。与弯曲波导*不同*的是，此时无法通过对称来消除反射，因此必须做一些违反直觉的事情：为了*增加*透射率，需要*阻碍*输出波导。①

图 7(左) 是缺失介质柱光子晶体波导的 T 形分路器。为了对其进行定性分析，再次将汇合点视为一个低 Q 谐振腔，并应用时间耦合模式理论，如图 7(右) 所示。由于这是一个三端口系统，因此耦合模式方程 (5) 被修改为

$$\frac{\mathrm{d}A}{\mathrm{d}t}=-\mathrm{i}\omega_0 A-\sum_{\ell=1}^{3}A/\tau_\ell+\sum_{\ell=1}^{3}\sqrt{\frac{2}{\tau_\ell}}s_{\ell+} \tag{13}$$

利用方程 (13) 和 (6)，其中 $s_{2+}=s_{3+}=0$，并求解反射谱和透射谱，得到

$$R(\omega)=\frac{\left|s_{1-}\right|^2}{\left|s_{1+}\right|^2}=\frac{(\omega-\omega_0)^2+\left(\dfrac{1}{\tau_1}-\dfrac{1}{\tau_2}-\dfrac{1}{\tau_3}\right)^2}{(\omega-\omega_0)^2+\left(\dfrac{1}{\tau_1}+\dfrac{1}{\tau_2}+\dfrac{1}{\tau_3}\right)^2} \tag{14}$$

它是反射回波导 1 的反射率。

$$T_{1\to 2}(\omega)=\frac{\left|s_{2-}\right|^2}{\left|s_{1+}\right|^2}=\frac{\dfrac{4}{\tau_1\tau_2}}{(\omega-\omega_0)^2+\left(\dfrac{1}{\tau_1}+\dfrac{1}{\tau_2}+\dfrac{1}{\tau_3}\right)^2} \tag{15}$$

它是传输进波导 2 的透射率。

$$T_{1\to 3}(\omega)=\frac{\left|s_{3-}\right|^2}{\left|s_{1+}\right|^2}=\frac{\dfrac{4}{\tau_1\tau_3}}{(\omega-\omega_0)^2+\left(\dfrac{1}{\tau_1}+\dfrac{1}{\tau_2}+\dfrac{1}{\tau_3}\right)^2} \tag{16}$$

它是传输进波导 3 的透射率。

① Fan 等 (2001b) 进行了更详细的讨论。

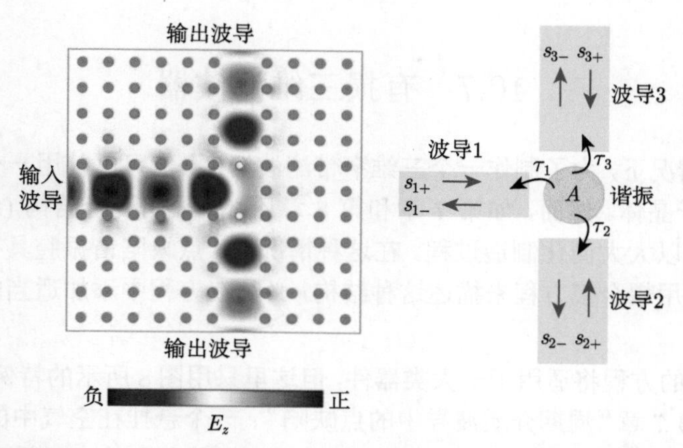

图 7　左：图 2 所示波导的 "T" 形功分路器 E_z 场分布，其在频率 $\omega a/2\pi c = 0.4$ 处有接近 100%的透射率。右：一个抽象模型将汇合点视为弱共振模型，并预测 $1/\tau_1 = 1/\tau_2 + 1/\tau_3$ 时可以获得 100%传输。因此，为了获得 100%透射率，不能使用对称结构。必须插入阻碍输出波导的介质柱 ($\varepsilon = 3.5$，白色柱体)，以增加透射率

从方程 (14) 可以看出，在 $\omega = \omega_0$ 时可以实现零反射。如果以下假设成立，即可以实现从波导 1 到波导 2 和波导 3 的 100%透射：

$$\frac{1}{\tau_1} = \frac{1}{\tau_2} + \frac{1}{\tau_3} \tag{17}$$

这很有趣，原因有二。首先，在 120° 旋转对称中永远无法满足 $\frac{1}{\tau_1} = \frac{1}{\tau_2} + \frac{1}{\tau_3}$(实际上，在这种情况下，透射率不超过 8/9)。从概念上讲，方程 (17) 与滤波器发生 100%透射的条件相同：输入衰减率必须等于输出总衰减率。对于弯曲波导，当汇合点不存在强约束模式时 (Q 很小)，此分析无法给出准确数值。但更仔细的分析表明，定性预测是正确的。

其次，如果不能依靠对称满足方程 (17)，那么人们必须 "手动" 满足它。如果 $\tau_2 = \tau_3 = \tau$，τ 必须大于 τ_1：谐振腔与输入端的耦合强度必须是与输出端耦合强度的两倍。因为即使如图 7(左) 所示的非对称汇合点通常也会与三个输出端口耦合，所以可以得出一个违反直觉的结论：通常必须在谐振腔和输出波导之间添加障碍物，以削弱它们的耦合，增加透射率！

图 7(左) 在每个输出波导之前添加了一个介质柱 (白色)。从方程 (17) 不能推断具体结果，所以必须调整障碍物的强度 (改变介质柱半径或 ε)，直到数值模拟表明所需频带中产生了最大透射率。当介质柱介电常数为 3.5 时，获得了一个高透射区域 (大于 95%)，其从带隙中心频率一直延伸到带隙顶附近。而在 $\omega a/2\pi c \approx 0.4$ 附近的约 4%带宽内，透射率超过了 99%。

10.7　有损三维滤波器

在理想情况下，为了制作一个三维窄带滤波器，人们可以使用一个具有完全带隙的三维光子晶体。然而，如第 7 章和第 8 章所述，采用混合结构 (结合带隙和折射率引导) 可以大大简化制造过程。在这种情况下，点缺陷谐振腔具有固有的辐射损耗。如果要用耦合模方程来描述这种结构，必须在方程中添加适当的项来描述这种损耗。

同样，新的方程将适用于一大类器件，但这里只用图 8 所示的特例来阐述。这种结构类似于第 7 章“周期介质波导中的点缺陷”：一个悬挂在空气中的 $1.2a \times 0.43a$ 介质波导，一系列周期为 a 的孔 (半径为 $0.23a$) 将其打穿，缺陷两侧各有四个孔，间距 $d = 1.26a$。该缺陷引入一个频率为 $\omega a/2\pi c = 0.3$，品质因子 $Q = 350$ 的谐振模式。目前，与之类似的砷化镓 ($\varepsilon \approx 11.4$) 结构已经问世，工作波长约为 1.5μm(1500nm)，相当于 $a = 460$nm (Ripin et al., 1999)。

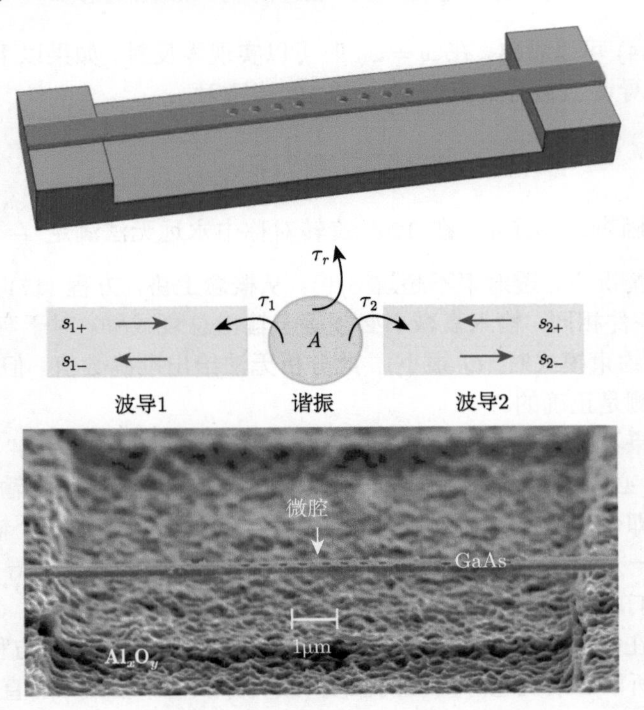

图 8　上：一个悬浮 (空气桥) 介质波导，四个周期 (周期为 a) 气孔围住一个缺陷 (间距 $d > a$) 形成波导–谐振腔–波导滤波器。中：滤波器的示意图，类似于图 5，但引入了额外的辐射寿命 τ_r。下：$a \approx 0.5$μm 的砷化镓结构扫描电镜图 (Ripin et al., 1999)

该系统的示意模型如图 8(中)。其与图 5 大致相同，只是引入了一个新的衰减机制：腔模以一定寿命 τ_r 向周围的空气辐射。这与第 7 章定义的辐射品质因子 Q_r 有关，$Q_r = \omega_0\tau_r/2$。通过添加 $-A/\tau_r$ 项，方程 (5) 就包含了这种衰减。新的项将如何影响其他衰减率和耦合常数？

在耦合模式理论中，有两种方法可以处理谐振腔的辐射损耗，两者的结果是一致的。第一种方法是将辐射损耗视为与谐振腔耦合的另一个输出端口 (类似于分路器)。由于给定腔模辐射具有固定的辐射分布，因此可以用单振幅来表征辐射场，就像一个单模波导。另一种方法依赖于弱耦合假设。这种方法的优点是：可以将其扩展到包含材料吸收的损耗机制中 (如下一节所述)，其中吸收损耗打破了麦克斯韦方程组的时间反演对称性和能量守恒。当辐射损失很小 ($Q_r \gg 1$) 时，根据弱耦合假设的要求，可以忽略 τ_r 对 τ_ℓ，或对 A 和 $s_{\ell\pm}$ 之间耦合常数的影响。因为一个谐振腔损耗率对另一个谐振腔损耗率的影响属于二阶效应。因此，方程 (6) 不受 $s_{\ell-}$ 的影响，而方程 (5) 变为

$$\frac{\mathrm{d}A}{\mathrm{d}t} = -\mathrm{i}\omega_0 A - A/\tau_r - \sum_{\ell=1}^{2} A/\tau_\ell + \sum_{\ell=1}^{2}\sqrt{\frac{2}{\tau_\ell}}s_{\ell+} \tag{18}$$

接着可以解出这些方程来求出透射谱，如方程 (12) 所示。同样，由于对称性，$\tau_1 = \tau_2$，用 $1/\tau_w = 1/\tau_1 + 1/\tau_2 (Q_w = \omega_0\tau_w/2)$ 表示输入/输出波导的总衰减率。而系统总衰减率 $1/\tau = 1/\tau_1 + 1/\tau_2 + 1/\tau_r$ 对应一个总品质因子 Q：

$$Q = \left(\frac{1}{Q_w} + \frac{1}{Q_r}\right)^{-1} = \frac{Q_w Q_r}{Q_w + Q_r} \tag{19}$$

透射谱是

$$T(\omega) = \frac{\dfrac{1}{4Q_w^2}}{\left(\dfrac{\omega-\omega_0}{\omega_0}\right)^2 + \dfrac{1}{4Q^2}} \tag{20}$$

现在可以评估辐射损耗 Q_r 的影响。谐振频率 ω_0 处仍然有一个洛伦兹峰，其半峰值透射率对应的分数宽度是 $1/Q$。然而，峰值透射率 $T(\omega_0)$ 不再是 100%。现在，最大值是

$$T(\omega_0) = \left(\frac{Q}{Q_w}\right)^2 = \left(\frac{Q_r}{Q_w + Q_r}\right)^2 \approx 1 - \frac{2Q}{Q_r} + O\left([Q_w/Q_r]^2\right) \tag{21}$$

其中，最右边的表达式是 $Q_r \gg Q_w$ 时的常见表达式。可以看到，$Q_r \gg Q_w$ 的传输率接近 100%。也就是说，当腔模更快地向波导中衰减，而不是更快地向空气中衰减时，透射率最大。这证实了本书在第 7 章和第 8 章中提到的直觉结论，当时认为尽可能大的 Q_r 对于设备性能很重要。

例如，假设想要一个带宽为 0.1%(工作波长为 1.5μm 的单个 100GHz 信道) 的滤波器 ($Q \approx 1000$)。如果能够承受的损耗率为 2%，那么必须有 $Q_r \approx 10^5$(因此 $2Q/Q_r \approx 0.02$)。

在图 8 结构中，孤立谐振腔 (被无限多个孔包围) 的计算辐射损耗为 $Q_r \approx 3000$。因此，方程 (21) 预计辐射损耗约为 22%。在图 9(左) 所示的数值仿真透射谱中，峰值透射率约为 74%。这与预测很接近，而本节末尾则解释了仿真损耗略大于预期损耗的原因。相比之下，图 9(右) 显示了两种不同点缺陷对应的实验透射谱 (任意单位)：$d = 1.26a$ 和 $d = 1.41a$。(测量绝对透射率要困难得多。) 如预期所料，大 d 对应大谐振波长，而 Q 几乎不变 (两种谐振频率都位于在带隙中心)。通过改变结构来优化 Q_r，可以获得更高透射率；例如，Ripin 等 (1999) 获得了 94%透射率。

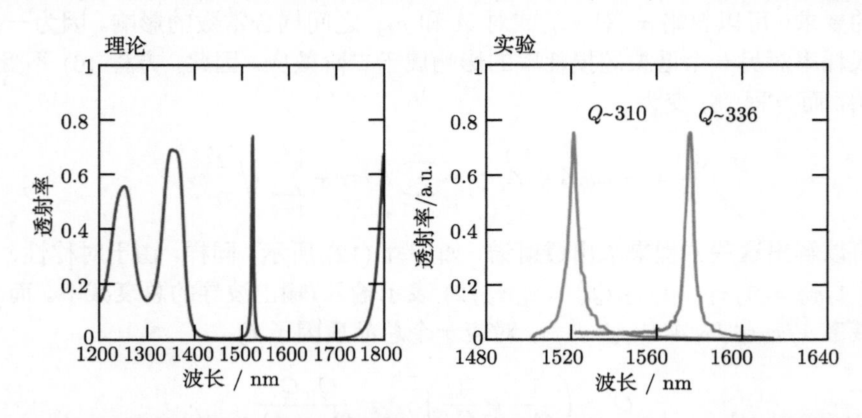

图 9　图 8 空气桥滤波器的理论和实验透射谱 (与真空波长的关系)。左：理论结果，给出了带隙中的透射峰及间隙外的法布里–珀罗振荡。右：实验结果，给出了两个独立点缺陷对应的透射谱：$d = 1.26a$ (左，$Q = 310$) 和 $d = 1.41a$ (右，$Q = 336$)

未透射的能量去哪里了？它们大部分会被辐射掉，但有一部分会反射，因为辐射损耗破坏了零反射条件。如果求解反射谱 $R(\omega)$，就会发现谐振时的反射率 $R(\omega_0)$ 是 Q^2/Q_r^2。因此，小辐射损耗 ($Q_r \gg Q_w$) 的主要作用是引起辐射损耗，而不是反射。相反，在 $Q_r \ll Q_w$ 的极限中：几乎所有光都发生反射，辐射损耗仅仅为 $2Q_r/Q_w$，而透射率大约为 Q_r^2/Q_w^2。

事实上，大 Q_w 强烈暗示着一种尚未考虑的损耗机制。截止到目前，如果让 $Q_w \to \infty$(增加很多周期)，结果则是 100%反射 ($s_{\ell-} = -s_{\ell+}$)。然而，在实际结构中，当光从半无限晶体中反射时，会发生一些辐射损耗。因为破缺的平移对称和不完全带隙允许它们耦合到光锥内部的辐射模式。

在时间耦合模式理论中，可以直接处理这种反射–辐射损失。①然而，它让人们

① 在 Suh 等 (2004) 的公式中，增加了一个新的辐射“端口”，可以直接耦合到波导。

意识到，无论 Q 值是多少，都会发生这种损耗。因此，如果要求损失最多为 (例如)1%，那么除了考虑上述 $2Q_r/Q_w$ 的腔辐射损耗外，还必须确保半无限晶体的反射–辐射损耗低于 1%。

在图 8 的结构中，半无限晶体的反射–辐射损失在 ω_0 处约为 10%，其结果是图 9(左) 峰值透射率略低于孤立谐振腔辐射损耗所预测的值。可以通过缓慢 (绝热) 过渡而不是突然 "开启" 晶体来减少这种损耗。一般来说，设计低损反射的问题与设计高 Q_r 谐振腔的问题有关，而使用缓慢过渡结构则是牺牲尺寸约束损耗 (一种权衡取舍) 的另一个例子。①

10.8　谐振吸收和辐射

上一节将辐射损耗表达为一个很小的辐射损耗率 $1/\tau_r$，或等效地，一个很大的辐射品质因子 Q_r。人们可以用同样的方式处理其他损耗机制。例如，可以通过添加一个小吸收损耗率 $1/\tau_a$ 来表示 ($Q_a = \omega_0\tau_a/2$) 材料吸收 (介电常数含有虚部)。②一般来说，方程 (5) 可以表达为

$$\frac{\mathrm{d}A}{\mathrm{d}t} = -\mathrm{i}\omega_0 A - A/\tau_x - \sum_{\ell=1}^{2} A/\tau_\ell + \sum_{\ell=1}^{2}\sqrt{\frac{2}{\tau_\ell}}s_{\ell+} \tag{22}$$

其中，$1/\tau_x = 1/\tau_r + 1/\tau_a + \cdots$ 为额外损耗项。

尽管额外损耗通常没用，但凡事总有例外。例如，在光电探测器中，被吸收的光可以转换成有用的电流。类似地，辐射光可以馈入相机或其他传感器。③窄谐振带宽可用于检测特定频率的对应物 (比如特定化学物质发出特定频率荧光)。如果可以打开和关闭这些吸收，也可以将其作为某种开关机制。④在这种情况下，设计标准发生了变化：希望谐振时拥有 100% 的吸收或辐射。

例如，假设人们修改了图 8 的滤波器结构，想使其将频率为 ω_0 的入射光全部辐射掉，并反射其他频率的光。在这种情况下，与输出波导的耦合是一种损耗，并且可以使用类似于图 10 的结构来消除它。也就是说，在谐振腔的另一侧增加许多周期，使得 $\tau_2 \to \infty$。此外，假设吸收损耗可以忽略不计 ($\tau_a \to \infty$)。然后，通过求解辐射损耗 $1 - R(\omega)$ 的耦合模方程 (6) 和 (5)，可以发现结果与方程 (10) 中的洛伦兹峰完全相同，但 τ_2 由 τ_r 所代替。

① 然而，波导和晶体之间缓慢过渡不会影响腔的模态体积，这与 Q_r 的权衡取舍不同。Sauvan 等 (2005) 分析了 Q_r 与腔内反射率有关的定量模型。

② 给定一个无损 (实 ε) 材料的腔模，将 ε 的虚部代入第 2 章微扰公式中，很容易发现一个小吸收损耗。这就产生了一个小虚部 $\mathrm{Im}\Delta\omega$，精确地说是 $1/\tau_a$。

③ 例如，Chutinan 等 (2001) 分析了其中一种设计。

④ 例如，参见 Wakita (1998) 基于吸收的光学调制器和 Fan 等 (2001a) 信道降滤波器中基于吸收的开关的文献。

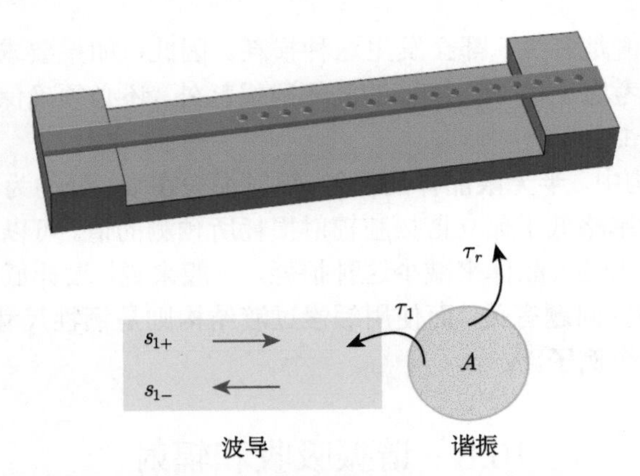

图 10　空气–桥的示意图，其利用谐振腔辐射光而不是传输光：腔右侧周期孔的带隙不允许模式传播。其抽象模型 (下) 类似于图 5，谐振腔仅仅与一个输入波导和一个辐射耦合，但没有输出波导。为了最大化辐射，在 $\tau_1 = \tau_r$ 的理想情况下，可以达到 100% 辐射

因此，正如最初的滤波器设计一样，100% 谐振辐射损耗的条件是两个衰减率必须相等：$\tau_r = \tau_1$。直观地说，如果 τ_1 太大，那么其与腔模的耦合就太弱 (所有光线都反射了)；如果 τ_1 太小，那么光不会长时间停留在腔中并发生辐射 (很快就跑到了波导中)。然而，与滤波器不同，此时不能通过对称性来满足 $\tau_r = \tau_1$。必须改变腔参数 (如孔尺寸)，从而调整 τ_r 和 τ_1，直到它们相等。

同样，如果人们想得到 100% 的吸收，就应该选择 $\tau_a = \tau_1$，其中 τ_2 和 $\tau_r \to \infty$。如果 τ_r 有限，那么正如方程 (21) 所示，会引入约 $2Q/Q_r$ 的辐射损耗。

10.9　非线性滤波器和双稳态

上几节使用简单、被动、线性材料来设计各种有用设备。在这种情况下，光学非线性效应很弱，因此完全有理由忽略它们。然而，如果在谐振腔中，(i) 光长时间停留在 (ii) 小体积中，那么人们就很容易观察 (并) 利用非线性现象。这两种特性都会引入极高的场强，电磁性质对微小变化具有极大敏感性。光子晶体可以作为一种理想的非线性系统，因为它可以将小体积 (在波长尺度上) 约束与长寿命结合在一起，而不必考虑折射率约束系统中两者的权衡折中。这一节探讨了一种重要的非线性效应谐振腔：**光学双稳态**。①

光学双稳态是指非线性谐振腔滤波器输出功率和输入功率之间的非线性关系，特别是图 11 所示的 S 形曲线。(这与线性装置形成对比，后者输出功率始终是输入功率的线性函数。) 因为 S 曲线中间分支 (虚线) 不稳定，所以功率沿着 S 曲线

① Felber 和 Marburger (1976) 提出了微腔滤波器基于克尔非线性效应的双稳态现象。

上或下分支变化，但走到分支末端会不连续跳跃。输出功率究竟处于两个稳态中的哪一个状态，取决于其前一时刻的状态 (从低功率出发则跟随下分支，从高功率出发则跟随上分支)，所以这是一种**滞后效应**。

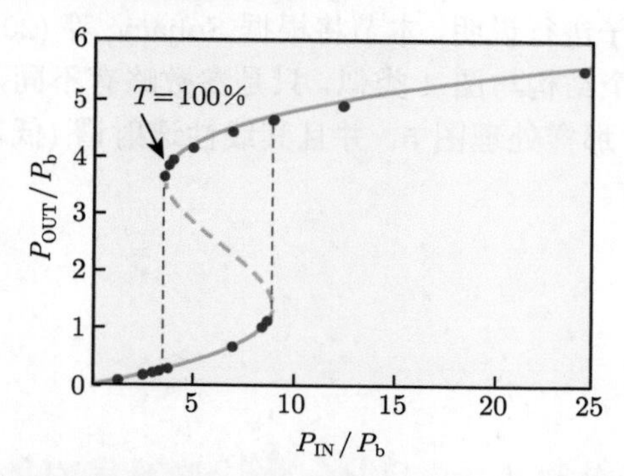

图 11　当腔包含**克尔非线性** (腔的频率与功率成正比) 时，图 12 所示滤波器的输出功率与输入功率的关系，单位是本征功率 P_{b}。当工作频率低于谐振频率时，功率遵循所示的滞后曲线，在两个双稳态之间跳跃 (绿色虚线是不稳定解)。点是精确的数值计算结果，直线是耦合模式理论在非线性扰动下的理论曲线

可以对这种现象做出定性分析：假设有一个谐振频率为 ω_0 的谐振腔，并且输入功率的频率 ω 略低于 ω_0。慢慢增加输入能量会发生什么？(在线性状态下，输出功率与输入功率成正比。) 随着输入功率增大，由于非线性，ε 会增大，ω_0 会移动到较低的频率，和 ω 重合发生谐振。因此，人们可能觉得透射率在这个过程中会起伏。然而事实并非如此：当电磁波开始谐振，与谐振腔的耦合增强 (正反馈) 时，透射率急剧增加；随着谐振消失，耦合减少 (负反馈)，从而透射率有延迟地下降。

这类非线性传输允许人们创建一个**全光晶体管**：通过增加或减少输入功率，人们可以从低透射率切换到高透射率，反之亦然。电子晶体管所能做的一切都可以用光学设备完成：开关、逻辑门、信号整流、放大等多种功能。关键问题是启动双稳态需要多少功率，这取决于本征功率 P_{b}。

为了实现双稳态现象，可以使用图 5 的波导–谐振腔–波导滤波器，并考虑**克尔非线性**：假设介电常数 ε 与 $|\mathbf{E}|^2$ 成正比。[①]尽管整个装置由同一个非线性材料构成，但非线性效应仅在场强最大的谐振腔中才明显。ε 的偏移使得模式频率发生偏移 $\Delta\omega_0$，$\Delta\omega_0 \sim |A|^2$。克尔非线性也可以将不同频率耦合，最著名的是它可以**产生**

① 这里有一个微妙之处，因为在一个非线性系统中，人们不能把场写成一个复数，最终结果取实部；人们必须从一开始就取实部。然而，依据实数电磁场得到正确的耦合模式方程之后，为了利用 $\mathrm{e}^{-\mathrm{i}\omega t}$ 时间依赖性的便捷性，可以重新引入虚部 (Soljačić et al., 2002a)。

三次谐波：一个频率为 ω 的光可以转化为频率为 3ω 的光。但是，除非在 $3\omega_0$ 处有另一种腔模，否则 $\Delta\omega_0$ 将是谐振腔最明显的非线性效应。

和以前一样，即将给出的非线性波导–谐振腔–波导理论描述具有普适性，但本节会用一个具体的例子进行说明。本节将根据 Soljačić 等 (2002a) 的论文使用图 12 所示滤波器结构。这个结构与图 4 类似，只是参数略有不同，如图标所示。[①]因此，人们可以像处理图 4 那样处理图 5，并且其线性透射谱 (低功率) 是以 ω_0 为中心的洛伦兹峰，$Q = 557$。

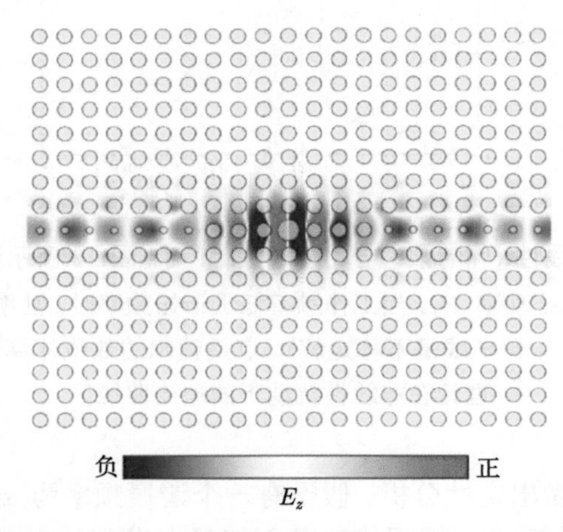

图 12　介质柱四方晶格波导–谐振腔–波导滤波器，与图 4 相似，但参数略有不同。晶体：介质柱介电常数为 5.4，半径为 $r = 0.2a$，有 18%TM 带隙。波导：一排减小半径 (r=0.08a) 的介质柱。谐振腔：半径增大 ($r = 0.42a$) 的介质柱，频率为 $\omega_0 a/2\pi c = 0.25814$ 的场为偶极分布

假设 ε 与 $|\mathbf{E}|^2$ 呈比例增加，这导致谐振频率与 $|A|^2$ 呈比例下降。正如之前的定性分析，对于一个随功率增加的非线性腔 ε，人们希望工作频率 ω 略低于线性谐振频率 ω_0。那么两者的差值有多大？更重要的是，$\omega_0 - \omega$ 相对洛伦兹峰的半高宽 $\omega_0/2Q$ 有多大？这可以告诉人们线性透射率有多小。定义一个**失谐参数** δ：

$$\delta \triangleq 2Q\frac{\omega_0 - \omega}{\omega_0} \tag{23}$$

根据方程 (12)，人们可以用 $T(\delta) = 1/\left(\delta^2 + 1\right)$ 表示 ω 处的线性透射率。在图 12 中，如果选择频率 $\omega a/2\pi c = 0.25726$，可以得到 $\delta = 3.8$，线性透射率为 6.5%。

包含非线性材料后，透射率将如何随 $|A|^2$ 变化。实际上，用输入和输出功率 (而不是 $|A|^2$) 表达透射率更方便。为此，可以用 P_{out} 表示 $|A|^2$，因为谐振腔中的能量 $|A|^2$ 与输出波导功率 P_{out} 成正比，输出功率必须总是直接来自谐振腔中的能

① 尽管有两个偶极模式，但只有一个 (图 12) 具有与波导耦合的正确对称性，而另一个模式相对于波导镜平面是奇对称。

量。①这意味着人们可以将非线性效应表示为与 P_{out}(而不是 $|A|^2$) 成正比的 $\Delta\omega_0$，因此对于某些比例常数 $1/P_{\text{b}}$，δ 变成了 $\delta - P_{\text{out}}/P_{\text{b}}$。由于 δ 是无量纲的，所以 P_{b} 必须是功率单位：它是一种*本征功率*，设定了非线性效应的基本尺度。

随着 δ 减小，透射谱发生巨大变化，因为洛伦兹峰开始接近工作频率 ω。将 δ 代入 $T(\delta)$ 方程，得到透射率

$$\frac{P_{\text{out}}}{P_{\text{in}}} = \frac{1}{1+(\delta - P_{\text{out}}/P_{\text{b}})^2} \tag{24}$$

只要非线性频移 $\Delta\omega_0/\omega_0$ 很小，方程 (24) 则基本上是精确的。并且，在现实材料中，克尔效应 (通过改变折射率) 导致的频移小于 1%。方程 (24) *不是*洛伦兹方程，而是关于 P_{out} 的三次方程。取 $\delta = 3.8$ 时，得到图 11 所示 S 形曲线 $P_{\text{out}}(P_{\text{in}})$。图 11 中的点给出了图 12 结构中非线性效应的麦克斯韦方程精确数值解，这证实了方程 (24) 的预测结果。进一步研究表明，$\delta > \sqrt{3}$ 则具有双稳态 (即存在三个实解，因此具有 S 形传输)。即使没有双稳态，透射率在功率接近 P_{b} 时仍是非线性的，因为当 $P_{\text{in}} = P_{\text{out}} = P_{\text{b}}\delta$ 时，有可能发生 100%透射。但是 P_{b} 由什么决定呢？

非线性效应的功率单位 P_{b} 由偏移谐振频率所需的功率决定，而这反过来又取决于给定输入功率下材料非线性和腔中的场强 $|\mathbf{E}|^2$。场强与模态体积 V 的测量值成反比；与寿命 (在这段时间内，场在腔体中形成振荡) Q 成正比。另一方面，谐振腔频移与洛伦兹透射谱展宽 $1/Q$ 成正比，因此，$P_{\text{b}} \sim V/Q^2$。与环形谐振器之类的传统谐振腔不同，拥有完全带隙的光子晶体不会在 V 和 Q 之间产生权衡取舍。品质因子 Q 可以任意增加 (达到所要求的信号带宽)；而 V 可以保持在最小值 $\sim (\lambda/2n)^3$ 附近，其中 n 是折射率。实际上，在图 12 系统中，假设半导体材料的参数合理，并且通信带宽设置为 $Q = 4000$，最终得到的理论工作功率仅为几毫瓦。实验上，在功率阈值仅为 40μW 时，就观察到了光子晶体板谐振腔 ($Q = 30000$) 中的双稳态 (Notomi et al., 2005)。

可以根据线性谐振腔模式得到本征功率 P_{b} 的解析式。②其推导过程参考第 2 章微扰理论，并且计算过程类似于第 9 章有效面积的计算。定义**克尔系数** n_2 (平均场强每单位功率引起的折射率变化)，本征功率 P_{b} 为

$$P_{\text{b}} = \frac{V_{\text{Kerr}}}{Q^2 \max(n_2/\varepsilon)} \cdot \frac{\omega_0}{4c} \tag{25}$$

① 即 $P_{\text{out}} = |s_{2-}|^2 = |A|^2 \cdot 2/\tau_2$，其中 τ_2 因为非线性而产生的任何微小变化都属于更高阶效应。相反，$|A|^2$ 与 P_{in} 不成正比，因为谐振频率随功率变化。

② 这一结果以 Soljačić 等 (2002a) 中的表达式为基础，改写为一种更便捷的形式。本书使用的 n_2 为传统定义，它与参考文献中的定义相差 4/3。

其中，V_{Kerr} 是一个精确定义的模态体积，由下式给出①：

$$V_{\text{Kerr}} \triangleq \frac{\left(\int \mathrm{d}^3\mathbf{r}\varepsilon|\mathbf{E}|^2\right)^2 \max\left(n_2/\varepsilon\right)}{\int \mathrm{d}^3\mathbf{r}\frac{n_2\varepsilon}{3}\left(|\mathbf{E}\cdot\mathbf{E}|^2+2|\mathbf{E}|^4\right)} \tag{26}$$

该定义量化了电场在非线性材料中的集中因子，类似于第 9 章方程 (6) 中有效面积的定义。体积通常以 $(\lambda/2n)^3$ 为单位，以使其与材料中的波长相关联。在图 12 二维结构中，模态面积 $\left(\mathrm{d}^3\mathbf{r}\to\mathrm{d}^2\mathbf{r}\right)$ $V_{\text{Kerr}}=1.7(\lambda/2n)^2=(1.3\lambda/2n)^2$，接近半波长直径。

10.10　一些其他问题

本章仅详细分析了少数几个系统，以说明如何通过光子晶体和耦合模式理论实现应用设计。为了开拓读者的视野，本节将介绍其他一些示例，但是不作详细讨论。

图 5 滤波器结构中，谐振腔分割了线性波导。如果把一个单模谐振腔放在一个完整波导的*旁边*呢？在这种情况下，透射谱中有一个洛伦兹倾角，谐振处透射率几乎为零 (Haus and Lai，1991)。通常，输入和输出端口通过侧面谐振腔耦合时，产生的现象是 **Fano(法诺) 共振**。如果直接耦合不完美 (即使没有腔模也会发生一些反射)，会得到一个不对称的透射谱：其中有一个透射率尖峰，而尖峰之前或之后透射率会骤降。②

侧面耦合腔的透射率骤降现象虽然很有趣，但这仅意味着极小部分带宽发生了反射。与之相比，将这部分窄带宽重新定向到另一个 “下降” 波导 (其他频率不受影响) 会更有用，这正是一个**信道下降滤波器**。图 13 是一个二维光子晶体信道下降滤波器。实际上，为了获得一个理想的信道下降滤波器，两个波导之间需要*两*个腔模。在图 13 中，这两个谐振腔模式由两个谐振腔 (缺失一根介质柱) 引入。如果只有一个腔模，那么没有什么能阻止它在下降波导中沿两个方向衰减；出于类似的原因，部分信号会不可避免地反射回到输入端口。但是，如果有两种模式，经过精心设计，人们可以安排其衰减分量在不需要的输出方向上发生干涉相消。特别地，如果迫使两种模式简并满足某些对称性，则可能在输出波导的一个方向上实现

① 不同的物理过程导致了模态体积不同的测量值；例如，在“解局域”一节中，自发辐射的公式中使用了不同的 V。物理机制只能根据无量纲比例因子来定义 V；选择该比例因子，使 V 表示某些非线性区域 (n_2 和 ε 为常数) 中恒定场的普通几何体积。

② 见 Fano (1961) 或 Fan 等 (2003) 通过时间耦合模式理论回顾和分析 Fano 共振。

100% 的信道下降。①

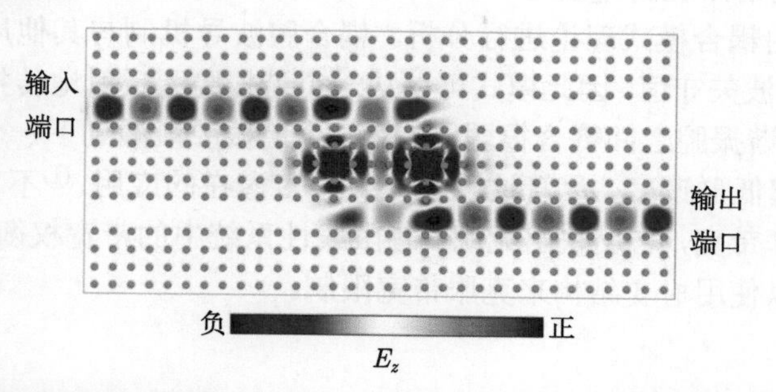

图 13　一个**信道下降滤波器**将光从输入端口 100% 重新定向到输出端口，工作频率在某个谐振频率附近，其他频率沿上波导无阻碍地传播。谐振时的 E_z 如图所示。这种现象需要一对简并的谐振模式 (这里由两个谐振腔引入)，它们具有适当的对称性，可以将两个波导耦合在一起

信道下降滤波器需要将功率从一个波导传输到另一个波导。然而，在其他情况下，这种传输称为**串音**，应避免这种传输。当然，如果波导彼此保持足够远距离，串音就会呈指数减小。在复杂光学电路中，某个波导可能需要在某一点穿过 (或覆盖) 另一个波导。在这种情况下，利用适当设计的谐振腔调整交叉点，可以避免串音。如果谐振腔支持一对偶极子模式，那么根据对称性，串音几乎为零。②

在推导耦合模式方程时，曾假定时间反演不变。但是，磁光材料会打破这种反演对称。③由于它们不需要损耗就可以打破时间反演对称，因此可以用磁光材料设计理想的**光隔离器**，使光可以通过一个方向，但不能通过另一个方向；而**环行器**则可以根据光的走向将光线引导到不同方向。在大型光子电路中，这些器件是抑制反射的关键器件。正如可以利用光子晶体谐振腔构建微小的滤波器一样，事实证明，可以使用磁光材料制成的谐振腔来设计微小的隔离器和环形器，并且时间耦合模式理论也适用于这种情况，如文献 (Wang and Fan，2005)。

单个谐振腔可以构建拥有洛伦兹谐振峰的滤波器。但通常，洛伦兹峰并不是理想的峰形。人们有时候更希望得到方带通滤波器，其中，给定频率范围的透射率为 100%，在其他频率透射率为零。原则上，只需要级联多个谐振腔的影响，就可以近似获得这种理想的盒状频谱 (Little et al., 1997)。

之前所有例子都使用了波导和谐振腔组合。相反，人们也可以仅通过谐振腔

① 详情请参见文献 (Fan et al., 1998; Manolatou et al., 1999a) 或 (Soljačić et al., 2003) 关于非线性的研究。这两种腔模是环形谐振器的两个反向传播模式，例如，见文献 (Little et al., 1997)，事实证明，这是一种特殊情况。

② 见 Johnson 等 (1998) 和 Roh 等 (2004) 的实验。Yanik 等 (2003) 则提出了一种非线性开关结构。

③ 见 154 页脚注①。

耦合，利用周期谐振腔构*建*波导。Yariv 等 (1999) 将这类线缺陷称为**耦合腔波导**，并且其也可以用耦合模式理论进行分析。耦合腔波导机制与其他周期结构波导相同：周期方向的波矢守恒，因此模式可以从一个谐振腔无反射地传播到下一个谐振腔。然而，如果谐振腔之间耦合很弱，光从一个谐振腔泄漏到下一个谐振腔的速度很慢，就会引起低群速度。尽管这种**慢光**有许多潜在的应用，[①]不幸的是，低群速度往往伴随着窄带宽，它反映出无源、有限线性系统中的带宽权衡。Yanik 和 Fan (2004) 提出可以使用*时变结构*来克服带宽限制。

10.11 反射、折射和衍射

尽管这本书大部分都在讲如何*约束光*，但也有必要探讨光在光子晶体中 (和其周围) *自由*传播的现象。本节将简要回顾其中一些现象，并将其基本原理与前面各章中建立的基础联系起来。

考虑入射平面波遇到光子晶体界面的情况，如图 14(左) 所示。一些光线将*反射*，反射角等于入射角。而在光子带隙之外，一些光可以*透射*或*折射*，在晶体中以某个角度 (并以某个群速度) 传播。而且，根据频率、界面周期性和带结构，也可能存在有限的额外反射和/或折射波，它们是*布拉格衍射*现象。[②]

这些过程都可以借助布洛赫定理来理解：当光在具有离散平移对称的线性系统中传播时，布洛赫波矢量 $\mathbf{k}$ 一直守恒，直至加上额外的倒格矢量。图 14 只有平行于界面 (xz) 方向的平移对称性，因此只有*平行于*界面的波矢 $\mathbf{k}_{\|}$ 守恒。也就是说，假设平行于界面的周期为 Λ，入射平面波具有波矢 $(k_{\|}, k_{\perp})$ 和频率 ω。那么，任何反射波或折射波也必须有频率 ω 和波矢 $(k_{\|}+2\pi\ell/\Lambda, k'_{\perp})$，其中 ℓ 为任意整数，$k'_{\perp}$ 为一些垂直波矢。下面通过更详细的分析来说明这一原理，并介绍用*等频率图*分析晶体中折射波的方法。

注意，Λ 不一定等于晶体的晶格常数。如图 14(左) 所示，一个周期为 a 的四方晶格，对角线 (110) 界面的周期 $\Lambda=a\sqrt{2}$。实际上，界面根本不需要周期性[③]，但是把目标局限于周期界面最容易预测现象。

① 例如，增强非线性效应 (Xu et al., 2000; Soljačić et al., 2002b)，或者实现可调的时间延迟 (Povinelli et al., 2005)。

② 衍射是一个令人困惑的词，因为它是指两个截然不同的极限现象。在波长 λ 小于结构的极限情况中，衍射是指由 $\lambda>0$ 而导致的几何光学偏差 (Jackson, 1998)。另一方面，在周期结构的散射中，衍射是指由 $\lambda<\infty$ 产生的不寻常反射/折射波，尤其是当 $\lambda/2$ 小于 (或相当) 周期时。这里使用的衍射属于后一种，特别是对于多重反射/折射波现象；引用衍射一词的原始 (1671) 定义：“当一部分因为 (各种可能的) 分割而分离时，它们会在同一介质中以不同的方式传播”，例如，参见文献 (Hall, 1990)。

③ 周期界面取向是晶面，其中每个晶面都垂直于某个倒格矢。通常用米勒指数描述晶面，如附录 B。

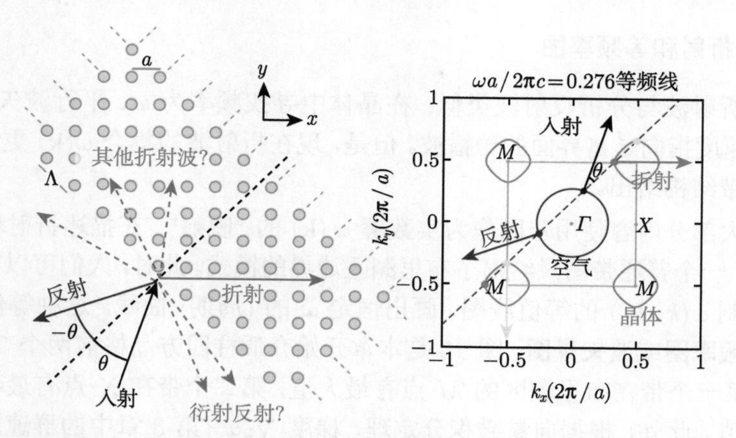

图 14 左：入射平面波 (黑色) 在空气中介质柱 (绿色) 四方晶格表面的反射 (蓝色) 和折射 (红色) 示意图，对角 (110) 方向上界面周期 $\Lambda = a\sqrt{2}$。根据频率的不同，由于布拉格衍射，还可能存在其他反射波和/或折射波。右：空气 (黑圈) 和晶体 (红色轮廓) 在 $\mathbf{k}$ 空间的等频率线，频率为 $\omega a/2\pi c = 0.276$，布里渊区为灰色。不同 $\mathbf{k}$ 点的群速度方向如箭头所示 (入射波/反射波/折射波分别用黑色/蓝色/红色表示)。因为平行于界面的波矢分量守恒，所以所有反射和折射的解 (蓝点和红点) 都必须在虚线上 (垂直于界面)

10.11.1 反射

最常见的镜面反射波是一个平面波，ℓ=0，$\mathbf{k} = (k_\parallel, k'_\perp)$。假设入射介质折射率为 n_i，那么，$n_\mathrm{i}^2\omega^2/c^2 = k_\parallel^2 + k_\perp^2 = k_\parallel^2 + (k'_\perp)^2$。由此可知，$k'_\perp = \pm k_\perp$，由于反射波必须离开界面反向传播，于是 $k'_\perp = -k_\perp$。如图 14(左) 所示，反射波满足入射角和反射角相等的“定律”。

另一方面，$\ell \neq 0$ 的衍射反射取决于频率。一般来说，ω 守恒意味着

$$k'_\perp = -\sqrt{n_\mathrm{i}^2\omega^2/c^2 - \left(k_\parallel + 2\pi\ell/\Lambda\right)^2} \tag{27}$$

可以看出，如果 ω 太小，或者 ℓ 太大，那么 $\mathbf{k}(\ell \neq 0)$ 将是虚数，这是一个从界面以指数形式衰减的倏逝场。对于任何 ℓ，只有 $\omega > c\left|k_\parallel + 2\pi\ell/\Lambda\right|/n_\mathrm{i}$，才能得到可以传播的衍射反射波。如果入射角 $\theta \geqslant 0$，$k_\parallel = \omega\sin(\theta)\, n_\mathrm{i}/c$，那么当 $\ell = -1$ 时，会发生一级衍射反射，

$$\frac{\omega\Lambda}{2\pi c} = \frac{\Lambda}{\lambda} > \frac{1}{n_\mathrm{i}\,(1+\sin\theta)} \tag{28}$$

对于 $n_\mathrm{i} = 1$(空气) 的常见情况，这意味着，如果 $\omega\Lambda/2\pi c = \Lambda/\lambda \leqslant 0.5$，就没有衍射反射，如果 $\Lambda = a$，本书大多数带隙附近的频率都不能满足衍射反射。当发生衍射反射时，每个衍射阶 (ℓ) 从掠射角 ($k'_\perp$=0) 开始，并随着 ω 的增加而向镜面反射角 $-\theta$ 移动。

10.11.2　折射和等频率图

分析折射波与分析反射波类似：在晶体中寻找频率为 ω、平行波矢量为 $k_{\|}+2\pi/\Lambda$，群速度指向远离界面的传播波。但是，现在折射波的集合 $\omega(\mathbf{k})$ 更加复杂，其由晶体能带结构给出。

本书大部分内容使用带图作为实数解 $\omega(\mathbf{k})$ 的“映射”。在描述折射现象时，带图还不够：一个普通带图只给出了布里渊区边界的模式。此时，人们可以在 (k_x, k_y) 平面上绘制 $\omega(k_x,k_y)$ 的等值线图，画出恒定 ω 的 (周期) 曲线。这种等值线图，有时称为**等频率图**或**波矢量图**。图 15 是本章开始介质柱四方晶格前两个 TM 带的等频率图。第一个带在布里渊区的 M 点有最大值，第二个带在 X 点有最小值，在 Γ 处有最大值。此外，根据向量微积分定理，梯度 $\nabla_{\mathbf{k}}\omega$ (第 3 章中的群速度) 垂直于 $\omega(k_x, k_y)$ 的等值线并指向 $\omega(k_x, k_y)$ 增加的方向。

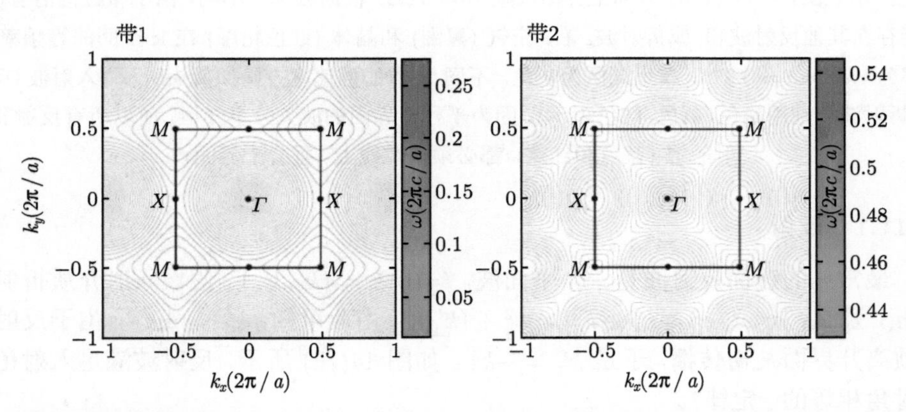

图 15　等频率图：空气中半径为 $0.2a$ 介质柱 ($\varepsilon = 11.4$) 四方晶格前两个 TM 带 $\omega(k_x,k_y)$ 的等值线。黑色方块为第一布里渊区

根据等频率图，很容易确定折射波数量 (如果有的话)，以及它们以什么状态/方向传播。(另一方面，折射波和反射波的振幅取决于表面终端，所以需要麦克斯韦方程的精确解。) 如图 14(右) 所示，对于选定频率 $\omega a/2\pi c = 0.276$，将入射介质 (空气，$\omega = c|\mathbf{k}|$) 的 (黑色) 频率曲线和透射介质 (光子晶体) 的 (红色) 频率曲线叠加在一起。在此图中，入射角表示特定波矢 $\mathbf{k}$(黑点) 及其在入射频率曲线上的群速度 (黑箭头)。为了选出具有相同 $k_{\|}$ 的模式，可以画一条虚线，这条虚线穿过表示入射波矢的 $\mathbf{k}$ 点，且垂直于界面 (沿 Γ-M 方向)。虚线与光子晶体频率曲线相交的位置确定折射波。

尽管固定 $k_{\|}$ 线可能在好几个地方与光子晶体频率曲线相交，但并非所有交点都对应于不同的折射波。首先，可以消除粉色点，它们对应模式的群速度 (粉色箭

头) 从晶体指向界面。这违反了边界条件 (唯一的入射功率来自入射介质)。其次，对于相差一个倒格矢的点 (即周期 **k** 空间中的等效点)，人们只需要保留其中一个。

因此，在图 14(右) 中，碰巧只有一个折射波 (红点/箭头)，其与入射波位于法线同一侧 (与广义斯内尔折射相反)。有两种方法可以获得多重折射波。第一，可以将带结构中的多个带相交，在等频率图上，这表示为多个曲线叠加 (这里不会发生这种情况，因为工作频率 ω 位于带隙之下，在那里只有一个带)。第二，固定 $k_{\|}$ 线也可以和其他不同周期原胞中不等价点的特定频率曲线相交。例如，如果有一个角度不同的界面，那么固定 $k_{\|}$ 线不是 45°，并且其很容易在多个不同点处与同一频率曲线相交。

至于反射，总会有一些截止频率，在这个频率之下，至多只能得到一个折射波，实际上，在大 λ 极限下，折射行为接近广义的斯内尔定律，此时，光子晶体是某种具有“平均”折射率的有效介质。相应地，如图 15(中)，小频率 $\omega\pi c/a$ 的曲线形状接近圆形 (具有恒定群速度)。

相反，在某些情况下，不存在折射波。即使在全内反射情况下，对于斯内尔定律，也可能没有折射波。但是由于光子带隙，容易获得反射波。例如，在图 14(右) 中，入射角 θ 较大时，虚线不会与光子晶体红色频率曲线相交，这导致全反射 (即使该频率对于其他角度而言不在带隙之中)。这是带隙约束机制的另一个视角。

难道不应该画出所有 ℓ 的虚线 $k_{\|}+2\pi\ell/\Lambda$ 吗? 没这个必要，因为 **k** 空间中光子晶体频率曲线周期性的复制就等效于在 $k_{\|}$ 上加上 $2\pi\ell/\Lambda$。通过周期性地复制空气黑色频率曲线，使其围绕每个倒格点也可以处理衍射反射问题 (然而，在这个例子里，频率太低，无法产生衍射反射)。

10.11.3　异常的折射和衍射效应

由于光子晶体的带结构和等频率图与均匀介质的圆形或椭球形极不相同，因此可以观察到许多异常效应。

例如，图 15 许多频率曲线有相当尖锐的角 (例如，带 1 在 M 点附近的第四个频率曲线)。如果折射波靠近这些角，一旦角或频率稍有变化，就可以快速地从角一侧切换到另一侧。这会导致群速度的角度发生较大变化 (可能超过 90°)。入射角或频率的微小变化引起折射角发生巨大变化的现象称为**超棱镜效应**。①普通棱镜可以通过材料色散将不同波长分成不同角度，这导致了彩虹的出现。现在，人们可以在更宽角度范围内分割更小的波长范围，从而为频率解复用和相关领域带来潜在应用。此外，根据观察，平坦的曲线可以获得较大的相速度变化。②

① 根据 Lin 等 (1996) 提出的相速度效应，Kosaka 等 (1998) 提出了群速度超棱镜效应。许多作者随后对其应用进行了研究，例如，参见文献 (Kosaka et al., 1999b; Wu et al., 2003; Serbin and Gu, 2005)。

② Luo 等 (2004), Matsumoto 和 Baba (2004) 以及 Bakhtazad 和 Kirk (2005) 提出了由相速度的较大变化产生的超棱镜效应及其优点。

图 14 中的一些曲线几乎平整 (几乎是正方形)。这种平坦度可以抵消另一种衍射的影响，这种衍射通常会导致一束很窄的光束在均匀介质中发散。假设一束有限宽的光束沿着 $\hat{\mathbf{x}}$ 方向传播，并将其分解为具有不同 k_y 的分量 (即沿 y 进行傅里叶变换)。无限宽光束 (平面波) 由一个 k_y=0 的分量组成 (对应于图 16 空气频率曲线上的空心点)。但随着光束变窄，傅里叶不确定性原理意味着分解包含越来越多不可忽略的 k_y 分量。在频率曲线为圆形的均匀介质 (折射率为 n) 中，不同 k_y 分量对应不同角度 $\theta = \arcsin(ck_y/n\omega)$，如图 16 黑色箭头所示。由于不同傅里叶分量以不同角度传播，光束向外扩散：这正是非零波长的经典衍射效应，其中扩散角与波长除以光束宽度的比值成正比。然而，如果频率等值线接近平坦且垂直于 $\hat{\mathbf{x}}$ (例如，图 15 第 2 个带在 Γ 点附近的一些等值线)，那么不同 k_y 对应的群速度都大致指向 $\hat{\mathbf{x}}$ 方向，如图 16 红色箭头。尽管 $\mathbf{k}$ (红点) 不同，但群速度方向几乎平行。光束的傅里叶分量位于这样一个平坦曲线上，因此发散得非常慢，这种效应称为**超准直**。①实验上，只有几个红外波长宽的光束可以在几乎没有发散的情况下传播 1cm。实验使用的光子晶体板 (硅中约 109 个空气孔的四方晶格)，工作波长为 $\lambda = 1.5\mu m$ (Rachich et al., 2006)。

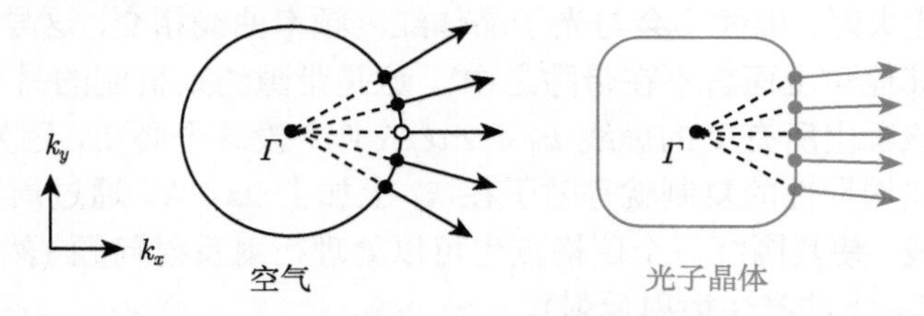

图 16　空气 (左，黑) 和图 15 光子晶体 (右，红) 中的等频率曲线 (第 2 个带频率为 $\omega a/2\pi c = 0.496$ 的等频率线)。箭头显示不同 $\mathbf{k}$ 矢量 (点，具有不同 k_y 分量) 的群速度方向。光子晶体近似平坦的曲线意味着由这些波矢组成的有限宽光束传播 (衍射) 得非常慢，这种效应称为超准直

最后，图 14 中有一种与普通折射非常不同的现象：**负折射**，即折射光和入射光在法线同一侧。通过合理设计，晶体可以在一定频率范围内获得单光束负折射 (任意入射角)。②这一现象引起了人们的兴趣，因为它类似于 (但不完全相同) 负折射率均质材料中的现象，后者是 Veselago (1968) 提出的。在均匀材料中，当 ε 和 μ 均为负时，会出现负折射率，并产生许多有趣现象，例如，通过平面“透镜”进行近场成像。虽然没有一种天然材料具有负折射率，但 Pendry 等 (1999) 提出了一些建议。Smith 等 (2000) 则展示了如何利用微金属共振结构的复合介质在微波频率

① 超准直由 Kosaka 等 (1999a) 提出，并且随后由多个研究人员验证 (Wu et al., 2003; Prather et al., 2004; Shin and Fan, 2005; Lu et al., 2006; Rakich et al., 2006)。

② 此类设计参见文献 (Notomi, 2000; Luo et al., 2002b)。

下近似构造这样的材料。Pendry 的设计涉及一个周期结构，但工作波长远大于周期。所以这种材料精确近似于一个有效均匀介质，其电磁属性由原材料介电常数和磁导率的“加权平均值”所确定。[①]而如图 14 所示的全电介质负折射材料，在概念上与上述材料完全不同：此时，波长与周期相当，不能仅仅用一个有效折射率准确描述介质的所有行为。[②]然而，光子晶体可以模拟负折射率介质的行为，如负折射，其中亚波长成像是最诱人的可能性。在全介质结构中，除了折射波外，还需要仔细设计表面态。[③]考虑到有限尺寸和材料吸收等限制因素，在实践中，光子晶体可以模拟负折射率材料行为的极限程度仍然是一个开放性问题。

10.12 深入阅读

本章中的许多例子都提供了参考文献。有关传统光电子学的一般介绍，请参阅文献 (Yariv, 1997)。时间耦合模式理论的经典参考书目是 Hermann Haus (1984, 第 7 章) 所著的微波应用领域的书籍，而 Suh 等 (2004) 对其进行了更抽象的概括。

10.13 后　记

本书大部分都在强调光子晶体的基本物理原理。通过对几个基本组件的详细分析，本书也希望能传达光子晶体技术的重要性和通用性。(原) 作者认为，这些例子只是冰山一角。撰写本书是为了激发不同领域研究人员的想象力，他们可能从光子晶体中获得灵感，并将其转化为现实。

---

① Smith 等 (2004) 对这项工作和后续工作进行了回顾。

② 当然，可以使用折射角或相速度，如文献 (Dowling and Bowden，1994)，或利用透射/反射谱，如文献 (Smith et al., 2005) 来定义有效折射率。(如第 3 章所述，使用相速度需要对倒格矢进行选择。) 尽管这类定义通常是有效的，但是在长波长极限之外也必须小心使用：即使定义的有效折射率可以正确预测某种行为 (如折射角)，但是它不会同时预测其他行为，如反射系数。

③ Pendry (2000) 在理论上描述了负折射率材料的亚波长成像原理，Pendry 和 Ramakrishna (2003) 进行了概括。Luo 等 (2003) 分析了表面态在全介质光子晶体成像中的作用。

附录 A　与量子力学的比较

之前 (尤其是第 2 章和第 3 章的内容) 已经对本书中的公式与量子力学和固体物理学方程之间进行了一些比较。本附录提供了更为详细的比较。希望它既可以作为光子晶体现象的简要总结，也可以将这些现象与 (可能) 其他领域中熟悉的概念联系起来。

光子晶体的核心概念是电磁波在周期介质中的传播。在某种意义上，量子力学研究的也是波传播现象，尽管电子波有点抽象。在原子尺度上，粒子 (如电子) 开始显示出波的特性，包括干涉和非局域化。包含有关粒子信息的函数遵循薛定谔方程，该方程与波动方程有些相似。

因此，毫无疑问，周期势中量子力学的研究与周期电介质中电磁学的研究有很大的相似性。由于量子力学是固体物理学的基本理论，因此光子晶体领域也可以继承固体物理学的一些定理和术语，但要稍加修改。表 1 列出了其中一些对应关系。

表 1

	周期势 (晶体) 中的量子力学	周期介质 (光子晶体) 中的电磁学
包含所有信息的“关键函数”是什么？	标量波函数，$\Psi(\mathbf{r},t)$	磁场 $\mathbf{H}(\mathbf{r},t)$
如何区分函数的时间依赖性和空间依赖性？	以一组能量本征态展开：$\Psi(\mathbf{r},t)=\sum_E c_E\Psi_E(\mathbf{r})\mathrm{e}^{-\mathrm{i}Et/\hbar}$	以一组谐波模式展开(频率本征态)：$\mathbf{H}(\mathbf{r},t)=\sum_\omega c_\omega\mathbf{H}_\omega(\mathbf{r})\mathrm{e}^{-\mathrm{i}\omega t}$
决定系统本征态的“主方程”是什么？	薛定谔方程：$\left[-\dfrac{\hbar^2}{2m}\nabla^2+V(\mathbf{r})\right]\Psi_E(\mathbf{r})=E\Psi_E(\mathbf{r})$	麦克斯韦方程：$\nabla\times\dfrac{1}{\varepsilon(\mathbf{r})}\nabla\times\mathbf{H}_\omega(\mathbf{r})=\dfrac{\omega^2}{c^2}\mathbf{H}_\omega(\mathbf{r})$
关键函数是否有其他条件？	是的，标量场必须可归一化	是的，向量场必须既可归一化又可横向化：$\nabla\cdot\mathbf{H}=0$
系统周期性表现在哪里？	势：$V(\mathbf{r})=V(\mathbf{r}+\mathbf{R})$，对所有晶格矢量 $\mathbf{R}$ 都成立	介电函数：$\varepsilon(\mathbf{r})=\varepsilon(\mathbf{r}+\mathbf{R})$，对所有晶格矢量 $\mathbf{R}$ 都成立
简正模之间是否有相互作用？	是的，有一种电子–电子排斥相互作用使得难以大规模计算	在线性范围内，电磁模式不相互作用，可以独立计算
简正模有哪些共同的重要特性？	不同能量的本征态正交，具有实数本征值，可以通过变分原理求出	不同频率的简正模正交，具有非负的实数本征值，可以通过变分原理求出
主方程的哪些性质保证了简正模的这些性质？	哈密顿量 $\hat{H}$ 是一个线性厄米算符	麦克斯韦算符 $\hat{\Theta}$ 是一个线性半正定厄米算符

续表

	周期势 (晶体) 中的量子力学	周期介质 (光子晶体) 中的电磁学
用来确定简正模和频率的变分定理是什么？	$E_{\mathrm{var}}=\dfrac{(\Psi,\hat{H}\Psi)}{(\Psi,\Psi)}$ 最小化，其中 Ψ 是 $\hat{H}$ 的本征态	$U_{\mathrm{var}}=\dfrac{(\mathbf{H},\hat{\Theta}\mathbf{H})}{(\mathrm{H},\mathrm{H})}$，其中，$\mathbf{H}$ 是 $\hat{\Theta}$ 的本征态
伴随着变分定理可以得到什么启发式结论？	波函数集中在势阱中，不会振荡过快，同时保持与低能态的正交性	电磁场将能量集中在高 ε 区域，不会振荡过快，同时保持与低频模式正交
系统的物理能量是什么？	哈密顿量的本征值 E	时间平均电磁能：$U=\dfrac{1}{4}\int \mathrm{d}^3\mathbf{r}(\varepsilon_0\varepsilon\|\mathbf{E}\|^2+\mu_0\|\mathbf{H}\|^2)$
系统是否有自然长度尺度？	一般情况下，物理常数，如玻尔半径设置了长度比例	不，解通常没有标度
“A 是系统的对称性”的数学描述是什么？	$\hat{A}$ 与哈密顿算符对易：$[\hat{A},\hat{H}]=0$	$[\hat{A}]$ 与麦克斯韦算符对易：$[\hat{A},\hat{\Theta}]=0$
如何利用系统的对称性来分类本征态？	通过对称操作 $\hat{A}$ 的变换来区分它们	通过对称操作 $\hat{A}$ 的变换来区分它们
如果一个系统具有离散平移对称性 (就像晶体一样)，那么如何对场的模式进行分类？	通过波矢量 $\mathbf{k}$，将波函数写成布洛赫形式：$\Psi_{\mathbf{k}}(\mathbf{r})=u_{\mathbf{k}}(\mathbf{r})\mathrm{e}^{\mathrm{i}\mathbf{k}\cdot\mathbf{r}}$	通过波矢量 $\mathbf{k}$，将谐波模式写成布洛赫形式：$\mathbf{H}_{\mathbf{k}}(\mathbf{r})=u_{\mathbf{k}}(\mathbf{r})\mathrm{e}^{\mathrm{i}\mathbf{k}\cdot\mathbf{r}}$
波向量 $\mathbf{k}$ 的非冗余值是什么？	它们位于倒格矢空间中不可约布里渊区内	它们位于倒格矢空间中不可约布里渊区内
“能带结构” 是什么意思？	函数集 $E_n(\mathbf{k})$，一组连续函数，指定本征态的能量	函数集 $\omega_n(\mathbf{k})$，一组连续函数，指定谐波模的频率
能带结构的物理起源？	电子波从不同势能区相干散射	电磁场在不同介质区域之间的界面上相干散射
“带隙” 具有什么特性？	在这个能量范围内，无论任何波矢，都没有传播电子态	在这个频率范围内，不管任何波矢或极化，都没有传播电磁模
直接位于带隙上方和下方的术语是什么？	带隙上方的带是**导带**；带隙下方的带是**价带**	带隙上方的带是**空气带**；带隙下方的带是**介质带**
如何将缺陷引入系统？	通过在晶体中加入外来原子，从而破坏原子势的平移对称性	通过改变特定位置的介电常数，从而破坏介电函数的平移对称性
引入缺陷的可能结果是什么？	它可以在带隙内引入一些态，从而在缺陷附近引入局域电子态	它可以在带隙内引入一些态，从而在缺陷附近引入局域电磁模式
如何分类不同类型的缺陷？	*供体原子*把电子从导带拉到带隙中。*受主原子*把电子从价带推到带隙中	*介质缺陷*将电磁波从空气带拉入带隙。*空气缺陷*将电磁波从介质带推向带隙
简而言之，为什么研究系统的物理特性？	人们可以根据需要定制材料的*电子*特性	人们可以根据需要定制材料的*光学*性能

附录B 倒易晶格与布里渊区

从第 4 章开始，本书便利用布洛赫定理将电磁模式表示为一个受周期函数 $\mathbf{u}(\mathbf{r})$ 调制的平面波。函数 $\mathbf{u}$ 与晶体具有相同的周期性。同时，人们只需要考虑位于倒易晶格布里渊区的波矢量 $\mathbf{k}$。

对于熟悉固体物理或其他与晶格有关领域的人来说，上述概念很容易理解。但对于从未遇到过布里渊区的读者，本附录将提供充足信息，以帮助他们完全理解本书相关内容。具体地说，本附录会介绍倒易晶格，并介绍一些简单晶格的布里渊区。此外，本附录还介绍了如何用米勒指数来表示晶面。当然，想要知道更多细节，读者最好查阅固体物理课本的前几章，如 Kittel (1996) 或 Ashcroft 和 Mermin (1976) 所著文献。

B.1 倒易晶格

假设有一个函数 $f(\mathbf{r})$，它在一个晶格内是周期函数；也就是说，假设 $f(\mathbf{r}) = f(\mathbf{r}+\mathbf{R})$，$\mathbf{R}$ 是将晶格转化为自身的向量 (即将一个晶格点连接到下一个晶格点)。介电函数 $\varepsilon(\mathbf{r})$ 就是这样一个函数。向量 $\mathbf{R}$ 称为**晶格矢量**。

分析周期函数需要进行**傅里叶变换**，也就是说，用各种波矢量在平面波外构建周期函数 $f(\mathbf{r})$。展开如下：

$$f(\mathbf{r}) = \int \mathrm{d}^3\mathbf{q}\, g(\mathbf{q})\, \mathrm{e}^{\mathrm{i}\mathbf{q}\cdot\mathbf{r}} \tag{1}$$

其中，$g(\mathbf{q})$ 是平面波 (波矢为 $\mathbf{q}$) 系数。任何周期函数都可以用傅里叶展开。但是函数 f 是晶格内的周期函数，在展开过程中需要 $f(\mathbf{r}) = f(\mathbf{r}+\mathbf{R})$，得出

$$f(\mathbf{r}+\mathbf{R}) = \int \mathrm{d}^3\mathbf{q}\, g(\mathbf{q})\, \mathrm{e}^{\mathrm{i}\mathbf{q}\cdot\mathbf{r}}\mathrm{e}^{\mathrm{i}\mathbf{q}\cdot\mathbf{R}} = f(\mathbf{r}) = \int \mathrm{d}^3\mathbf{q}\, g(\mathbf{q})\, \mathrm{e}^{\mathrm{i}\mathbf{q}\cdot\mathbf{r}} \tag{2}$$

f 的周期性说明其傅里叶变换 $g(\mathbf{q})$ 具有 $g(\mathbf{q}) = g(\mathbf{q})\exp(\mathrm{i}\mathbf{q}\cdot\mathbf{R})$ 的特殊性质。除非 $g(\mathbf{q}) = 0$ 或 $\exp(\mathrm{i}\mathbf{q}\cdot\mathbf{R}) = 1$，否则这个条件不成立。换言之，变换 $g(\mathbf{q})$ 在任何地方都为零，除了某个 $\mathbf{q}$ 处的峰值。对这个 $\mathbf{q}$ 而言，$\exp(\mathrm{i}\mathbf{q}\cdot\mathbf{R}) = 1$ 对任何 $\mathbf{R}$ 均成立。

如果要建立一个平面波外的晶格周期函数 f，只需要用到波矢为 $\mathbf{q}$ 的平面波：对于所有晶格矢量 $\mathbf{R}$，$\exp(\mathrm{i}\mathbf{q}\cdot\mathbf{R}) = 1$ 都成立。上述结论在一维上有一个简单描

述：如果要用正弦波建立一个周期为 τ 的函数 $f(x)$，人们只需要用到周期为 τ 的"基础"正弦曲线及周期为 $\tau/2$、$\tau/3$、$\tau/4$ 等的"谐波"，以此构成一个**傅里叶级数**。

满足 $\exp(\mathrm{i}\mathbf{q}\cdot\mathbf{R})=1$ 的向量 $\mathbf{q}$，或满足 $\mathbf{q}\cdot\mathbf{R}=2\pi N$($N$ 为整数) 的向量称为**倒格矢**，通常用字母 $\mathbf{G}$ 表示，它们能形成自己的晶格。例如，两个倒格矢 $\mathbf{G}_1$ 和 $\mathbf{G}_2$ 相加可以得到另一个倒格矢。人们可以用所有倒格矢的适当加权和来建立函数 $f(\mathbf{r})$：

$$f(\mathbf{r})=\sum_{\mathbf{G}} f_{\mathbf{G}}\mathrm{e}^{\mathrm{i}\mathbf{G}\cdot\mathbf{r}} \tag{3}$$

B.2 构造倒易晶格

给定晶格矢量为 $\mathbf{R}$ 的晶格，如何确定所有倒格矢 $\mathbf{G}$？人们只需要找到所有这样的 $\mathbf{G}$，满足 $\mathbf{G}\cdot\mathbf{R}$ 等于 $2\pi N$。

每个晶格矢量 $\mathbf{R}$ 都可以用**晶格基矢**表示，晶格基矢是从一个晶格点指向另一个晶格点的最小向量。例如，在周期为 a 的简单立方晶格内，$\mathbf{R}$ 的形式都是 $\mathbf{R}=\ell a\hat{\mathbf{x}}+ma\hat{\mathbf{y}}+na\hat{\mathbf{z}}$，其中 (ℓ,m,n) 是整数。一般来说，称晶格基矢为 $\mathbf{a}_1,\mathbf{a}_2$ 和 $\mathbf{a}_3$。它们不必是单位长度。

倒格矢 $\{\mathbf{G}\}$ 形成自己的晶格。事实上，倒易晶格也有一组基矢 b_i，因此每个倒格矢 $\mathbf{G}$ 都可以写成 $\mathbf{G}=\ell\mathbf{b}_1+m\mathbf{b}_2+n\mathbf{b}_3$。$\mathbf{G}\cdot\mathbf{R}=2\pi N$ 需要满足：

$$\mathbf{G}\cdot\mathbf{R}=(\ell\mathbf{a}_1+m\mathbf{a}_2+n\mathbf{a}_3)\cdot(\ell'\mathbf{b}_2+m'\mathbf{b}_2+n'\mathbf{b}_3)=2\pi N \tag{4}$$

对于所有 (ℓ,m,n)，上式必须存在某些 N 解。不难发现如果构造一个 b_i，使其满足 $i=j$ 时 $\mathbf{a}_i\cdot\mathbf{b}_j=2\pi$，$i\neq j$ 时 $\mathbf{a}_i\cdot\mathbf{b}_j=0$，即 $\mathbf{a}_i\cdot\mathbf{b}_j=2\pi\delta_{ij}$，方程 (4) 即可满足。换句话说，给定一组 $\{\mathbf{a}_1,\mathbf{a}_2,\mathbf{a}_3\}$，就要找到一组 $\{\mathbf{b}_1,\mathbf{b}_2,\mathbf{b}_3\}$，使得 $\mathbf{a}_i\cdot\mathbf{b}_j=2\pi\delta_{ij}$。

利用交叉积的一个特性可以找到 $\mathbf{b}_j$。对于任意向量 $\mathbf{x}$ 和 $\mathbf{y}$，$\mathbf{x}\cdot(\mathbf{x}\times\mathbf{y})=0$，因此，可以使用以下公式构造倒格子基矢量：

$$\mathbf{b}_1=\frac{2\pi\mathbf{a}_2\times\mathbf{a}_3}{\mathbf{a}_1\cdot(\mathbf{a}_2\times\mathbf{a}_3)},\quad \mathbf{b}_2=\frac{2\pi\mathbf{a}_3\times\mathbf{a}_1}{\mathbf{a}_1\cdot(\mathbf{a}_2\times\mathbf{a}_3)},\quad \mathbf{b}_3=\frac{2\pi\mathbf{a}_1\times\mathbf{a}_2}{\mathbf{a}_1\cdot(\mathbf{a}_2\times\mathbf{a}_3)} \tag{5}$$

如果 A 是列为 $\{\mathbf{a}_1,\mathbf{a}_2,\mathbf{a}_3\}$ 的 3×3 矩阵，而 B 是列为 $\{\mathbf{b}_1,\mathbf{b}_2,\mathbf{b}_3\}$ 的 3×3 矩阵，那么 B 是 A 转置矩阵的逆矩阵的 2π 倍。

综上所述，对一个周期函数进行傅里叶变换时，人们只需要处理波矢为倒格矢的项。取晶格基矢，用方程 (5) 可以获得倒格矢。

B.3 布里渊区

光子晶体的离散平移对称性允许人们用波矢 $\mathbf{k}$ 来分类电磁模式。这些模式可

以写成“布洛赫形式”：一个受到周期函数 (周期与晶格一致) 调制的平面波

$$\mathbf{H}_{\mathbf{k}}(\mathbf{r}) = \mathrm{e}^{\mathrm{i}\mathbf{k}\cdot\mathbf{r}}\mathbf{u}_{\mathbf{k}}(\mathbf{r}) = \mathrm{e}^{\mathrm{i}\mathbf{k}\cdot\mathbf{r}}\mathbf{u}_{\mathbf{k}}(\mathbf{r}+\mathbf{R}) \tag{6}$$

布洛赫态的一个重要特征是：不同 $\mathbf{k}$ 不一定表示不同模式。具体地说，如果 $\mathbf{G}$ 是一个倒格矢，那么 $\mathbf{k}$ 表示的模式和 $\mathbf{k}+\mathbf{G}$ 表示的模式是同一个模式。$\mathbf{k}$ 指定各个晶胞 (由 $\mathbf{u}$ 描述) 之间的相位关系。如果 $\mathbf{k}$ 增加了 $\mathbf{G}$，那么晶胞之间的相位增加了 $\mathbf{G}\cdot\mathbf{R}=2\pi N$：这根本不是相位差。因此，$\mathbf{k}$ 增加 $\mathbf{G}$ 会导致相同的物理模式。

这意味着标签 $\mathbf{k}$ 中有很多冗余项，人们可以将注意力集中在倒易晶格中的有限区域内：在该区域中，$\mathbf{k}$ 添加任何 $\mathbf{G}$，都不能得到相同模式。根据定义，可以通过给该区域内 $\mathbf{k}$ 添加 $\mathbf{G}$ 来获得该区域之外的所有 $\mathbf{k}$，因此区域之外的 $\mathbf{k}$ 都是冗余标签。实际上这样的区域有很多，但人们关注的是最接近 $\mathbf{k}=0$ 的区域。

这个区域是 (第一)**布里渊区**。[①] 直观描述如下：在倒易晶格的任何晶格点周围，布里渊区突出显示了更接近该晶格点 (相比于*其他任何晶格点*) 的区域。如果称原始晶格点为原点，那么突出显示的区域就是布里渊区。

这两个定义等价。如果特定 $\mathbf{k}$ (如 $\mathbf{k}'$) 更接近相邻晶格点，那么找到离它最近的原始晶格矢量，然后加上 $\mathbf{G}$ 就可以重新得到 $\mathbf{k}'$，如图 1 所示。

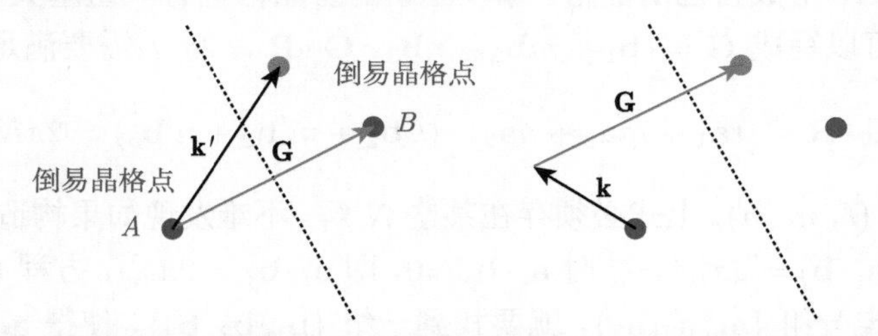

图 1　布里渊区的特征。虚线是连接两个倒易晶格点 (蓝色) 直线的垂直平分线。如果选择左边的点作为原点，到达另一侧任意点 (红色) 的任何晶格矢量 (如 $\mathbf{k}'$) 都可以表示为与原点同一侧的矢量 (如 $\mathbf{k}$) 加上倒格矢 $\mathbf{G}$

接下来将专门研究一些特定晶格的倒格矢和布里渊区。

B.4　二维晶格

第 5 章广泛研究了基于正方形或三角形晶格的光子晶体。每一个晶格对应的晶格矢量和布里渊区是什么？

对于间距为 a 的**四方晶格**，晶格矢量为 $\mathbf{a}_1 = a\hat{\mathbf{x}}$ 和 $\mathbf{a}_2 = a\hat{\mathbf{y}}$。为了能够使用方程 (5)，可以在 z 方向上使用任意长度基矢 $\mathbf{a}_3$，因为晶体在该方向上均匀。结果求

① 第二、第三布里渊区等是离 $\mathbf{k}=0$ 原点较远的区域。

得 $\mathbf{b}_1=(2\pi/a)\,\hat{\mathbf{x}}$，$\mathbf{b}_2=(2\pi/a)\,\hat{\mathbf{y}}$。倒易晶格也是一个方格，但间距为 $2\pi/a$ 而不是 a。“倒格”这个名字确实很贴切。

为了确定布里渊区，将注意力集中在一个特定的晶格点 (原点) 上。画出从原点开始的每个晶格矢量的垂直平分线。每个平分线将晶格分为两个半平面，其中一个平面包含原点。所有包含原点的半平面重合区域就是布里渊区。四方晶格矢量、其倒格矢及其布里渊区如图 2 所示。

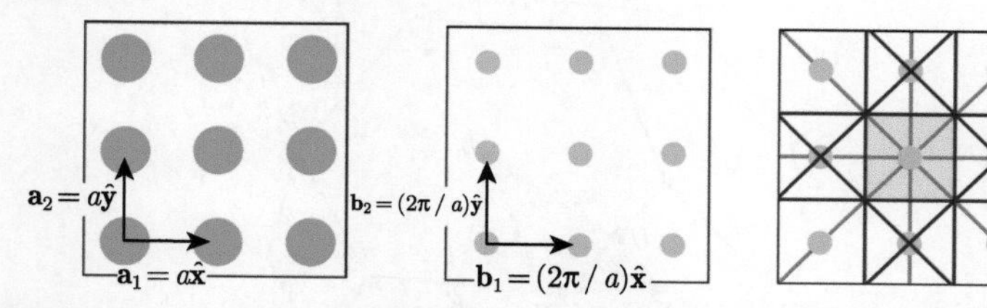

图 2　四方晶格。左是实空间中的晶格网格；中是对应的倒易晶格；右画出了如何确认第一布里渊区：以中心为原点，画出原点与其他晶格点的连线 (红色) 及其垂直平分线 (蓝色)，并突出正方形布里渊区 (黄色)

三角晶格的晶格矢量为 $(\hat{\mathbf{x}}+\hat{\mathbf{y}}\sqrt{3})\,a/2$ 和 $(\hat{\mathbf{x}}-\hat{\mathbf{y}}\sqrt{3})\,a/2$，如图 3 所示。利用方程 (5)，得到其倒格矢为 $(2\pi/a)\,(\hat{\mathbf{x}}+\hat{\mathbf{y}}/\sqrt{3})$ 和 $(2\pi/a)\,(\hat{\mathbf{x}}-\hat{\mathbf{y}}/\sqrt{3})$：这又是一个三角晶格，但旋转了 $90°$，间距为 $4\pi/a\sqrt{3}$。其布里渊区是一个六边形。

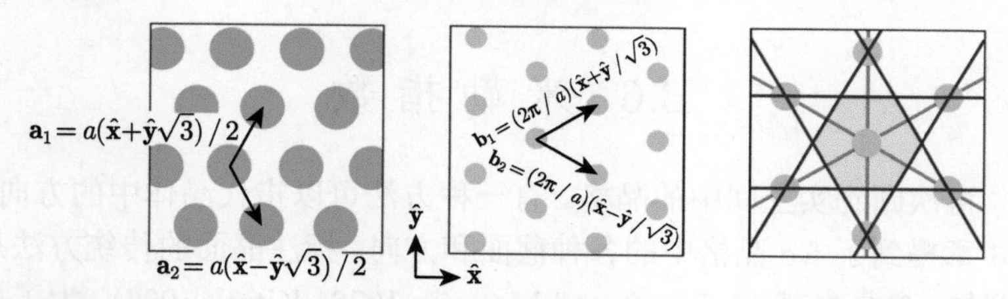

图 3　三角晶格。左是实空间中的晶格网格；中是对应的倒易晶格 (本例进行了旋转)；右是构建的布里渊区。在这种情况下，第一布里渊区是以原点为中心的六边形

B.5　三维晶格

三维布里渊区的构建过程与上述过程类似，有适当拓展。此时，需要绘制的不是晶格矢量的垂直平分线，而是垂直平分面。然后，布里渊区就是所有包含原点的半空间重合区域。

本章最关注的一个晶格是**面心立方**(fcc) 晶格。它很像一个立方晶格，但是在立方体的每个面上都有一个额外晶格点。晶格基矢分别为 $\mathbf{a}_1=(\hat{\mathbf{x}}+\hat{\mathbf{y}})\,a/2, \mathbf{a}_2=(\hat{\mathbf{y}}+\hat{\mathbf{z}})\,a/2$ 和 $\mathbf{a}_3=(\hat{\mathbf{x}}+\hat{\mathbf{z}})\,a/2$。

利用公式 (5)，可以发现其倒易晶格是体心立方 (bcc) 晶格，类似于一个立方晶格，只是立方体每个中心点都有一个额外晶格点。倒格子基矢量分别为 $\mathbf{b}_1 = (2\pi/a)(\hat{\mathbf{x}} + \hat{\mathbf{y}} - \hat{\mathbf{z}}), \mathbf{b}_2 = (2\pi/a)(-\hat{\mathbf{x}} + \hat{\mathbf{y}} + \hat{\mathbf{z}})$ 和 $\mathbf{b}_3 = (2\pi/a)(\hat{\mathbf{x}} - \hat{\mathbf{y}} + \hat{\mathbf{z}})$。布里渊区是一个截短的八面体，如图 4 所示。图中还给出了不可约布里渊区特殊点的传统名称。

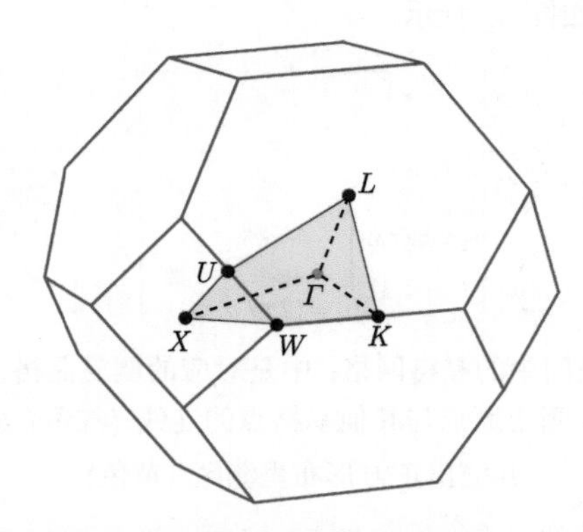

图 4　面心立方晶格的布里渊区。倒易晶格是体心立方晶格，布里渊区是一个截短的八面体 (以 Γ 为中心)。图中还显示了一些用于标注布里渊区特殊点的传统标签。不可约布里渊区是黄色多面体，角位于 Γ、X、U、L、W 和 K

B.6　米勒指数

最后，再次回到实空间中的晶格。有一种方法可以指代晶体中的方向和平面。例如，第 6 章提到了 fcc 晶格中的各种截面和方向。标注晶面的传统方法是**米勒指数**系统，例如，参见文献 (Ashcroft and Mermin, 1976; Kittel, 1996)。为了描述一个平面，需要在平面中指定三个非共线的点。晶面的米勒指数是整数，它给出了三个非共线点相对于晶格矢量的位置。(然而，对于 fcc、bcc 和金刚石晶格，通常按照超晶胞的晶格矢量定义米勒指数，如第 6 章的图 4。)

假设晶格矢量为 $\mathbf{a}_1, \mathbf{a}_2$ 和 $\mathbf{a}_3$。米勒指数则是三个整数 l, m 和 n，写为 (ℓmn)。它们表示与三个点相交的一个平面：$\mathbf{a}_1/\ell$, $\mathbf{a}_2/m$ 和 $\mathbf{a}_3/n$ (或其倍数)。即米勒指数与 (平面与晶格矢量的) 截距的倒数成正比。

用 $\mathbf{a}_1, \mathbf{a}_2$ 和 $\mathbf{a}_3$ 沿原胞边界可以绘制晶体原胞。在图上画出一个平面；一般来说，这个平面将与轴 $\mathbf{a}_1, \mathbf{a}_2$ 和 $\mathbf{a}_3$ 相交，如图 5 所示，在这个例子中，$\mathbf{a}_1 = a\hat{\mathbf{x}}, \mathbf{a}_2 = a\hat{\mathbf{y}}, \mathbf{a}_3 = a\hat{\mathbf{z}}$。因此，这个平面与 x 轴相交，距原点为半个晶格常数；与 y 轴相交，距原点为一个晶格常数；与 z 轴相交，距原点为两个晶格常数。

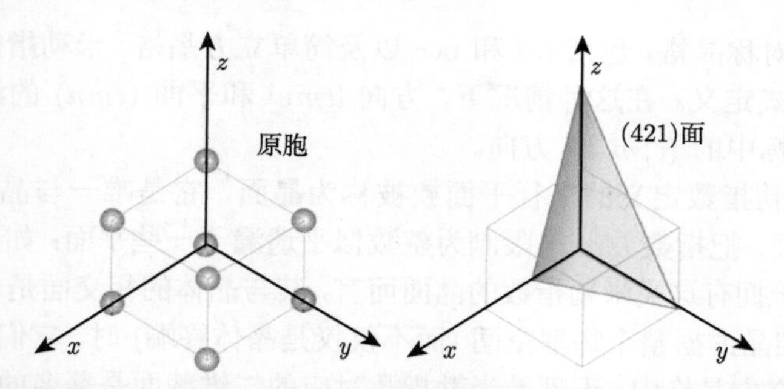

图 5 晶面的米勒指数。左：原胞。每个方向的原胞长度是该方向的晶格常数。右：如文中所述，利用平面与晶格矢量的截距来命名阴影平面

首先，我们取这些截距的倒数：2、1 和 1/2。接下来，我们找到与这三个比值相同的最小整数：4、2 和 1。这些整数是米勒指数，这个平面称为 (421) 面。

有两种难以处理的情况。首先，如果晶面平行于一个特定的晶格矢量，那么截距无限，倒数为零，对应方向的米勒指数是零，如图 6 所示立方晶格的 (100) 面。

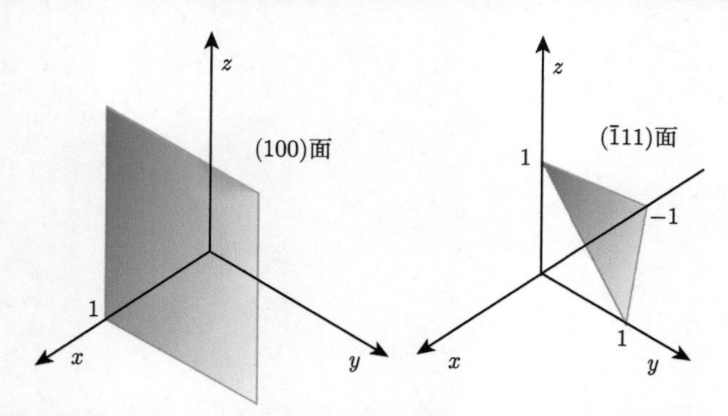

图 6 米勒指数系统的特殊情况。左：简单立方晶格的 (100) 面。平面从不与 y 或 z 轴相交，因此相应的米勒指数为零。右：简单立方晶格的 ($\bar{1}$11) 面。平面在 -1 处与 x 轴相交，因此在相应的指数上引入一个上划线

其次，如果平面以负值截取轴，则该方向的米勒指数为负。对此，传统方法是在正整数上放置一条线，而不是使用减号。例如，如图 6 所示立方晶格的 ($\bar{1}$11) 面。

米勒指数还有另一种完全等效的解释，有时更为方便。指数 (ℓmn) 表示垂直$\ell\mathbf{b}_1 + m\mathbf{b}_2 + n\mathbf{b}_3$ 方向的平面，其中 $\mathbf{b}_1$、$\mathbf{b}_2$ 和 $\mathbf{b}_3$ 是倒格子基矢量。也就是说，米勒指数以倒格子基矢量的形式给出了平面法向分量。按照惯例，米勒指数总是要除以某些公因子，因此它们对应垂直于平面的最短倒格矢。

此外，表达式 $[\ell mn]$ (方括号) 表示 $\ell\mathbf{a}_1 + m\mathbf{a}_2 + n\mathbf{a}_3$ 方向 (即以晶格矢量为基矢)。方向 $[\ell mn]$ 和平面 (ℓmn) 一般不垂直，除了一个特殊情况：立方对称晶格。

对于立方对称晶格，包括 fcc 和 bcc 以及简单立方晶格，米勒指数通常以立方晶格矢量的形式定义。在这种情况下，方向 $[\ell mn]$ 和平面 (ℓmn) 的法线方向都是普通笛卡儿坐标中的 (ℓ, m, n) 方向。

由整数米勒指数定义的平行平面族被称为**晶面**，它是唯一与晶体交面呈 (二维) 周期的平面。把指数 (ℓmn) 限制为整数似乎遗漏了一些平面：如果指数是实数无理数呢？对于拥有这类米勒指数的晶面而言，其与晶体的相交面是一种非周期**准晶体 (?)**。当准晶占据整个物理空间 (而不仅仅是晶体终端) 时，它们特别有趣。例如，五维的超立方晶格中，无理数米勒指数对应的二维截面是著名的**彭罗斯瓷砖**。

附录C　带 隙 图 集

本附录将绘制几个不同二维和三维光子晶体中光子带隙的位置和大小。目的有二：首先，证明光子晶体工程的可能性；可能的光子晶体种类很多，完全有可能设计出在所需频率具有带隙的晶体。其次，以此作为 (易于制造) 晶体图册，其中一种晶体可能满足特定应用的需求。

当晶体的一个或多个参数发生变化时，光子带隙的位置变化就是**带隙图**。本附录将给出四方晶格和三角晶格的带隙图 (因介质柱半径不同而产生)。文中对空气中的介质柱晶格和介质中的空气柱晶格进行对比，两者的介电比均为 11.4①，并且一起给出 TE 和 TM 极化的带隙图。

带隙图的水平轴是柱半径；垂直轴是频率 (无量纲单位)。本附录分别针对 TE 和 TM 极化概述了带隙的位置。使用带隙图查找特定应用的晶体时，频率和晶格常数必须根据缩放定律 (见第 3 章) 缩放到正确尺度。

固定介电比为 11.4:1 或折射率对比度为 3.38:1 时，间隙图表明带隙是半径的函数。反过来：如果作为折射率对比度的函数，最大化带隙的最佳半径是什么？此外，给定几何获得带隙所需的最小折射率对比度是多少？作为折射率对比度的函数时，带隙的变化称为**带隙谱**：它是最佳半径和相应带隙大小随折射率对比度变化的曲线图。书中给出了常见二维晶体、TE、TM 和完全带隙的带隙谱。书中还给出了最简单 (尽管不是最实用) 的三维晶体的带隙谱，其中三维晶体为介质球或介质孔的金刚石晶格 (见第 6 章中 “金刚石晶格中的介质球”)。

C.1　二维带隙导图

首先考虑的二维光子晶体是介质中的柱晶格，柱半径为 r，晶格常数为 a。先考虑空气中的介质柱 ($\varepsilon = 11.4$)，带隙图如图 1 所示。

带隙图揭示了一些规律。首先，随着 r/a 增加，带隙频率全部减小。这是因为在介电常数为 ε 的介质中，频率正比于 $1/\sqrt{\varepsilon}$。随着 r/a 的增加，介质平均介电常数逐渐增加。其次，尽管该图一直延伸到 $r/a = 0.70$，但所有带隙在 $r/a = 0.50$ 时都消失了。此时，介质柱开始互相接触。第三个现象是高频中重复出现的最低、最大带隙；这些带隙类似于逐渐减小的最低带隙，并且以大致相等的间隔堆叠在最低带隙上方。当 $r/a = 0.38$ 时，带结构中有四个 TM 带隙!

① 这是 GaAs (砷化镓) 和空气之间的介电比，波长约为 1.5μm (Palik, 1998)。

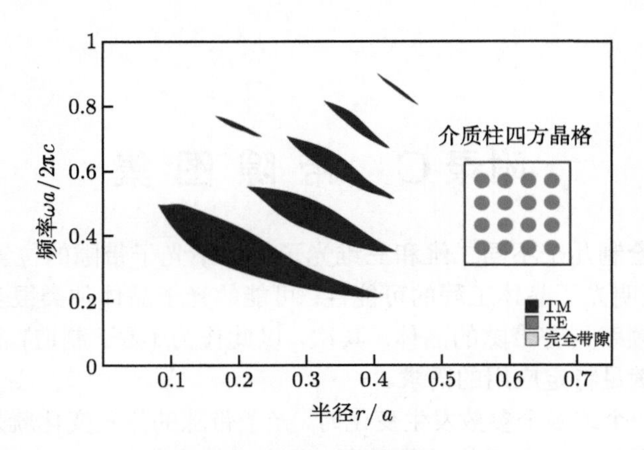

图 1　介质柱四方晶格带隙图，$\varepsilon = 11.4$

因为最低带隙最大，因此在大多数情况下这就是人们所需要的带隙。因此图 2 绘制了该结构最低带隙作为折射率对比度函数的带隙谱。随着折射率对比度增加，带隙大小单调增加。另一方面，最佳半径随折射率对比度的增加而减小。这是因为介质直径应大致等于晶体中的半波长，并且晶体中的相对波长反比于折射率。

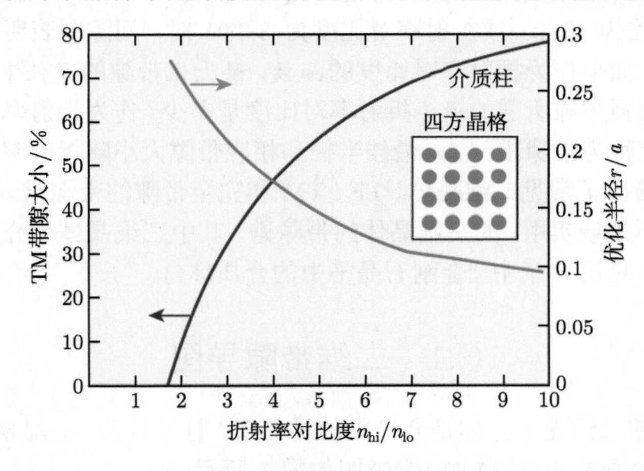

图 2　介质柱四方晶格最小 TM 带隙的带隙谱

此外，TM 带隙存在一个约为 1.72:1 的**最小折射率对比度**。(与第 4 章的一维带隙不同，在这种情况下，微小对比度也会打开带隙。) 这一点在第 6 章 “金刚石晶格中的介质球” 一节得到了解释：二维 (或三维) 晶体在不同方向上具有不同周期，因此不同方向的带隙往往不会重叠，除非它们足够大：存在一个最小折射率对比度。各个方向的折射率对比度越接近，布里渊区越接近圆形，我们也就越容易获得带隙。这个问题留到下文关于三角晶格的讨论。

图 1 表明 TE 极化甚至没有带隙。在所示频率范围内，四方晶格完全没有明显的 TE 带隙。因为连通的高介电常数区域有利于 TE 带隙，而孤立的高介电常数点容易获得 TM 带隙。

现在颠倒介质结构 (介质柱 $\varepsilon = 1$，背景介质 $\varepsilon = 11.4$)，两种极化的带隙图如图 3 所示。可以看到，带隙频率随着 r/a 的增加而增加，因为平均介电常数随着空气柱的增加而降低。TM 带隙似乎在 $r/a = 0.45$ 附近打开，与图 2 在此处的截断完全相反。显然，空气柱贯通有重要作用，因为图 3 表明 $r/a = 0.5$ 附近带隙的显著变化。

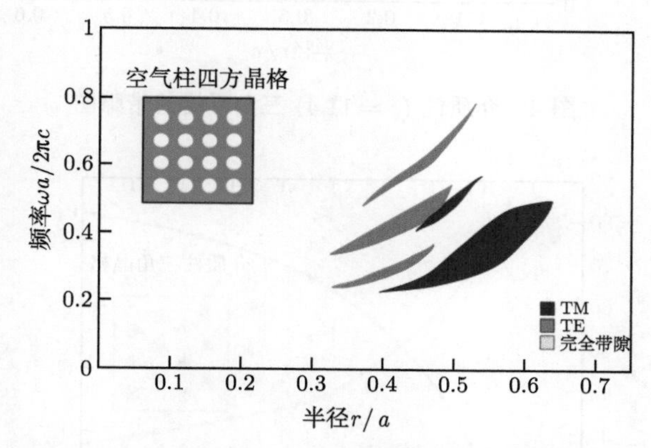

图 3　介质 ($\varepsilon = 11.4$) 中空气柱四方晶格的带隙图

对于 TE 极化而言，空气柱的四方晶格有一些比较窄的带隙，如图 3 所示。然而，没有一个带隙与 TM 带隙重叠。因此对于该介电比而言，四方晶格没有完全带隙。二介质柱的三角晶格拥有完全带隙。

第二个结构：介质柱的三角晶格，如图 4 插图所示。介质柱在 $r/a = 0.50$ 时开始相互接触，在 $r/a = 0.58$ 时填满空间。同样，把情况分为空气中的介质柱 ($\varepsilon = 11.4$) 晶格和介质中的空气柱晶格，并从前者开始研究。

图 4 是带隙图，与图 1 类似。连续的带隙在形状和方向上都很相似，并且有规则地相互叠加。截止点 $r/a = 0.45$ 再次接近柱互相接触的条件 ($r/a = 0.5$)。

TE 带隙图几乎与四方晶格一样稀疏。图中只能看到少数几个长条。图的总特征趋势 (ω 随 r/a 减小，$r/a = 0.5$ 时的转变) 与之前一致。

另一方面，柱三角晶格的 TM 带隙明显大于四方晶格的 TM 带隙。因为三角晶格具有更多对称性，其布里渊区 (六角形) 比四方晶格布里渊区 (正方形) 更接近圆形，所以更容易产生带隙。图 5 是该结构最低带隙的带隙谱，从中可以定量地看到产生带隙的容易性。对于相同的介电比，三角晶格的带隙比四方晶格的带隙大，而 TM 带隙所需要的最小折射率对比度只有 1.32:1。

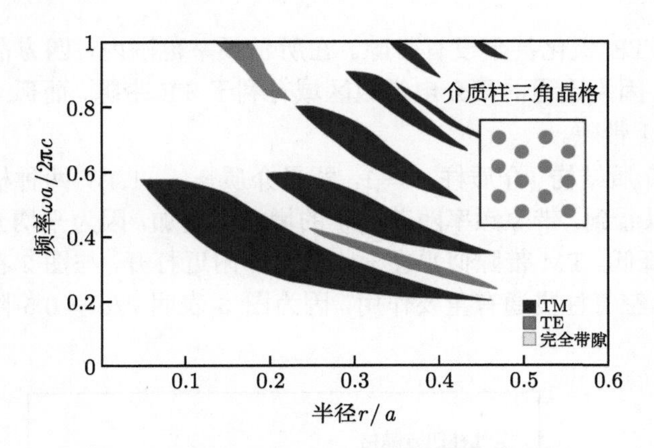

图 4　介质柱 ($\varepsilon = 11.4$) 三角晶格的带隙图

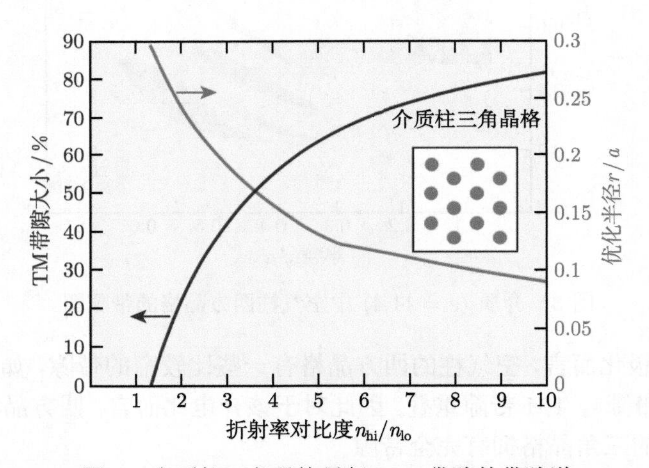

图 5　介质柱三角晶格最低 TM 带隙的带隙谱

介质中空气柱三角晶格的带隙图如图 6 所示。尽管此时 TM 带隙非常小 (相比于 TE 带隙)，但应注意，最低 TM 带隙与最低 TE 带隙重合，形成了一个完全带隙。

柱的晶格可以获得大 TM 带隙，而孔的晶格可以获得大 TE 带隙；图 7(孔三角晶格最小 TE 带隙的带隙谱) 定量显示了这种情况。此时，TE 带隙所需的最小折射率对比度仅为 1.39:1。图 6 中，$r/a = 0.20$ 和 $r/a = 0.50$ 之间出现的巨大 TE 带隙为 TM 带隙提供了足够重叠的空间。因此，$r/a = 0.45$，频率约 $0.45(2\pi c/a)$ 时，空气柱三角晶格具有一个完全带隙。Meade 等 (1992) 以及 Villeneuve 和 Piché (1992) 首次报道了这一发现。图 8 中绘制了完全带隙大小和最佳半径与折射率对比度的关系。完全带隙所需要的最小折射率对比度要大得多：在这个结构中为 2.63:1。

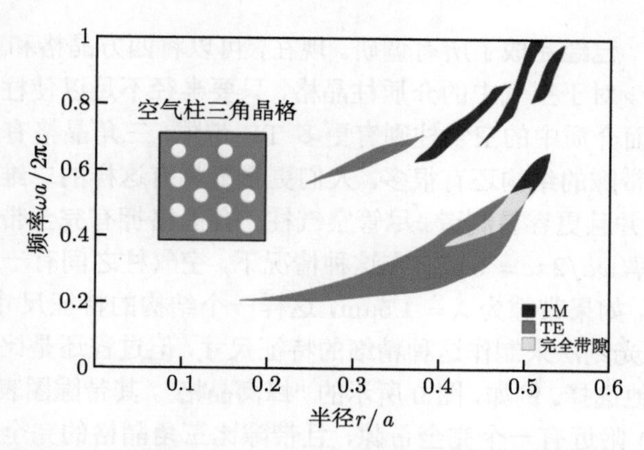

图 6　介质 ($\varepsilon = 11.4$) 中空气柱三角晶格的带隙图

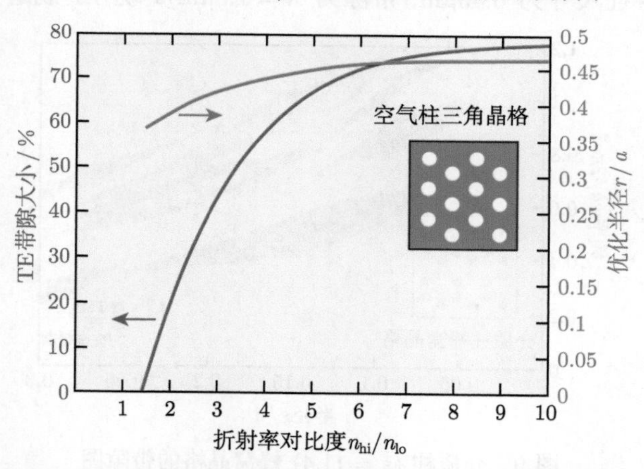

图 7　介质中空气柱三角晶格最低 TE 带隙的带隙谱

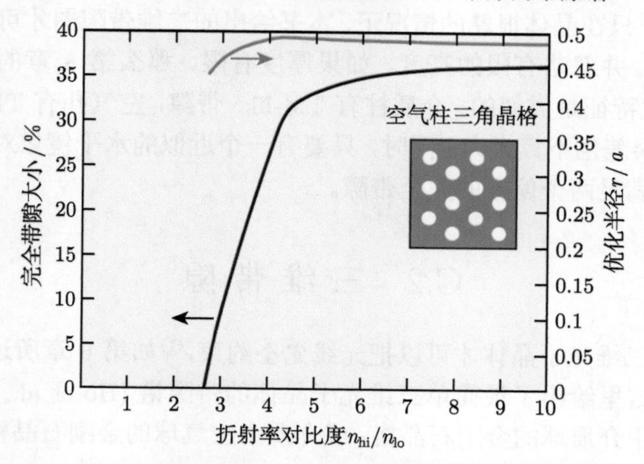

图 8　电介质中空气孔三角晶格最低完全带隙的带隙谱

截止到现在，已经完成了所有调研。现在，可以将四方晶格和三角晶格的带隙图放在一起讨论。对于空气中的介质柱晶格，只要半径不足以使柱体彼此接触，则 TM 带隙最多。而介质中的空气柱则有更多 TE 带隙，三角晶格有一个完全带隙。

当然，拥有带隙的结构还有很多。人们更希望具有这样的二维结构，该二维结构拥有完全带隙并且更容易制造。尽管空气柱三角晶格拥有完全带隙，但条件为直径 $d = 0.95$，频率 $\omega a/2\pi c = 0.48$。在这种情况下，空气柱之间有一个宽 $0.05a$ 的薄介质条。事实上，如果带隙为 $\lambda = 1.5\mu\mathrm{m}$，这样一个结构的特征尺寸是 $0.035\mu\mathrm{m}$。虽然可以用电子束光刻法来制作这种精细的特征尺寸，但过程还是比较困难的。幸运的是，人们有其他选择。例如，图 9 所示的"蜂窝晶格"，其带隙图表明在 $r/a = 0.14$ 和 $\omega a/2\pi c \sim 1.0$ 附近有一个完全带隙，且带隙比三角晶格的完全带隙大得多。这样一个结构的特征尺寸为 $0.45\mu\mathrm{m}$ (带隙为 $\lambda = 1.5\mu\mathrm{m}$)。现在，制造要容易得多。

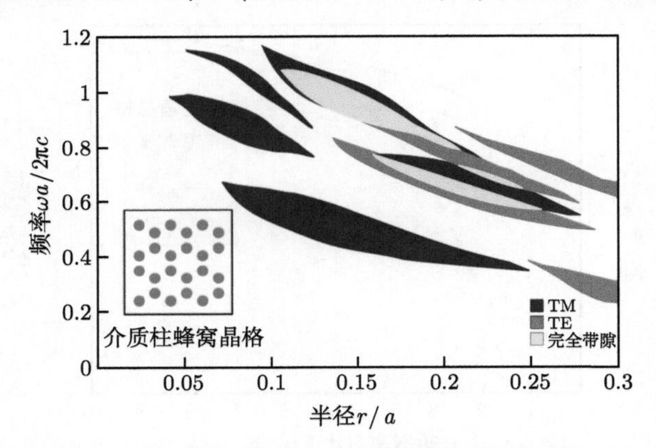

图 9　介质柱 ($\varepsilon = 11.4$) 蜂窝晶格的带隙图

另一方面，只在晶体很厚的情况下，本书给出的二维带隙图才可以满足三维情况下的精确度，并忽略有限的高度。如果厚度有限，那么第 8 章的投影带图更合适。当然，定性特征是类似的：介质柱有 TM-like 带隙，空气孔有 TE-like 带隙，甚至在定量上，误差也不算太大。同时，只要有一个近似的水平镜像对称平面，人们就不需要同时满足两个偏振的完全带隙。

C.2　三 维 带 隙

通常需要三维光子晶体才可以把光线完全约束，① 如第 6 章所述。为了与前一节进行比较，这里给出了最简单三维光子晶体的带隙谱 (Ho et al., 1990)：三维光子晶体是空气中介质球的金刚石晶格；或介质中空气球的金刚石晶格，两种情况分

① Watts 等 (2002) 和 Xu 等 (2003) 描述了两个例外。

别如图 10 和图 11 所示。

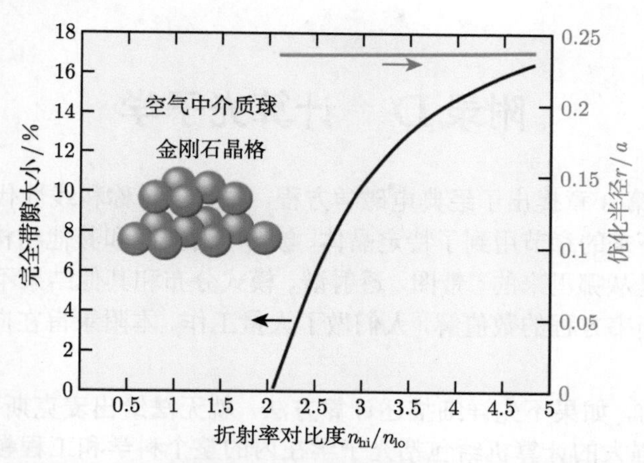

图 10　空气中介质球金刚石晶格最低完全带隙的带隙谱

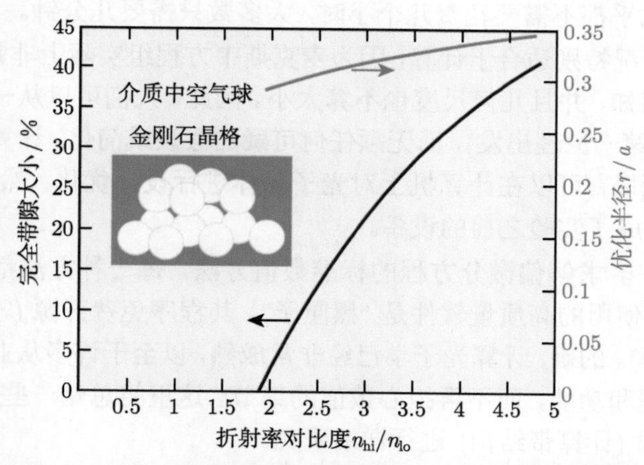

图 11　介质中空气球金刚石晶格最低完全带隙的带隙谱

在这两种情况中，带隙大小都随折射率对比度单调增加。但是，用空气球晶格更容易获得带隙：空气中的介质球晶格需要 2.05:1 的折射率对比度来形成一个带隙，而介质中的空气球晶格只需要 1.88:1 的折射率对比度就可以获得一个完全三维带隙。

还要注意介质球总是互相重叠，带隙总是偏爱互相连接的介质结构。特别地，球体相切对应的半径为 $r/a = \sqrt{3}/8 \approx 0.21651$，而最佳半径总是大于此值 (介质球为 $r/a \approx 0.235$，空气球为 $r/a \geqslant 0.29$)。

附录 D　计算光子学

第 2 章和第 3 章提出了经典电磁学方程，并基于对称和线性代数给出了解的一般性质。接下来的章节用到了特定晶体、波导、谐振腔和其他结构方程的大量数值解。这些解是从哪里来的？带图、透射谱、模式分布和其他结果不仅仅来自于方程。关于麦克斯韦方程的数值解，人们做了大量工作。本附录旨在向读者简单介绍计算光子学。

在 20 年前，如果不先详细描述计算方法，就无法给出麦克斯韦方程组的解。然而，越来越强大的计算机给包括光子学在内的整个科学和工程领域带来了巨大变化。现在，求解三维或四维偏微分方程组已经不是难事。利用个人电脑，这本书中的任何计算几乎都不需要花费几个小时，大多数只需要几分钟。

光子学的情况特别适合于计算，因为麦克斯韦方程组实际上非常精准，相关的材料特性众所周知，并且几何尺度也不算太小。因此，人们可以从一开始就进行定量理论预测 (从第一原理出发)，而无须任何可疑的假设或简化。计算结果往往与实验结果一致。所以，可以在计算机上对光子晶体进行设计优化，然后再进行制造。此时，计算机变成了实验之前的设备。

电磁学有许多求解偏微分方程的标准数值方法，每一种方法都有其独特的优缺点。目前广泛使用的高质量软件是“黑匣子”，其程序免费开源 (本附录末尾描述了其中一些程序)。的确，计算光子学已经非常成熟，以至于许多从业者仅熟悉各种工具的一般原理和功能，而不再担心数值的细节。这里将总结一些最重要的方法，并通过一个示例 (计算带结构) 进行详细研究。

D.1　概　　述

一般来说，计算光子学中有三类问题：

• **频域本征值问题**：将问题表示为有限个矩阵本征值问题 $Ax=\omega^2 Bx$，并应用线性代数求出几个本征向量 x 和本征值 ω^2，① 以找到带结构 $\omega(\mathbf{k})$ 及其对应的场。

• **频域响应**：给定电流分布 $\mathbf{J}(\mathbf{x})\,\mathrm{e}^{-\mathrm{i}\omega t}$，频率为 ω。将问题表示为有限个矩阵方程 $Ax=b$，并应用线性代数求解 x，求出场。

---

① 与其固定 $\mathbf{k}$ 并寻找本征值 ω^2，不如将沿着单个周期 (或均匀) 方向的波矢 $\mathbf{k}$ 在特定 ω 处的本征问题公式化为本征值 $\mathbf{k}$ 的广义厄米本征问题 (Johnson et al., 2001b; Johnson et al., 2002b)。

• **时域模拟**：模拟随时间传播的 $\mathbf{E}(\mathbf{x},t)$ 和 $\mathbf{H}(\mathbf{x},t)$ 场，这通常从一些与时间相关的电流源 $\mathbf{J}(\mathbf{x},t)$ 开始。

尽管这本书主要集中在带结构和本征场上，但其他两个问题也很重要。例如，人们通常希望得到有限结构的透射或反射谱。但同时，在解释这类谱时，又需要了解带隙图和本征模。当然，问题之间有一些重合。例如，时域仿真可用于计算能带结构。正常情况下，上面列出的所有问题都需要大量计算，而工作量大致与系统大小呈线性比例 (而不是平方比或更差的比例)。这使得人们可以用相对适度的资源来进行计算光子学。

另一种方法是将无穷多个未知量 (例如，空间中每一点的场) 减少为有限个 (N)**离散的**未知量。有四类重要的离散化方法:

• **有限差分**: 用网格上离散点的值 $f_n \approx f(n\Delta x)$ 来表示未知函数 $f(x)$，用网格上的差来表示导数。最相关的例子是均匀笛卡儿网格，如 $\mathrm{d}f/\mathrm{d}x \approx (f_{n+1} - f_{n-1})/2\Delta x$。

• **有限元**: 将空间划分为一组有限几何元素 (如不规则三角形或四面体)，以每个元素上定义的简单近似函数 (通常是低阶多项式) 表示未知函数。在某种意义上，这种方法是有限差分的推广。

• **谱方法**: 在平滑函数的完整基集合中将未知函数进行级数展开，从而使级数具有有限数量的项。典型方法是使用傅里叶级数；在二维或三维中也称为**平面波法** (其中傅里叶级数中的项是平面波)。更一般地，当边界条件非周期时，采用诸如切比雪夫多项式的基函数可能更有利。人们还可以使用类似于有限元的**光谱元**，但每个元素都有更复杂的光谱基函数。

• **边界元法**: 只对均匀区域之间的*边界*区域 (而不是所有空间) 进行离散化。对均匀区域进行解析分析。可以使用有限元或光谱基函数进行离散化。**多极法** (Yasumoto，2005) 本质上是针对圆柱或球形边界的一种以一组特殊光谱基函数进行离散的边界元法。(不要与**快速多极法**混淆，快速多极法是一种快速估算边界元法矩阵向量乘积的算法。) 类似的思想可以参见**传递矩阵或耦合波法**，该方法将空间分割成一系列均匀区域，并推导出一个散射矩阵 (与场在每个界面处的值有关)，从而确定给定方向传播的光线。

其中，最容易实现的分析法是建立在均匀网格上的方法: 有限差分法和基于一组平面波的谱方法。通过非结构化网格，有限元和谱元在不同区域拥有不同的空间分辨率。对于几何形状复杂且长度尺度非常不同的混合系统 (例如，金属–电介质系统，其中微米波长的趋肤深度为纳米数量级)，这可能是优势方法。另一方面，在折射率对比度 (对应于长度对比) 不太大的介质结构中，有一些更简单、更高效的方法。一些学者可能会觉得谱方法具有非常好的精确度: 原则上，计算误差随光谱基函数的数量呈*指数*下降。然而，只有所有奇点都在基础 (或元素) 中进行解析后，这种原则才有效。但是对于介质结构来说，这很罕见，因为在每个界面上都会出现不连续性。边界元法是一类独立的方法，并且在处理比表面积较小的系统时具有很大优势。例如，要计算一个物体的散射场，可以对物体周围的无限空间进行解析，而不必以任何方式对其离散化或截短。但是，在某些情况下 (其表面延伸至无穷大，例如，处理波导弯曲)，在制订边界元方法时仍存在一些开放问题，并且在具有许多表面的光子晶体中，它们相比于有限元法的优势仍然值得商榷。

一旦选择了一组基函数来表示离散的未知量，就必须把偏微分 (或积分) 方程转换成一组代数方程。除了有限差分之外，形成这些代数方程最常用的方法包括：**加权残差法**、**Petrov-Galerkin 法**或**矩量法**，其中 **Galerkin** 法和**配点**法是特例。这些简单方法值得回顾，见文献 (Boyd，2001)。假设正在求解具有微分 (或积分) 算符 $\hat{L}$ 的线性方程 $\hat{L}f(\mathbf{x}) = g(\mathbf{x})$，其中，未知函数 $f(\mathbf{x})$ 以 N 个函数 $b_n(\mathbf{x})$ (例如，有限元或光谱基函数) 为基础进行展开。也就是说，写出 $f(\mathbf{x}) = \sum_n c_n b_n(\mathbf{x})$，$c_n$ 是未知系数。为了得到 c_n 的线性代数方程组，只需要用两个 N **权重函数** $w_m(\mathbf{x})$ 取方程两边的内积。得到 $\sum_n \left(w_m, \hat{L}b_n\right) c_n = (w_n, g)$，这是一个可求解 c_n 的 $N \times N$ 矩阵方程 $Ax = b$ 形式。Galerkin 法是选择 $w_m = b_m$，该方法对应于求解 $\hat{L}f = g$，直到误差 $\hat{L}f - g$ (**残差**) 与基函数 b_n 正交。配点法是选择 $w_m(\mathbf{x}) = \delta(\mathbf{x} - \mathbf{x}_m)$，其中 $\mathbf{x}_m$ 是一系列配点，于是方程 $\hat{L}f = g$ 在这 N 个配点 $\mathbf{x}_m$ 处精确成立。

除非特殊情况，否则应避免使用任何仅适用于低折射率对比度的方法。这些方法不适用于广义的光子晶体结构。这些方法包括标量和半矢量近似，以及诸如光束传播法 (BPM) 之类的方法，这些方法仅适用于在 (至少) 一个方向上缓慢变化的结构。

D.2　频域本征问题

频域本征求解器可求解周期系统 (或非周期系统，如下所述) 频率的麦克斯韦本征问题，如第 3 章方程 (11) 所示：

$$\left[(\mathrm{i}\mathbf{k} + \nabla) \times \frac{1}{\varepsilon(\mathbf{r})}(\mathrm{i}\mathbf{k} + \nabla) \times\right] \mathbf{u_k}(\mathbf{r}) = \hat{\Theta}_\mathbf{k} \mathbf{u_k}(\mathbf{r}) = \frac{\omega(\mathbf{k})^2}{c^2} \mathbf{u_k}(\mathbf{r}) \tag{1}$$

其中 $\mathbf{u_k}(\mathbf{r})$ 是磁场 $\mathbf{H_k} = \mathrm{e}^{\mathrm{i}\mathbf{k}\cdot\mathbf{r}} \mathbf{u_k}(\mathbf{r})$ 的周期布洛赫包络。由于 $\mathbf{u_k}(\mathbf{r})$ 具有周期性，所以计算只需要在结构有限的原胞内进行。除本征方程外，$\mathbf{u_k}(\mathbf{r})$ 必须满足横向约束：

$$(\mathrm{i}\mathbf{k} + \nabla) \cdot \mathbf{u_k} = 0 \tag{2}$$

方程 (1) 的解是 $\mathbf{k}$ 的函数，是系统的带结构。

在计算机上，必须使用上述方法之一 (如平面波展开法，稍后将详细描述) 将此本征方程离散为 N 个自由度。一般来说，这种离散化会引入有限个**广义本征问题** $Ax=\omega^2Bx$，其中 A 和 B 是 $N\times N$ 矩阵，x 是本征向量。由于原始本征问题具有厄米性，因此将其离散化时，需要选择 A 和 B 为厄米矩阵，并且 B 为正定矩阵，①这对下文的数值方法非常重要。难点在于横向约束，除了本征方程之外，人们还必须以某种方式施加横向约束。从结果上讲，违反横向约束的解是频率 $\omega=0$ 的"伪模式"。②施加横向约束的最简单方法是选择自动保持横向性的基础元素，例如，下面描述的平面波基元。

有两种方法可以对给定有限的本征问题进行处理。一种方法是使用标准线性代数程序包，如 LAPACK，(Anderson et al., 1999) 来查找本征向量 x 和本征值 ω^2。不幸的是，此时计算内存正比于 N^2，且计算时间正比于 N^3。对于复杂三维系统，N 可能为百万数量级，此时这种方法有些问题。尽管如此，实际中，人们仅需要取几个本征值。例如，要计算本书中的带图，只需要取每个 $\mathbf{k}$ 的少数几个最低本征值 $\omega_n(\mathbf{k})$。

基于以上事实，人们发明了**迭代**法，即计算少量 (p) 本征值和本征向量，如 p 个最小的本征值。迭代法有多种形式 (Bai et al., 2000)，但它们有一些共性。首先，它们对 x 进行初始猜测 (如随机数)，并应用一些过程来迭代改善结果，从而快速收敛到真正的本征向量。这样，任何所需的精度都可以通过少量步骤获得。其次，它们只需要人们提供一种快速的方法来计算矩阵向量积 Ax 和 Bx。在有限元法中，这些矩阵是**稀疏**矩阵 (数值几乎是零)，Ax 或 Bx 可以在 $O(N)$ 运算中计算。而谱方法有其他快速算法，如下所述。因此，A 和 B 不需要显式存储，只需要 $O(Np)$ 存储 (对于本征向量)。再次，给定 $O(N)$ 矩阵向量积，计算时间随 $O\left(Np^2\right)$ 乘以迭代次数而增加；如果 $p\ll N$，那么此过程通常比 $O\left(N^3\right)$ 显式解快得多。

可以用第 2 章变分定理来演示这种迭代法。麦克斯韦本征问题的变分定理对任何厄米本征问题，尤其是有限本征问题 $Ax=\omega^2Bx$ 都适用。也就是说，最小本征值 ω_0^2 满足

$$\omega_0^2=\min_x\frac{x^\dagger Ax}{x^\dagger Bx'} \tag{3}$$

其中 $x^\dagger$ 是列向量 x 的共轭转置 (伴随)。方程 (3) 是最小化瑞利商，其中极值对应的 x_0 为本征向量。可以使用任何一种数值技术进行最小化运算，以优化多个变量的函数，例如，预处理的非线性共轭梯度法 (Bai et al., 2000)。对于下文提到的平

① 例如，Galerkin 离散化总是拥有这些特性，其中矩阵元素 $A_{mn}=\left(\mathbf{b}_m,\hat{\Theta}_{\mathbf{k}}\mathbf{b}_n\right)$，$B_{mn}=(\mathbf{b}_m,\mathbf{b}_n)$，基函数 $\mathbf{b}_n(\mathbf{x})$。

② 这可以通过取本征方程两边的散度得到。由于旋度的散度为零，因此只剩下一个表达式 $\omega^2(\mathrm{i}\mathbf{k}+\nabla)\cdot\mathbf{u_k}=0$。也就是说，本征方程本身意味着，如果 $\omega\neq0$，则肯定满足横向性。

面波方法，通常 $10\sim30$ 的步长就可以收敛。然后，为了找到下一个本征值 ω_1，再次进行最小化瑞利商，但必须使用正交关系限制 x：$x^\dagger Bx_0=0$。求解 ω_2，ω_3 等也必须满足正交关系。

对于非周期结构，比如光子晶体中的线缺陷或点缺陷怎么办呢？最简单的情况是局域模式，例如，约束在线缺陷和点缺陷附近的波导和谐振腔模式。在这种情况下，人们可以使用**超原胞近似**：超原胞也拥有周期边界条件，但局域模式周围有大量计算单元，因此边界不相关。也就是说，设想一种谐振腔或波导结构，其在空间中以较大的间距周期性重复。由于局域模式在离开缺陷后呈指数衰减，所以随着计算单元大小的增加，数值解会快速收敛到孤立缺陷解的附近。(在拥有大带隙的光子晶体中，仅仅在缺陷周围包围几个额外的晶体之后，边界通常就变得不相关。) $\mathbf{k}$ 矢量 (沿着超原胞的方向) 确定了这种人工重复结构之间的相位关系，并且随着原胞越来越大，相位关系变得越来越不相关。

对于非周期结构中非指数局域化模式，如第 7 章和第 8 章中的 “泄漏” 谐振腔模式，则问题比较复杂。通常，这需要施加一些吸收边界条件或区域 (如下文的完美匹配层)。此时，问题不再具有厄米性 (允许复数频率 ω 以解释辐射损耗)，从而导致更复杂的数值方法。

D.3 频域响应

能带结构和本征态并不是光子器件唯一需要考虑的量。例如，人们经常想知道：从某处出发的给定频率电磁波通过有限结构时的透射和反射现象。此外，结构对不同位置点电流的响应可以揭示许多有趣现象，包括从增强 (或抑制) 自发辐射到表面粗糙度造成的散射损耗。①

此时，经典问题是如何找到线性介质响应某个恒定频率电流源 $\mathbf{J}(\mathbf{r})\,\mathrm{e}^{-\mathrm{i}\omega t}$ 而生成的场 $\mathbf{E}(\mathbf{r})\,\mathrm{e}^{-\mathrm{i}\omega t}$ $\left(和\mathbf{H}=-\dfrac{\mathrm{i}}{\omega\mu_0}\nabla\times\mathbf{E}\right)$。用 $\mathbf{J}$ 求解 $\mathbf{E}$ 的麦克斯韦方程组，得到以下*线性方程*：

$$\left[(\nabla\times\nabla\times)-\frac{\omega^2}{c^2}\varepsilon(\mathbf{r})\right]\mathbf{E}(\mathbf{r})=\mathrm{i}\omega\mu_0\mathbf{J}(\mathbf{r}) \tag{4}$$

当该方程离散为 N 个未知数时，根据已知的 “电流” b，得到关于未知 “场” (列向量) x 的 $N\times N$ *矩阵方程* $Ax=b$。直接求解这样一组方程需要存储空间 $O\left(N^2\right)$ 和时间 $O\left(N^3\right)$。但对于上述本征问题，迭代法给出了一种快速计算矩阵向量积 Ax 的方法，仅需要存储空间 $O(N)$ 和大致时间 $O(N)$ (Barrett et al., 1994)。

然而，透射和散射计算通常需要 “开放” 边界。这意味着散射电磁场必须辐射到无穷远，而不是在它们到达 (有限) 计算区域的边界时反射回来。为了解决这个

①比如，参见文献 (Fan et al., 1997; Johnson et al., 2005)。

问题，除了边界元法 (其中边界自动开放) 之外，通常需要在计算域边界添加**完美匹配层 (PML)**。PML 是一种人工吸收材料，其设计目的在于使材料边界 (理论上) 不存在反射。①

对麦克斯韦本征问题解析时，本征算符的厄米性起到了关键作用。在频域问题 (4) 中，类似的关键作用是**洛伦兹互易性**。②特别地，如果 $\hat{\Xi}$ 是方程 (4) 左边的线性算符，对于*非共轭*内积 $(\mathbf{F}, \mathbf{G}) = \int \mathbf{F} \cdot \mathbf{G}$，互易性告诉人们 $\left(\mathbf{E}_1, \hat{\Xi}\mathbf{E}_2\right) = \left(\hat{\Xi}\mathbf{E}_1, \mathbf{E}_2\right)$。因此，$(\mathbf{E}_1, \mathbf{J}_2) = (\mathbf{J}_1, \mathbf{E}_2)$。这个定理甚至适用于复 ε (例如，适用于 PML 吸收边界)，与厄米性不同。③

D.4 时域仿真

可以说，电磁学最通用的数值方法是模拟与时间相关的完整麦克斯韦方程组，即描述在时空中传播的场。这种*时域*法也适用于非线性或主动 (时变) 介质。在这些情况下，频域法求解非常困难，因为频率不再守恒。时域方法可以解决上述频域问题，其优点和缺点如下所述。

迄今为止，最常见的时域模拟技术是**时域有限差分法 (或 FDTD)**。顾名思义，FDTD 将空间和时间划分为离散点的网格 (通常是均匀网格)，并通过有限差分来近似麦克斯韦方程组的导数 ($\nabla\times$ 和 $\partial/\partial t$)。时间传播采用 "蛙跳" 方案，其中时间 t 的 $\mathbf{E}$ 根据时间 $t - \Delta t$ 处的 $\mathbf{E}$ 和时间 $t - \Delta t/2$ 处的 $\mathbf{H}$ 计算，反之 (时间 $t + \Delta t/2$ 处的 $\mathbf{H}$) 亦然。通过这种方式，$\mathbf{E}$ 和 $\mathbf{H}$ 随时间演变，偏移步长为时间步长 Δt 的一半。具体可参见教科书 (Taflove and Hagness, 2000)。其中采用了一种特殊的交错 "Yee" 网格，其中每个矢量的不同分量与网格单元上的不同位置相关联。由于 FDTD 软件广泛可用，因此有必要了解其用法并将其与频域方法进行比较。

FDTD 法是计算透射/反射谱的常用方法，类似于频域响应。与频域响应求解器不同的是，时域方法可以一次计算线性系统对多个频率的响应。关键是对短脉冲响应进行傅里叶变换。例如，假设人们想知道通过滤波器 (如第 10 章的结构) 的传输通量 $\mathrm{Re}\int \mathbf{E}^* \times \mathbf{H}/2$ 与频率的关系，可以使用 FDTD 代码向结构发送一个短脉冲 (具有宽带宽)，并在输出平面上观察得到的场 $\mathbf{E}(t)$ 和 $\mathbf{H}(t)$。将它们进行傅里叶变换以产生 $\mathbf{E}(\omega)$ 和 $\mathbf{H}(\omega)$，从中可以得到每个 ω 的通量。类似于频域方法，一

---

① PML 最初为时域方法服务，比如，参见文献 (Taflove and Hagness, 2000; Chew et al., 2001)，但其也适用于频域 (事实上，由于频域一次只处理一个频率 ω，所以情况更简单)。

② 比如，参见 Landau 等 (1984, §69) 以及 Potton (2004) 所著文献。

③ 一般要求 ε 和 μ 是对称的 3×3 矩阵，除了磁光材料，这种形式几乎总是正确的。广义地说，可以通过包含适当的表面项来建立有限体积中积分的互易关系。此时，非共轭内积不仅允许人们使用复 ε，而且其保证除表面项以外所有空间上的积分都是零。

般采用 PML 来模拟开放边界。

为什么要直接计算频域响应呢？有几个原因。首先，由于傅里叶变换的不确定性原理，时域方法需要较长时间才能求解一个尖锐谱。其次，如果人们对时间谐波电流源 $\mathbf{J}(\mathbf{r})\,\mathrm{e}^{-\mathrm{i}\omega t}$ 的稳态响应感兴趣，那么时域方法必须平稳 "打开" 电流，并等待很长时间，使瞬态效应消失。此时，频域方法可能更有效。再次，频域方法允许人们利用有限元或边界元法更有效地将问题离散化，特别是对分辨率有需求的情况。(在 FDTD 方法中，为保持数值稳定性，高空间分辨率需要高时间分辨率。因此，三维 FDTD 模拟的时间按分辨率扩展到第四次方，而不是第三次方。) 尽管有限元法也可用于时域模拟，但它们通常需要*隐式时间步进*才能保持稳定，这意味着必须在每个时间步上求解一个 $N\times N$ 矩阵方程。边界元法在时域问题中更为复杂，因为曲面上的不同点与时间上非局域的 "延迟" 格林函数有关。

同样，FDTD 和其他时域方法也可以用来提取频率本征值。时域本征求解器通过观察结构对短脉冲的响应来工作，响应谱中的峰值即为本征频率。这种方法甚至可以用来识别谐振或泄漏模式，因为峰宽与损耗率有关。在实践中，人们不仅仅是简单地在傅里叶变换中寻找峰；一些复杂的信号处理技术甚至比傅里叶不确定性原理所得到的结果更精确 (Mandelshtam and Taylor，1997)。通过施加布洛赫周期边界条件可以计算带结构。这种方法可以一次获得多个本征频率；可以在频谱的特定部分寻找本征频率 (例如，在带隙内，用于计算缺陷模式)；可以像计算频率一样计算损耗率。但是该方法存在一个缺点：求解简并模式或接近简并的模式可能需要很长时间，特别是除了频率之外还需要电磁场分布时。(要获得与给定本征频率相对应的本征电磁场分布，需要使用窄带宽的源进行单独仿真。) 并且不幸的是，峰值识别所涉及的信号处理技术几乎无法保证上述过程。人们可能会错过本征频率，或得到一个假频率。此时频域本征求解器更简单：它们可以预防伪解，并且计算少数几个本征频率 (特别是在高分辨率下) 时更快。

D.5　一个平面波本征求解器

这本书最常用的解是带结构和本征模。因此，有必要详细解释本书针对这类频域本征问题的计算方法。该计算方案已经使用了很多年，并且已经获得实验的验证，详情请参见文献 (Meade et al., 1993；Johnson and Joannopoulos，2001)。

该计算方案采用一种基于平面波的谱方法。为了让读者了解相关原理，让我们从与**傅里叶级数**相对应的一维情况开始。求解系统是周期为 a 的周期函数 $u_k(x)=u_k(x+a)$，求解方程是方程 (1)。约瑟夫 · 傅里叶在 19 世纪初 (存在一些争议) 首次提出这样一个假设：任何合理的周期函数都可以表示为无穷多正弦和余弦的总

和。①表示为

$$u_k(x) = \sum_{n=-\infty}^{\infty} c_n(k) \mathrm{e}^{\mathrm{i}\frac{2\pi n}{a}x} \tag{5}$$

复傅里叶级数系数为 $c_n(k) = \frac{1}{a}\int_0^a \mathrm{d}x\mathrm{e}^{-\mathrm{i}\frac{2\pi n}{a}x} u_k(x)$。注意，求和中的每个项都是周期函数，周期为 a。为了能够进行数值模拟，人们需要缩短总和，使其具有有限个 (N) 项。这完全可行，因为系数 c_n 随 n 衰减。②因此，可以使用 N 个最低阶 $|n|$ 项 $\left(\text{例如，} -\frac{N}{2}\text{到}\frac{N}{2}-1\right)$。现在，问题已经从寻找 $u_k(x)$ 转变为求解 N 个未知数 c_n 的线性方程组。稍后本书将写下这些方程。

$2\pi n/a$ 就是一维晶格 (周期为 a) 的倒格矢，所以，可以将傅里叶级数推广到多个维度。通过类比，多维傅里叶级数是

$$\mathbf{u_k}(\mathbf{r}) = \sum_{\mathbf{G}} \mathbf{c_G}(\mathbf{k}) \mathrm{e}^{\mathrm{i}\mathbf{G}\cdot\mathbf{r}} \tag{6}$$

其中，总和位于所有倒格矢 $\mathbf{G}$ 上 (见附录 B)。$\mathbf{c_G} = \frac{1}{V}\int \mathrm{d}^3\mathbf{r}\mathrm{e}^{-\mathrm{i}\mathbf{G}\cdot\mathbf{r}}\mathbf{u_k}(\mathbf{r})$，$V$ 是原胞体积。现在，总和的每个项在 $\mathbf{r}$ 空间中相对于晶格向量 $\mathbf{R}$ 都是周期的，因为 $\mathbf{G}\cdot\mathbf{R}$ 定义为 2π 的倍数。注意，因为 $\mathbf{u_k}$ 是一个矢量场，所以傅里叶级数系数 $\mathbf{c_G}$ 也是矢量。如果将横向约束 (2) 应用于方程 (6)，可以得到一个系数约束：

$$(\mathbf{k}+\mathbf{G})\cdot\mathbf{c_G} = 0 \tag{7}$$

可以看到，如果在平面波外构建场，$\mathbf{H} = \mathbf{u_k}\mathrm{e}^{\mathrm{i}\mathbf{k}\cdot\mathbf{r}}$，则自动满足横向约束。因此，对于每个 $\mathbf{G}$，选择两个与 $\mathbf{k}+\mathbf{G}$ 正交的垂直单位向量 $\hat{\mathbf{e}}_{\mathbf{G}}^{(1)}$ 和 $\hat{\mathbf{e}}_{\mathbf{G}}^{(2)}$，并写出 $\mathbf{c_G} = c_{\mathbf{G}}^{(1)}\hat{\mathbf{e}}_{\mathbf{G}}^{(1)} + c_{\mathbf{G}}^{(2)}\hat{\mathbf{e}}_{\mathbf{G}}^{(2)}$。这样，问题简化为每个 $\mathbf{G}$ 对应两个未知数 $c_{\mathbf{G}}^{(1)}$ 和 $c_{\mathbf{G}}^{(2)}$，此时不再考虑横向约束。

现在，将给定横向傅里叶级数表示 (6) 代入方程 (1)，导出一组方程来确定系数 $\mathbf{c_G}$。对方程 (1) 两边进行傅里叶变换 $\left(\text{即与}\int \mathrm{e}^{-\mathrm{i}\mathbf{G}'\cdot\mathbf{r}}\text{积分}\right)$，根据 $\varepsilon^{-1}(\mathbf{r})$ 的傅里叶变换 (级数系数) $\varepsilon_{\mathbf{G}}^{-1}$，得到方程

$$\sum_{\mathbf{G}} \left[-\varepsilon_{\mathbf{G}'-\mathbf{G}}^{-1}\cdot(\mathbf{k}+\mathbf{G}')\times(\mathbf{k}+\mathbf{G})\times\right]\mathbf{c_G} = \frac{\omega^2}{c^2}\mathbf{c_{G'}} \tag{8}$$

方程 (8) 是由 $\mathbf{c_G}$ 表示的包含无限未知数的无限线性方程组。有两种方法可以缩短这个无限方程组。首先，将方程 (8) 用于一组有限的平面波 $\mathbf{G}$ (例如，围绕

① 在 Körner (1988) 中可以找到更严格的陈述。

② 收敛速度取决于 $u_k(x)$ 的平滑度；如果 $u_k(x)$ 是 ℓ 次可微的，则 $|c_n|$ 的下降速度大于 $1/|n|^\ell$ (Katznelson, 1968)。

原点的球体)，其次，假设 $\mathbf{G}$ 很小并舍弃与较大 $|\mathbf{G}|$ 相对应的项。这将涉及计算逆介电函数的精确傅里叶变换 $\varepsilon_{\mathbf{G}}^{-1}$，这可能需要许多复杂的数值积分。然而，既然无论如何都要扔掉大 $|\mathbf{G}|$ 项，不妨更进一步，使用**离散傅里叶变换 (DFT)** 来近似 $\varepsilon_{\mathbf{G}}^{-1}$。DFT 本质上用离散和来代替傅里叶变换。①

一旦得到一组有限 $\mathbf{G}$ 值，方程 (8) 就是形式为 $Ax = \omega^2 x$ 的有限矩阵本征方程，其中 x 是未知数 $c_{\mathbf{G}}^{(\ell)}$ 的列向量，A 是左侧的系数矩阵。②此时存在一个问题：因为所有 $\mathbf{G}$ 和 $\mathbf{G}$ 的系数 $\varepsilon_{\mathbf{G}'-\mathbf{G}}^{(\ell)}$ 通常非零，所以矩阵 A 很稠密 (几乎都是非零值)，求解需要时间 $O\left(N^2\right)$。这是迭代方法的最大难点，其要求快速求解 Ax。

平面波法的优点是可以进行**快速傅里叶变换 (FFT)**，该方法可以在时间 $O\left(N\log N\right)$ 内计算 N 点的多维 DFT。③这意味着可以通过三个步骤将 $\mathbf{c}_{\mathbf{G}}$ 乘以方程 (8) 左边的算符。首先，取交叉积 $(\mathbf{k}+\mathbf{G})\times\mathbf{c}_{\mathbf{G}}$，这需要时间 $O\left(N\right)$。然后，计算 (逆) FFT，将其变换到位置 $(\mathbf{r})$ 空间，在 $\mathbf{r}$ 空间中乘以 $\varepsilon^{-1}(\mathbf{r})$ 花费时间 $O\left(N\right)$。最后，用快速傅里叶变换 FFT 返回 $\mathbf{G}$ 坐标，进行最后的交叉积 $(\mathbf{k}+\mathbf{G})\times$ 运算。总之，这个过程需要时间 $O\left(N\log N\right)$，并且需要存储空间 $O\left(N\right)$，这足以使迭代方法高效运行。④

这里再给出平面波法相对于迭代本征求解器的另一个优势，其与**预处理器**有关。在迭代法中，预处理器本质上是方程的近似解，该方程用于加速迭代步骤。一个好的预处理器可以将迭代次数从上千次加速到数十次，但开发这种预处理器很困难且和具体物理问题有关。然而，对于平面波法来说，可以非常容易地开发出有效预处理器：人们只需考虑 A 的对角线项，即 $|\mathbf{k}+\mathbf{G}|^2$，因为这些项在大 $|\mathbf{G}|$ 中占主导地位。⑤

平面波法的精确度取决于 $\mathbf{c}_{\mathbf{G}}$ 傅里叶系数的收敛速度，因为误差取决于舍弃的大 $|\mathbf{G}|$ 系数。不幸的是，在不连续介质结构中，傅里叶变换收敛得相当慢 ($\varepsilon^{-1}(\mathbf{r})$ 的傅里叶系数与 $1/|\mathbf{G}|$ 成正比减小)，这引出了 Sözüer 等 (1992) 指出的问题。(在有限差分法中，相关问题称为介质界面的"楼梯化"。) 幸运的是，合适的差值方法可以大大减少这些困难，该方法即将尖锐的介质界面变得平滑，而且不会增加频率误差 (Meade et al., 1993；Johnson and Joannopoulos，2001)。在其他方法 (如 FDTD) 中，平滑也会带来类似的好处，插值方法遵循的基本原理来自于第 2 章微

① 从技术上讲，精确计算傅里叶变换和通过 DFT 计算傅里叶变换的区别就是 Galerkin 法和配点法之间的区别，后者意味着人们在一组离散点上运算本征方程 (Boyd，2001)。

② 之所以没有得到一个广义本征问题 $Ax = \omega^2 Bx$(B 是恒等式)，是因为平面波基函数彼此正交。

③ 比如，参见文献 (Brigham，1988)。

④ 换句话说，方程 (8) 以离散卷积的形式存在。因此，使用卷积定理 (DFT 将卷积变成点积)，可以通过一对 FFT 进行 $O\left(N\log N\right)$ 次运算对方程 (8) 进行预估。

⑤ 受到了量子力学中的"动能"预处理器启发 (Payne et al., 1992; Johnson and Joannopoulos, 2001)。Barrett 等 (1994) 描述了寻找预处理器的其他方法。

扰理论 (Farjadpour et al., 2006)。

D.6　进一步阅读和开源软件

Johnson 和 Joannopoulos (2001) 对光子晶体的迭代平面波本征求解器进行了综述，Taflove 和 Hagness (2000) 描述了时域有限差分 (FDTD) 法。Chew 等 (2001) 对电磁学中的有限元和边界元法进行了概述，Yasumoto (2005) 对其他几种方法进行了描述。有关谱方法的广义 (非特定电磁学) 介绍，请参见文献 (Boyd，2001)；边界元法，请参见文献 (Bonnet，1999)；有限差分法，请参见文献 (Strikwerda，1989)。在 Barrett 等 (1994) 和 Bai 等 (2000) 的研究中可以找到对线性方程和本征问题迭代方法的广泛研究。

有许多可用于解决电磁问题的商业软件。原书作者使用的是*开源软件* (又名开源代码)，这款软件有许多优点。除了成本低，还具有可移植性、可定制性且与供应商无关。原书作者开发并发布了一个名为 MPB (ab-initio.mit.edu/mpb) 的开源程序，其用平面波法计算带结构和本征模；以及一个名为 Meep (ab-initio.mit.edu/meep) 的程序，其利用的是 FDTD 法。这两个程序完成了这本书所有的计算。另一个有效的免费程序是 Bienstman (2001) 的 CAMFR (camfr.sourceforge.net)，其通过传递矩阵法找到频域响应，这种方法对于可以沿给定方向细分为一系列均匀横截面的介质结构来说，特别有效。

参考文献

Agrawal, Govind P. 2001. *Nonlinear Fiber Optics*. 3rd ed. San Diego: Academic Press.

Anderson, E., Z. Bai, C. Bischof, S. Blackford, J. Demmel, J. Dongarra, J. Du Croz, A. Greenbaum, S. Hammarling, A. McKenney, and D. Sorensen. 1999. *LAPACK Users' Guide*. 3rd ed. Philadelphia, PA: Society for Industrial and Applied Mathematics.

Aoki, Kanna, Hideki T. Miyazaki, Hideki Hirayama, Kyoji Inoshita, Toshihiko Baba, Norio Shinya, and Yoshinobu Aoyagi. 2002. "Three-dimensional photonic crystals for optical wavelengths assembled by micromanipulation." *Appl. Phys. Lett.* 81: 3122-3124.

Argyros, A., T. A. Birks, S. G. Leon-Saval, C. M. B. Cordeiro, F. Luan, and P. St. J. Russell. 2005. "Photonic bandgap with an index step of one percent." *Opt. Express* 13(1): 309-314.

Ashcroft, N. W., and N. D. Mermin. 1976. *Solid State Physics*. Philadelphia: Holt Saunders.

Aspnes, D. E. 1982. "Local-field effects and effective medium theory: A microscopic perspective." *Am. J. Phys.* 50: 704-709.

Assefa, Solomon, Peter T. Rakich, Peter Bienstman, Steven G. Johnson, Gale S. Petrich, John D. Joannopoulos, Leslie A. Kolodziejski, Erich P. Ippen, and Henry I. Smith. 2004. "Guiding 1.5 μm light in photonic crystals based on dielectric rods." *Appl. Phys. Lett.* 85(25): 6110-6112.

Atkin, D. M., P. St. J. Russell, and T. A. Birks. 1996. "Photonic band structure of guided Bloch modes in high index films fully etched through with periodic microstructure." *J. Mod. Opt.* 43(5): 1035-1053.

Axmann, W., P. Kuchment, and L. Kunyansky. 1999. "Asymptotic methods for thin high-contrast two-dimensional PBG materials." *J. Lightwave Tech.* 17(11): 1996-2007.

Baba, T., N. Fukaya, and J. Yonekura. 1999. "Observation of light propagation in photonic crystal optical waveguides with bends." *Electron. Lett.* 35(8): 654-655.

Bai, Zhaojun, James Demmel, Jack Dongarra, Axel Ruhe, and Henk Van Der Vorst, eds. 2000. *Templates for the Solution of Algebraic Eigenvalue Problems: A Practical Guide*. Philadelphia: SIAM.

Bakhtazad, Aref, and Andrew G. Kirk. 2005. "1-D slab photonic crystal k-vector superprism demultiplexer: Analysis, and design." *Opt. Express* 13(14): 5472-5482.

Barrett, R., M. Berry, T. F. Chan, J. Demmel, J. Donato, J. Dongarra, V. Eijkhout, R. Pozo, C. Romine, and H. Van der Vorst. 1994. *Templates for the Solution of Linear*

Systems: Building Blocks for Iterative Methods. 2nd ed. Philadelphia, PA: SIAM.

Benisty, H., D. Labilloy, C. Weisbuch, C. J. M. Smith, T. F. Krauss, D. Cassagne, A. Béraud, and C. Jouanin. 2000. "Radiation losses of waveguide-based two-dimensional photonic crystals: Positive role of the substrate." *Appl. Phys. Lett.* 76(5): 532-534.

Berman, Paul R., ed. 1994. *Cavity Quantum Electrodynamics.* San Diego: Academic Press.

Bermel, Peter, J. D. Joannopoulos, Yoel Fink, Paul A. Lane, and Charles Tapalian. 2004. "Properties of radiating pointlike sources in cylindrical omnidirectionally reflecting waveguides." *Phys. Rev. B* 69: 035316.

Bienstman, Peter. 2001. "Rigorous and efficient modelling of wavelength scale photonic components." PhD thesis, Ghent University. Ghent, Belgium.

Birks, T. A., P. J. Roberts, P. St. J. Russell, D. M. Atkin, and T. J. Shepherd. 1995. "Full 2-D photonic bandgaps in silica/air structures." *Electron. Lett.* 31(22): 1941-1943.

Birks, T. A., J. C. Knight, and P. St. J. Russell. 1997. "Endlessly single-mode photonic crystal fiber." *Opt. Lett.* 22(13): 961-963.

Birks, T. A., W. J. Wadsworth, and P. St. J. Russell. 2000. "Supercontinuum generation in tapered fibers." *Opt. Lett.* 25(19): 1415-1417.

Biró, L. P., Zs. Bálint, K. Kertész, Z. Vértesy, G. I. Márk, Z. E. Horváth, J. Balázs, D. Méhn, I. Kiricsi, V. Lousse, and J.-P. Vigneron. 2003. "Role of photonic-crystal-type structures in the thermal regulation of a Lycaenid butterfly sister species pair." *Phys. Rev. E* 67: 021907.

Bjarklev, Anders, Jes Broeng, and Araceli Sanchez Bjarklev. 2003. *Photonic Crystal Fibres.* New York: Springer.

Bloch, Felix. 1928. "Über die Quantenmechanik der Electronen in Kristallgittern." *Z. Physik* 52: 555-600.

Bloembergen, N. 1965. *Nonlinear Optics.* NewYork: W. A. Benjamin.

Bonnet, Marc. 1999. *Boundary Integral Equation Methods for Solids and Fluids.* Chichester, England: Wiley.

Boyd, J. P. 2001. *Chebyshev and Fourier Spectral Methods.* 2nd ed. NewYork: Dover.

Brigham, E. O. 1988. *The Fast Fourier Transform and Its Applications.* Englewood Cliffs, NJ: Prentice-Hall.

Brillouin, Léon. 1946. *Wave Propagation in Periodic Structures.* New York: McGraw-Hill.

Brillouin, Léon, ed. 1960. *Wave Propagation and Group Velocity.* New York: Academic Press.

Brown, E. R., and O. B. McMahon. 1995. "Large electromagnetic stop bands in Metallodielectric photonic crystals." *Appl. Phys. Lett.* 67(15): 2138-2140.

Busch, Kurt, and J. Sajeev. 1998. "Photonic band gap formation in certain selforganizing systems." *Phys. Rev. E* 58: 3896-3908.

Chan, C. T., K. M. Ho, and C. M. Soukoulis. 1991. "Photonic band gaps in experimentally realizable periodic dielectric structures." *Europhys. Lett.* 16: 563-568.

Chan, Y. S., C. T. Chan, and Z. Y. Liu. 1998. "Photonic band gaps in two dimensional photonic quasicrystals." *Phys. Rev. Lett.* 80(5): 956-959.

Chen, Chin-Lin. 1981. "Transverse electric fields guided by doubly-periodic structures." *J. Appl. Phys.* 52(8): 4926-4937.

Chew,Weng Cho, Jian-Ming Jin, Eric Michielssen, and Jiming Song, eds. 2001. *Fast and Efficient Algorithms in Computational Electromagnetics.* Norwood, MA: Artech.

Chow, Edmond, S.-Y. Lin, J. R. Wendt, S. G. Johnson, and J. D. Joannopoulos. 2001. "Quantitative analysis of bending efficiency in photonic-crystal waveguide bends at $\lambda = 1.55$ μm wavelengths." *Opt. Lett.* 26(5): 286-288.

Chutinan, Alongkarn, and Susumu Noda. 1998. "Spiral three-dimensional photonicband-gap structure." *Phys. Rev. B* 57: 2006-2008.

Chutinan, Alongkarn, Masamitsu Mochizuki, Masahiro Imada, and Susumu Noda. 2001. "Surface-emitting channel drop filters using single defects in two-dimensional photonic crystal slabs." *Appl. Phys. Lett.* 79(17): 2690-2692.

Coccioli, R., M. Boroditsky, K. W. Kim, Y. Rahmat-Samii, and E. Yablonovitch. 1998. "Smallest possible electromagnetic mode volume in a dielectric cavity." *IEE Proc. Optoelectron.* 145(6): 391-397.

Courant, R., and D. Hilbert. 1953. *Methods of Mathematical Physics.* 2nd ed. New York: Wiley.

Cregan, R. F., B. J. Mangan, J. C. Knight, T. A. Birks, P. St.-J. Russell, and P. J. Roberts. 1999. "Single-mode photonic band gap guidance of light in air." *Science* 285: 1537-1539.

Čtyroký, Jiř1i. 2001. "Photonic bandgap structures in planar waveguides." *J. Opt. Soc.Am. A* 18(2): 435-441.

Dowling, Jonathan P., and Charles M. Bowden. 1994. "Anomalous index of refraction in photonic bandgap materials." *J. Mod. Opt.* 41(2): 345-351.

Drikis, I., S. Y. Yang, H. E. Horng, Chin-Yih Hong, and H. C. Yang. 2004. "Modified frequency-domain method for simulating the electromagnetic properties in periodic magnetoactive systems." *J. Appl. Phys.* 95(10): 5876-5881.

Eisenhart, L. P. 1948. "Enumeration of potentials for which one-particle Schrödinger equations are separable." *Phys. Rev.* 74: 87-89.

Elachi, Charles. 1976. "Waves in active and passive periodic structures: A review." *Proc.IEEE* 64(12): 1666-1698.

Fan, Shanhui, Joshua N.Winn, Adrian Devenyi, J. C. Chen, Robert D. Meade, and J. D. Joannopoulos. 1995*a*. "Guided and defect modes in periodic dielectric waveguides." *J. Opt. Soc. Am. B* 12(7): 1267-1272.

Fan, Shanhui, P. R. Villeneuve, and J. D. Joannopoulos. 1995*b*. "Theoretical investigation of fabrication-related disorder on the properties of photonic crystals." *J. Appl. Phys.* 78: 1415-1418.

Fan, Shanhui, Pierre R. Villeneuve, and J. D. Joannopoulos. 1995*c*. "Large omnidirectional band gaps in metallodielectric photonic crystals." *Phys. Rev. B* 54: 11245-11251.

Fan, Shanhui, Pierre R. Villeneuve, J. D. Joannopoulos, and E. F. Schubert. 1997. "High extraction efficiency of spontaneous emission from slabs of photonic crystals." *Phys. Rev. Lett.* 78: 3294-3297.

Fan, Shanhui, Pierre R. Villeneuve, J. D. Joannopoulos, and H. A. Haus. 1998. "Channel drop tunneling through localized states." *Phys. Rev. Lett.* 80(5): 960-963.

Fan, Shanhui, Pierre R. Villeneuve, J. D. Joannopoulos, and H. A. Haus. 2001*a*. "Loss-induced on/off switching in a channel add/drop filter." *Phys. Rev. B* 64: 245302.

Fan, Shanhui, Steven G. Johnson, J. D. Joannopoulos, C. Manolatou, and H. A. Haus. 2001*b*. "Waveguide branches in photonic crystals." *J. Opt. Soc. Am. B* 18(2): 162-165.

Fan, Shanhui, and J. D. Joannopoulos. 2002. "Analysis of guided resonances in photonic crystal slabs." *Phys. Rev. B.* 65: 235112.

Fan, Shanhui, Wonjuoo Suh, and J. D. Joannopoulos. 2003. "Temporal coupled-mode theory for the Fano resonance in optical resonators." *J. Opt. Soc. Am. A* 20(3): 569-572.

Fano, U. 1961. "Effects of configuration interaction on intensities and phase shifts." *Phys. Rev.* 124(6): 1866-1878.

Farjadpour, A., David Roundy, Alejandro Rodriguez, M. Ibanescu, Peter Bermel, J. D. Joannopoulos, Steven G. Johnson, and G. W. Burr. 2006. "Improving accuracy by subpixel smoothing in the finite-difference time domain." *Opt. Lett.* 31: 2972-2974.

Felber, F. S., and J. H. Marburger. 1976. "Theory of nonresonant multistable optical devices." *Appl. Phys. Lett.* 28(12): 731-733.

Fink, Yoel, Joshua N. Winn, Shanhui Fan, Chiping Chen, Jurgen Michel, J. D. Joannopoulos, and Edwin L. Thomas. 1998. "A dielectric omnidirectional reflector." *Science* 282: 1679-1682.

Fink, Yoel, Augustine M. Urbas, Moungi G. Bawendi, John D. Joannopoulos, and Edwin L. Thomas. 1999*a*. "Block copolymers as photonic bandgap materials." *J. Lightwave Tech.* 17(11): 1963-1969.

Fink, Yoel, Daniel J. Ripin, Shanhui Fan, Chiping Chen, J. D. Joannopoulos, and Edwin L. Thomas. 1999*b*. "Guiding optical light in air using an all-dielectric structure." *J. Lightwave Tech.* 17(11): 2039-2041.

Floquet, Gaston. 1883. "Sur les équations différentielles linéaires à coefficients périodiques." *Ann. École Norm. Sup.* 12: 47-88.

Foresi, J. S., P. R. Villeneuve, J. Ferrera, E. R. Thoen, G. Steinmeyer, S. Fan, J. D.

Joannopoulos, L. C. Kimerling, Henry I. Smith, and E. P. Ippen. 1997. "Photonicbandgap microcavities in optical waveguides." *Nature* 390(13): 143-145.

Fowles, Grant R. 1975. *Introduction to Modern Optics.* New York: Dover. Garcia Santamaria, Florencio, Hideki T. Miyazaki, Alfonso Urquia, Marta Ibisate, Manuel Belmonte, Norio Shinya, Francisco Meseguer, and Cefe Lopez. 2002. "Nanorobotic manipulation of microspheres for on-chip diamond architectures." *Adv. Materials* 14(16): 1144-1147.

Gloge, D. 1971. "Weakly guiding fibers." *Appl. Opt.* 10(10): 2252-2258.

Gohberg, Israel, Sehmour Goldberg, and Marinus A. Kaashoek. 2000. *Basic Classes of Linear Operators.* Basel: Birkhäuser. Graetsch, Heribert. 1994. "Structural characteristics of opaline and microcrystalline silica minerals." *Reviews in Mineralogy* 29: 209-232.

Gralak, Boris, Gerard Tayeb, and Stefan Enoch. 2001. "Morpho butterflies wings color modeled with lamellar grating theory." *Opt. Express* 9(11): 567-578.

Griffiths, D. J. 1989. *Introduction to Electrodynamics.* Englewood Cliffs, NJ: Prentice Hall. Hall, A. Rupert. 1990. "Beyond the fringe: Diffraction as seen by Grimaldi, Fabri, Hooke and Newton." *Notes and Records of the Royal Soc. London* 44(1): 13-23.

Harrison, W. A. 1980. *Electronic Structure and the Properties of Solids.* San Francisco: Freeman.

Haus, Hermann A. 1984. *Waves and Fields in Optoelectronics.* Englewood Cliffs, NJ: Prentice-Hall.

Haus, Hermann A., and Weiping Huang. 1991. "Coupled-mode theory." *Proc. IEEE* 79(10): 1505-1518.

Haus, Hermann A., and Y. Lai. 1991. "Narrow-band distributed feedback reflector design." *J. Lightwave Tech.* 9(6): 754-760.

Hecht, Eugene, and Alfred Zajac. 1997. *Optics.* 3rd ed. Reading, MA: Addison-Wesley.

Hill, George William. 1886. "On the part of the motion of the lunar perigee which is a function of the mean motions of the sun and moon." *Acta Math.* 8: 1-36. This work was initially published and distributed privately in 1877.

Hill, K. O., Y. Fujii, D. C. Johnson, and B. S. Kawasaki. 1978. "Photosensitivity in optical fiber waveguides: Application to reflection filter fabrication." *Appl. Phys. Lett.* 32(10): 647-649.

Ho, K. M., C. T. Chan, and C. M. Soukoulis. 1990. "Existence of a photonic gap in periodic dielectric structures." *Phys. Rev. Lett.* 65: 3152-3155.

Ho, K. M., C. T. Chan, C. M. Soukoulis, R. Biswas, and M. Sigalas. 1994. "Photonic band gaps in three dimensions: New layer-by-layer periodic structures." *Solid State Comm.* 89: 413-416.

Hughes, S., L. Ramunno, Jeff F. Young, and J. E. Sipe. 2005. "Extrinsic optical scattering loss in photonic crystal waveguides: Role of fabrication disorder and photon group velocity." *Phys. Rev. Lett.* 94: 033903.

Ibanescu, Mihai, Steven G. Johnson, Marin Soljačić, J. D. Joannopoulos, Yoel Fink, Ori Weisberg, Torkel D. Engeness, Steven A. Jacobs, and M. Skorobogatiy. 2003. "Analysis of mode structure in hollow dielectric waveguide fibers." *Phys. Rev. E* 67: 046608.

Ibanescu, Mihai, Evan J. Reed, and J. D. Joannopoulos. 2006. "Enhanced photonic band-gap confinement via Van Hove saddle point singularities." *Phys. Rev. Lett.* 96(3): 033904.

Inui, T., Y. Tanabe, and Y. Onodera. 1996. *Group Theory and Its Applications in Physics.* Heidelberg: Springer.

Istrate, Emanuel, and Edward H. Sargent. 2006. "Photonic crystal heterostructures and interfaces." *Rev. Mod. Phys.* 78: 455-481.

Jackson, J. D. 1998. *Classical Electrodynamics.* 3rd ed. New York: Wiley.

John, Sajeev. 1984. "Electromagnetic absorption in a disordered medium near a photon mobility edge." *Phys. Rev. Lett.* 53: 2169-2172.

John, Sajeev. 1987. "Strong localization of photons in certain disordered dielectric superlattices." *Phys. Rev. Lett.* 58: 2486-2489.

Johnson, Steven G., and J. D. Joannopoulos. 2000. "Three-dimensionally periodic dielectric layered structure with omnidirectional photonic band gap." *Appl. Phys. Lett.* 77: 3490-3492.

Johnson, Steven G., and J. D. Joannopoulos. 2001. "Block-iterative frequency-domain methods for Maxwell's equations in a planewave basis." *Opt. Express* 8(3): 173-190.

Johnson, Steven G., C. Manolatau, Shanhui Fan, Pierre R. Villeneuve, and J. D. Joannopoulos. 1998. "Elimination of cross talk in waveguide intersections." *Opt. Lett.* 23(23): 1855-1857.

Johnson, Steven G., Shanhui Fan, P. R. Villeneuve, J. D. Joannopoulos, and L. A. Kolodziejski. 1999. "Guided modes in photonic crystal slabs." *Phys. Rev. B* 60: 5751-5758.

Johnson, Steven G., Shanhui Fan, P. R. Villeneuve, and J. D. Joannopoulos. 2000. "Linear waveguides in photonic-crystal slabs." *Phys. Rev. B* 62: 8212-8222.

Johnson, Steven G., Attila Mekis, Shanhui Fan, and J. D. Joannopoulos. 2001*a*. "Molding the flow of light." *Computing Sci. Eng.* 3(6): 38-47.

Johnson, Steven G., Mihai Ibanescu, M. Skorobogatiy, Ori Weisberg, Torkel D. Engeness, Marin Soljačić, Steven A. Jacobs, J. D. Joannopoulos, and Yoel Fink. 2001*b*. "Low-loss asymptotically single-mode propagation in large-core OmniGuide fibers." *Opt. Express* 9(13): 748-779.

Johnson, Steven G., Shanhui Fan, Attila Mekis, and J. D. Joannopoulos. 2001*c*. "Multipole-cancellation mechanism for high-Q cavities in the absence of a complete photonic band gap." *Appl. Phys. Lett.* 78(22): 3388-3390.

Johnson, Steven G., M. Ibanescu, M. A. Skorobogatiy, O. Weisberg, J. D. Joannopoulos, and Y. Fink. 2002*a*. "Perturbation theory for Maxwell's equations with shifting material boundaries." *Phys. Rev. E* 65: 066611.

Johnson, Steven G., Peter Bienstman, M. Skorobogatiy, Mihai Ibanescu, Elefterios Lidorikis, and J. D. Joannopoulos. 2002*b*. "Adiabatic theorem and continuous coupled-mode theory for efficient taper transitions in photonic crystals." *Phys. Rev. E* 66: 066608.

Johnson, Steven G., M. L. Povinelli, M. Soljačić, A. Karalis, S. Jacobs, and J. D. Joannopoulos. 2005. "Roughness losses and volume-current methods in photoniccrystal waveguides." *Appl. Phys. B* 81: 283-293.

Kanskar, M., P. Paddon, V. Pacradouni, R. Morin, A. Busch, Jeff F. Young, S. R. Johnson, Jim MacKenzie, and T. Tiedje. 1997. "Observation of leaky slab modes in an airbridged semiconductor waveguide with a two-dimensional photonic lattice." *Appl. Phys. Lett.* 70(11): 1438-1440.

Karalis, Aristeidis, Steven G. Johnson, and J. D. Joannopoulos. 2004. "Discrete-mode cancellation mechanism for high-*Q* integrated optical cavities with small modal volume." *Opt. Lett.* 29(19): 2309-2311.

Katsenelenbaum, B. Z., L. Mercader del Río, M. Pereyaslavets, M. Sorolla Ayza, and M. Thumm. 1998. *Theory of Nonuniform Waveguides: The Cross-Section Method.* London: Inst. of Electrical Engineers.

Katznelson, Yitzhak. 1968. *An Introduction to Harmonic Analysis.* New York: Dover.

Kawakami, Shojiro. 2002. "Analytically solvable model of photonic crystal structures and novel phenomena." *J. Lightwave Tech.* 20(8): 1644-1650.

Kim, Hyang Kyun, Michel J. F. Digonnet, Gordon S. Kino, Jonghwa Shin, and Shanhui Fan. 2004. "Simulations of the effect of the core ring on surface and air-core modes in photonic bandgap fibers." *Opt. Express* 12(15): 3436-3442.

Kittel, Charles. 1996. *Introduction to Solid State Physics.* New York: Wiley.

Knight, J. C., T. A. Birks, P. St. J. Russell, and D. M. Atkin. 1996. "All-silica single-mode optical fiber with photonic crystal cladding." *Opt. Lett.* 21(19): 1547-1549.

Knight, J. C., J. Broeng, T. A. Birks, and P. St.-J. Russell. 1998. "Photonic band gap guidance in optical fibers." *Science* 282: 1476-1478.

Körner, T.W. 1988. *Fourier Analysis.* Cambridge: Cambridge University Press. Kosaka, Hideo, Takayuki Kawashima, Akihisa Tomita, Masaya Notomi, Toshiaki Tamamura, Takashi Sato, and Shojiro Kawakami. 1998. "Superprism phenomena in photonic crystals." *Phys. Rev. B* 58(16): 10096-10099.

Kosaka, Hideo, Takayuki Kawashima, Akihisa Tomita, Masaya Notomi, Toshiaki Tamamura, Takashi Sato, and Shojiro Kawakami. 1999*a*. "Self-collimating phenomena in photonic crystals." *Appl. Phys. Lett.* 74(9): 1212-1214.

Kosaka, Hideo, Takayuki Kawashima, Akihisa Tomita, Masaya Notomi, Toshiaki Tamamura, Takashi Sato, and Shojiro Kawakami. 1999*b*. "Superprism phenomena in photonic crystals: Toward microscale lightwave circuits." *J. Lightwave Tech.* 17(11): 2032-2038.

Krauss, Thomas F., Richard M. De La Rue, and Stuart Brand. 1996. "Two-dimensional photonic-bandgap structures operating at near-infrared wavelengths." *Nature* 383: 699-702.

Kubota, Hiirokazu, Satoki Kawanishi, Shigeki Koyanagi, Masatoshi Tanaka, and Shyunichiro Yamaguchi. 2004. "Absolutely single polarization photonic crystal fiber." *IEEE Photon. Tech. Lett.* 16(1): 182-184.

Kuchinsky, S., D. C. Allan, N. F. Borrelli, and J.-C. Cotteverte. 2000. "3d localization in a channel waveguide in a photonic crystal with 2d periodicity." *Optics Commun.* 175: 147-152.

Kuzmiak, V., A. A. Maradudin, and F. Pincemin. 1994. "Photonic band structures of two-dimensional systems containing metallic components." *Phys. Rev. B* 50: 16835-16844.

Landau, L. D., and E. M. Lifshitz. 1977. *Quantum Mechanics.* 3rd ed. Oxford: Butterworth-Heinemann. Landau, L., E. M. Lifshitz, and L. P. Pitaevskii. 1984. *Electrodynamics of Continuous Media.* 2nd ed. Oxford: Butterworth-Heinemann.

Lau, Wah Tung, and Shanhui Fan. 2002. "Creating large bandwidth line defects by embedding dielectric waveguides into photonic crystal slabs." *Appl. Phys. Lett.* 81: 3915-3917.

Lemaire, P. J., R. M. Atkins, V. Mizrahi, and W. A. Reed. 1993. "High pressure H_2 loading as a technique for achieving ultrahigh UV photosensitivity and thermal sensitivity in GeO_2 doped optical fibres." *Electron. Lett.* 29(13): 1191-1193.

Leung, K. M., and Y. F. Liu. 1990. "Full vector wave calculation of photonic band structures in face-centered-cubic dielectric media." *Phys. Rev. Lett.* 65: 2646-2649.

Li, Ming-Jun, Xin Chen, Daniel A. Nolan, George E. Berkey, JiWang, William A. Wood, and Luis A. Zenteno. 2005. "High bandwidth single polarization fiber with elliptical central air hole." *J. Lightwave Tech.* 23(11): 3454-3460.

Liboff, R. L. 1992. *Introductory Quantum Mechanics.* 2nd ed. Reading, MA: Addison-Wesley.

Lidorikis, Eleftherios, M. Soljačić, A. Karalis, Mihai Ibanescu, Yoel Fink, and J. D. Joannopoulos. 2004. "Cutoff solitons in axially uniform systems." *Opt. Lett.* 29(8): 851-853.

Lin, Shawn-Yu, and J. G. Fleming. 1999. "A three-dimensional optical photonic crystal." *J. Lightwave Tech.* 17(11): 1944-1947.

Lin, Shawn-Yu, V. M. Hietala, Li Wang, and E. D. Jones. 1996. "Highly dispersive photonic band-gap prism." *Opt. Lett.* 21(21): 1771-1773.

Lin, Shawn-Yu, Edmund Chow, Vince Hietala, Pierre R. Villeneuve, and J. D. Joannopoulos. 1998*a*. "Experimental demonstration of guiding and bending of electromagnetic waves in a photonic crystal." *Science* 282: 274-276.

Lin, Shawn-Yu, J. G. Fleming, D. L. Hetherington, B. K. Smith, R. Biswas, K. M. Ho, M. M. Sigalas, W. Zubrzycki, S. R. Kurtz, and Jim Bur. 1998*b*. "A three-dimensional photonic crystal operating at infrared wavelengths." *Nature* 394: 251-253.

Lin, Shawn-Yu, E. Chow, S. G. Johnson, and J. D. Joannopoulos. 2000. "Demonstration of highly efficient waveguiding in a photonic crystal slab at the 1.5-μm wavelength." *Opt. Lett.* 25(17): 1297-1299.

Lin, Shawn-Yu, E. Chow, S. G. Johnson, and J. D. Joannopoulos. 2001. "Direct measurement of the quality factor in a two-dimensional photonic-crystal microcavity." *Opt. Lett.* 26(23): 1903-1905.

Litchinitser, Natalia M., Steven C. Dunn, Brian Usner, Benjamin J. Eggleton, Thomas P. White, Ross C. McPhedran, and C. Martijn de Sterke. 2003. "Resonances in microstructured optical waveguides." *Opt. Express* 11(10): 1243-1251.

Little, B. E., S. T. Chu, H. A. Haus, J. Foresi, and J.-P. Laine. 1997. "Microring resonator channel dropping filters." *J. Lightwave Tech.* 15(6): 998-1005.

Lodahl, Peter, A. Floris van Driel, Ivan S. Nikolaev, Arie Irman, Karin Overgaag, Daniël Vanmaekelbergh, and Willem L. Vos. 2004. "Controlling the dynamics of spontaneous emission from quantum dots by photonic crystals." *Nature* 430: 654-657.

Lončar, Marko, Dušan Nedeljković, Theodor Doll, Jelena Vučković, Axel Scherer, and Thomas P. Pearsall. 2000. "Waveguiding in planar photonic crystals." *Appl. Phys. Lett.* 77(13): 1937-1939.

Lončar, Marco, Tomoyuki Yoshie, Axel Scherer, Pawan Gogna, and Yueming Qiu. 2002. "Low-threshold photonic crystal laser." *Appl. Phys. Lett.* 81(15): 2680-2682.

Louisell, William H. 1960. *Coupled Mode and Parametric Electronics.* New York: Wiley.

Lu, Zhaolin, Shouyuan Shi, Janusz A. Murakowski, Garrett J. Schneider, Christopher A. Schuetz, and Dennis W. Prather. 2006. "Experimental demonstration of self-collimation inside a three-dimensional photonic crystal." *Phys. Rev. Lett.* 96: 173902.

Luo, Chiyan, Steven G. Johnson, and J. D. Joannopoulos. 2002*a*. "All-angle negative refraction in a three-dimensionally periodic photonic crystal." *Appl. Phys. Lett.* 81: 2352-2354.

Luo, Chiyan, Steven G. Johnson, J. D. Joannopoulos, and J. B. Pendry. 2002*b*. "All-angle negative refraction without negative effective index." *Phys. Rev. B* 65: 201104.

Luo, Chiyan, Steven G. Johnson, J. D. Joannopoulos, and J. B. Pendry. 2003. "Subwavelength imaging in photonic crystals." *Phys. Rev. B* 68: 045115.

Luo, Chiyan, Marin Soljačić, and J. D. Joannopoulos. 2004. "Superprism effect based on phase velocities." *Opt. Lett.* 29(7): 745-747.

Lyapunov, Alexander Mihailovich. 1992. *The General Problem of the Stability of Motion.*

London: Taylor and Francis. Translated by A. T. Fuller from Edouard Davaux's French translation (1907) of the original Russian dissertation (1892).

Maldovan, Martin, and Edwin L. Thomas. 2004. "Diamond-structured photonic crystals." *Nature Materials* 3: 593-600.

Maldovan, M., A. M. Urbas, N. Yufa, W. C. Carter, and E. L. Thomas. 2002. "Photonic properties of bicontinuous cubic microphases." *Phys. Rev. B* 65: 165123.

Malitson, I. H. 1965. "Interspecimen comparison of the refractive index of fused silica." *J. Opt. Soc. Am.* 55(10): 1205-1209.

Mandelshtam, V. A., and H. S. Taylor. 1997. "Harmonic inversion of time signals and its applications." *J. Chem. Phys.* 107(17): 6756-6769.

Mangan, B. J., L. Farr, A. Langford, P. J. Roberts, D. P.Williams, F. Couny, M. Lawman, M. Mason, S. Coupland, R. Flea, and H. Sabert. 2004. Low loss (1.7 dB/km) hollow core photonic bandgap fiber. In *Proc. Opt. Fiber Commun. Conf. (OFC)*. Los Angeles. Paper PDP24.

Manolatou, C., M. J. Khan, Shanhui Fan, Pierre R. Villeneuve, H. A. Haus, and J. D. Joannopoulos. 1999*a*. "Coupling of modes analysis of resonant channel add-drop filters." *IEEE J. Quantum Electron.* 35(9): 1322-1331.

Manolatou, C., Steven G. Johnson, S. Fan, P. R. Villeneuve, H. A. Haus, and J. D. Joannopoulos. 1999*b*. "High-density integrated optics." *J. Lightwave Tech.* 17(9): 1682-1692.

Marcatilli, E. A. J. 1969. "Bends in optical dielectric waveguides." *Bell Syst. Tech. J.* 48: 2103-2132.

Marcuse, D. 1991. *Theory of Dielectric Optical Waveguides*. 2nd ed. San Diego: Academic Press.

Martorell, Jordi, and N. M. Lawandy. 1990. "Observation of inhibited spontaneous emission in a periodic dielectric structure." *Phys. Rev. Lett.* 65: 1877-1880.

Mathews, J., and R. Walker. 1964. *Mathematical Methods of Physics*. Redwood City, CA: Addison-Wesley.

Matsumoto, T., and T. Baba. 2004. "Photonic crystal *k*-vector superprism." *J. Lightwave Tech.* 22(3): 917-922.

McCall, S. L., P. M. Platzman, R. Dalichaouch, David Smith, and S. Schultz. 1991. "Microwave propagation in two-dimensional dielectric lattices." *Phys. Rev. Lett.* 67: 2017-2020.

McGurn, Arthur R., and Alexei A. Maradudin. 1993. "Photonic band structures of two- and three-dimensional periodic metal or semiconductor arrays." *Phys. Rev. B* 48: 17576-17579.

McPhedran, R. C., N. A. Nicorovici, D. R. McKenzie, G. W. Rouse, L. C. Botton, V. Welch, A. R. Parker, M. Wohlgennant, and V. Vardeny. 2003. "Structural colours through photonic crystals." *Physica B: Cond. Matter* 338: 182-185.

Meade, Robert D., Karl D. Brommer, Andrew M. Rappe, and J. D. Joannopoulos. 1991*a*. "Electromagnetic Bloch waves at the surface of a photonic crystal." *Phys. Rev. B* 44: 10961-10964.

Meade, Robert D., Karl D. Brommer, Andrew M. Rappe, and J. D. Joannopoulos. 1991*b*. "Photonic bound states in periodic dielectric materials." *Phys. Rev. B* 44: 13772-13774.

Meade, Robert D., Karl D. Brommer, Andrew M. Rappe, and J. D. Joannopoulos. 1992. "Existence of a photonic band gap in two dimensions." *Appl. Phys. Lett.* 61: 495-497.

Meade, Robert D., A. M. Rappe, K. D. Brommer, J. D. Joannopoulos, and O. L. Alerhand. 1993. "Accurate theoretical analysis of photonic band-gap materials." *Phys. Rev. B* 48: 8434-8437. Erratum: S. G. Johnson, *ibid.* 55: 15942 (1997).

Meade, Robert D., A. Devenyi, J. D. Joannopoulos, O. L. Alerhand, D. A. Smith, and K. Kash. 1994. "Novel applications of photonic band gap materials: Low-loss bends and high Q cavities." *J. Appl. Phys.* 75(9): 4753-4755.

Mekis, Attila, J. C. Chen, I. Kurland, Shanhui Fan, Pierre R. Villeneuve, and J. D. Joannopoulos. 1996. "High transmission through sharp bends in photonic crystal waveguides." *Phys. Rev. Lett.* 77(18): 3787-3790.

Melekhin, V. N., and A. B. Manenkov. 1968. "Dielectric tube as a low-loss waveguide." *Zhurnal Tekhnicheskoi Fiziki* 38(12): 2113-2115.

Mendez, Alexis, and T. Morse, eds. 2006 *Specialty Optical Fibers Handbook.* New York: Academic Press.

Merzbacher, E. 1961. *Quantum Mechanics.* New York: Wiley.

Norris, David J., Erin G. Arlinghaus, Linli Meng, Ruth Heiny, and L. E. Scriven. 2004. "Opalline photonic crystals: How does self-assembly work?" *Adv. Materials* 16(16): 1393-1399.

Notomi, M. 2000. "Theory of light propagation in strongly modulated photonic crystals: Refractionlike behavior in the vicinity of the photonic band gap." *Phys. Rev. B* 62: 10696-10705.

Notomi, M., K. Yamada, A. Shinya, J. Takahashi, C. Takahashi, and I. Yokohama. 2001. "Extremely large group-velocity dispersion of line-defect waveguides in photonic crystal slabs." *Phys. Rev. Lett.* 87(25): 253902.

Notomi, Masaya, Akihiko Shinya, Satoshi Mitsugi, Goh Kira, Eiichi Kuramochi, and Takasumi Tanabe. 2005. "Optical bistable switching action of Si high-Q photoniccrystal nanocavities." *Opt. Express* 13(7): 2678-2687.

Ochiai, T., and K. Sakoda. 2001. "Dispersion relation and optical transmittance of a hexagonal photonic crystal slab." *Phys. Rev. B* 63: 125107.

Okuno, Toshiaki, Masashi Onishi, Tomonori Kashiwada, Shinji Ishikawa, and Masayuki

Nishimura. 1999. "Silica-based functional fibers with enhanced nonlinearity and their applications." *IEEE J. Sel. Top. Quant. Elec.* 5(5): 1385-1391.

Oliner, A. A., and A. Hessel. 1959. "Guided waves on sinusoidally-modulated reactance surfaces." *IRE Trans. Antennas and Propagation* 7(5): S201-S208.

Olivier, S., M. Rattier, H. Benisty, C. Weisbuch, C. J. M. Smith, R. M. De La Rue, T. F. Krauss, U. Oesterle, and R. Houdré. 2001. "Mini-stopbands of a one-dimensional system: The channel waveguide in a two-dimensional photonic crystal." *Phys. Rev. B* 63: 113311.

Paddon, P., and Jeff F. Young. 2000. "Two-dimensional vector-coupled-mode theory for textured planar waveguides." *Phys. Rev. B* 61: 2090-2101.

Painter, O. J., A. Husain, A. Scherer, J. D. O'Brien, I. Kim, and P. D. Dapkus. 1999. "Room temperature photonic crystal defect lasers at near-infrared wavelengths in InGaAsP." *J. Lightwave Tech.* 17(11): 2082-2088.

Palik, Edward D., ed. 1998. *Handbook of Optical Constants of Solids.* London: Academic Press.

Pantelides, Sokrates T. 1978. "The electronic structure of impurities and other point defects in semiconductors." *Rev. Mod. Phys.* 50: 797-858.

Parker, Andrew R., Victoria L. Welch, Dominique Driver, and Natalia Martini. 2003. "Structural colour: Opal analogue discovered in a weevil." *Nature* 426: 786-787.

Payne, M. C., M. P. Tater, D. C. Allan, T. A. Arias, and J. D. Joannopoulos. 1992. "Iterative minimization techniques for ab initio total-energy calculations: Molecular dynamics and conjugate gradients." *Rev. Mod. Phys.* 64: 1045-1097.

Pendry, J. B. 2000. "Negative refraction makes a perfect lens." *Phys. Rev. Lett.* 85: 3966-3969.

Pendry, J. B., and S. A. Ramakrishna. 2003. "Focusing light using negative refraction." *J. Phys.: Cond. Matter* 15: 6345-6364.

Pendry, J. B., A. J. Holden, D. J. Robbins, and W. J. Stewart. 1999. "Magnetism from conductors and enhanced nonlinear phenomena." *IEEE Trans. Microwave Theory Tech.* 47(11): 2075-2084.

Peng, S. T., Theodor Tamir, and Henry L. Bertoni. 1975. "Theory of periodic dielectric waveguides." *IEEE Trans. Microwave Theory Tech.* 23(1): 123-133.

Petrov, A. Yu., and M. Eich. 2004. "Zero dispersion at small group velocities in photonic crystal waveguides." *Appl. Phys. Lett.* 85(21): 4866-4868.

Petrov, E. P., V. N. Bogomolov, I. I. Kalosha, and S. V. Gaponenko. 1998. "Spontaneous emission of organic molecules embedded in a photonic crystal." *Phys. Rev. Lett.* 81: 77-80.

Phillips, P. L., J. C. Knight, B. J. Mangan, and P. Russell. 1999. "Near-field optical microscopy of thin photonic crystal films." *J. Appl. Phys.* 85(9): 6337-6342.

Pierce, J. R. 1954. "Coupling of modes of propagation." *J. Appl. Phys.* 25: 179-183.

Plihal, M., and A. A. Maradudin. 1991. "Photonic band structure of two-dimensional systems: The triangular lattice." *Phys. Rev. B* 44: 8565-8571.

Potton, R. J. 2004. "Reciprocity in optics." *Reports Prog. Phys.* 67: 717-754.

Povinelli, M. L., Steven G. Johnson, Shanhui Fan, and J. D. Joannopoulos. 2001. "Emulation of two-dimensional photonic crystal defect modes in a photonic crystal with a three-dimensional photonic band gap." *Phys. Rev. B* 64: 075313.

Povinelli, M. L., Steven G. Johnson, Elefterios Lidorikis, J. D. Joannopoulos, and Marin Soljačić. 2004. "Effect of a photonic band gap on scattering from waveguide disorder." *Appl. Phys. Lett.* 84(18): 3639-3641.

Povinelli, M. L., Steven G. Johnson, and J. D. Joannopoulos. 2005. "Slow-light, band-edge waveguides for tunable time delays." *Opt. Express* 13: 7145-7159.

Prather, Dennis W., Shouyuan Shi, David M. Pustai, Caihua Chen, Sriram Venkataraman, Ahmed Sharkawy, Garrett J. Schneider, and Janusz Murakowski. 2004. "Dispersion-based optical routing in photonic crystals." *Opt. Lett.* 29(1): 50-52.

Purcell, E. M. 1946. "Spontaneous emission probabilities at radio frequencies." *Phys. Rev.* 69: 681-686.

Qi, Minghao, Eleftherios Lidorikis, Peter T. Rakich, Steven G. Johnson, J. D. Joannopoulos, Erich P. Ippen, and Henry I. Smith. 2004. "A three-dimensional optical photonic crystal with designed point defects." *Nature* 429: 538-542.

Rakich, Peter T., Marcus S. Dahlem, Sheila Tandon, Mihai Ibanescu, Marin Soljačić, Gale S. Petrich, J. D. Joannopoulos, Leslie A. Kolodziejski, and Erich P. Ippen. 2006. "Achieving centimetre-scale supercollimation in a large-area two-dimensional photonic crystal." *Nature Materials* 5: 93-96.

Ramaswami, Rajiv, and Kumar N. Sivarajan. 1998. *Optical Networks: A Practical Perspective.* London: Academic Press.

Ranka, Jinendra K., Robert S.Windeler, and Andrew J. Stentz. 2000. "Visible continuum generation in air-silica microstructure optical fibers with anomalous dispersion at 800 nm." *Opt. Lett.* 25(1): 25-27.

Lord Rayleigh. 1887. "On the maintenance of vibrations by forces of double frequency, and on the propagation of waves through a medium endowed with a periodic structure." *Philosophical Magazine* 24: 145-159.

Lord Rayleigh. 1917. "On the reflection of light from a regularly stratified medium." *Proc. Royal Society of London* 93: 565-577.

Ripin, Daniel J., Kuo-Yi Lim, G. S. Petrich, Pierre R. Villeneuve, Shanhui Fan, E. R. Thoen, J. D. Joannopoulos, E. P. Ippen, and L. A. Kolodziejski. 1999. "Onedimensional photonic bandgap microcavities for strong optical confinement in GaAs and GaAs/Al_xO_y semiconductor waveguides." *J. Lightwave Tech.* 17(11): 2152-2160.

Roberts, P., F. Couny, H. Sabert, B. Mangan, D.Williams, L. Farr, M. Mason, A. Tomlinson, T. Birks, J. Knight, and P. St. J. Russell. 2005. "Ultimate low loss of hollow-core photonic crystal fibres." *Opt. Express* 13(1): 236-244.

Robertson, W. M., G. Arjavalingam, R. D. Meade, K. D. Brommer, A. M. Rappe, and J. D. Joannopoulos. 1992. "Measurement of photonic band structure in a two-dimensional periodic dielectric array." *Phys. Rev. Lett.* 68: 2023-2026.

Robertson, W. M., G. Arjavalingam, R. D. Meade, K. D. Brommer, A. M. Rappe, and J. D. Joannopoulos. 1993. "Observation of surface photons on periodic dielectric arrays." *Opt. Lett.* 18(7): 528-530.

Robinson, Jacob T., Christina Manolatou, Long Chen, and Michal Lipson. 2005. "Ultra-small mode volumes in dielectric optical microcavities." *Phys. Rev. Lett.* 95: 143901.

Rodriguez, Alejandro, M. Ibanescu, J. D. Joannopoulos, and Steven G. Johnson. 2005. "Disorder-immune confinement of light in photonic-crystal cavities." *Opt. Lett.* 30: 3192-3194.

Roh, Young-Geun, Sungjoon Yoon, Heonsu Jeon, Seung-Ho Han, and Q-Han Park. 2004. "Experimental verification of cross talk reduction in photonic crystal waveguide crossings." *Appl. Phys. Lett.* 85(16): 3351-3353.

Rudin, Walter. 1964. *Principles of Mathematical Analysis.* New York: McGraw-Hill.

Russell, Philip. 2003. "Photonic crystal fibers." *Science* 299(5605): 358-362.

Saitoh, K., N. A. Mortensen, and M. Koshiba. 2004. "Air-core photonic band-gap fibers: The impact of surface modes." *Opt. Express* 12(3): 394-400.

Sakurai, J. J. 1994. *Modern Quantum Mechanics.* Rev. ed. Reading, MA: Addison-Wesley.

Sanders, J. V. 1964. "Colour of precious opal." *Nature* 204: 1151-1153.

Satpathy, S., Ze Zhang, and M. R. Salehpour. 1990. "Theory of photon bands in three-dimensional periodic dielectric structures." *Phys. Rev. Lett.* 64: 1239-1242.

Sauvan, C., P. Lalanne, and J. P. Hugonin. 2005. "Slow-wave effect and mode-profile matching in photonic crystal microcavities." *Phys. Rev. B* 71 :165118.

Scherer, A., O. Painter, B. D'Urso, R. Lee, and A. Yariv. 1998. "InGaAsP photonic band gap crystal membrane microresonators." *J. Vac. Sci. Tech. B* 16(6): 3906-3910.

Serbin, Jesper, and Min Gu. 2005. "Superprism phenomena in polymeric woodpile structures." *J. Appl. Phys.* 98: 123101.

Shankar, R. 1982. *Principles of Quantum Mechanics.* New York: Plenum Press.

Sharp, D. N., M. Campbell, E. R. Dedman, M. T. Harrison, R. G. Denning, and A. J. Turberfield. 2002. "Photonic crystals for the visible spectrum by holographic lithography." *Optical and Quantum Electron.* 34: 3-12.

Shepherd, T. J., and P. J. Roberts. 1995. "Scattering in a two-dimensional photonic crystal: An analytical model." *Phys. Rev. E* 51(5) :5158-5161.

Shin, Jonghwa, and Shanhui Fan. 2005. "Conditions for self-collimation in three-dimensional photonic crystals." *Opt. Lett.* 30(18): 2397-2399.

Sievenpiper, D. F., M. E. Sickmiller, and E. Yablonovitch. 1996. "3D wire mesh photonic crystals." *Phys. Rev. Lett.* 76: 2480-2483.

Sigalas, M. M., C. T. Chan, K. M. Ho, and C. M. Soukoulis. 1995. "Metallic photonic band-gap materials." *Phys. Rev. B* 52: 11744-11751.

Sigalas, M. M., C. M. Soukoulis, R. Biswas, and K. M. Ho. 1997. "Effect of the magnetic permeability on photonic band gaps." *Phys. Rev. B* 56(3): 959-962.

Simon, Barry. 1976. "The bound state of weakly coupled Schrödinger operators in one and two dimensions." *Ann. Phys.* 97(2): 279-288.

Sipe, J. E. 2000. "Vector **k·p** approach for photonic band structures." *Phys. Rev. E* 62: 5672-5677.

Skorobogatiy, M. 2005. "Efficient antiguiding of TE and TM polarizations in lowindex core waveguides without the need for an omnidirectional reflector." *Opt. Lett.* 30(22): 2991-2993.

Skorobogatiy, M., Mihai Ibanescu, Steven G. Johnson, Ori Weisberg, Torkel D. Engeness, Marin Soljačić, Steven A. Jacobs, and Yoel Fink. 2002. "Analysis of general geometric scaling perturbations in a transmitting waveguide. The fundamental connection between polarization mode dispersion and group-velocity dispersion." *J. Opt. Soc. Am. B* 19(12): 2867-2875.

Smith, Charlene M., Natesan Venkataraman, Michael T. Gallagher, Dirk Müller, James A. West, Nicholas F. Borrelli, Douglas C. Allan, and Karl W. Koch. 2003. "Low-loss hollow-core silica/air photonic bandgap fibre." *Nature* 424: 657-659.

Smith, D. R., R. Dalichaouch, N. Kroll, S. Schultz, S. L. McCall, and P. M. Platzman. 1993. "Photonic band structure and defects in one and two dimensions." *J. Opt. Soc. Am. B* 10(2): 314-321.

Smith, D. R., Willie J. Padilla, D. C. Vier, S. C. Nemat-Nasser, and S. Schultz. 2000. "Composite medium with simultaneously negative permeability and permittivity." *Phys. Rev. Lett.* 84: 4184-4187.

Smith, D. R., J. B. Pendry, and M. C. K. Wiltshire. 2004. "Metamaterials and negative refractive index." *Science* 305: 788-792.

Smith, D. R., D. C. Vier, Th. Koschny, and C. M Soukoulis. 2005. "Electromagnetic parameter retrieval from inhomogeneous materials." *Phys. Rev. E* 71: 036617.

Snyder, A. W., and J. D. Love. 1983. *Optical Waveguide Theory.* London: Chapman and Hall.

Soljačić, Marin, Mihai Ibanescu, Steven G. Johnson, Yoel Fink, and J. D. Joannopoulos. 2002*a*. "Optimal bistable switching in non-linear photonic crystals." *Phys. Rev. E Rapid Commun.* 66: 055601(R).

Soljačić, Marin, Steven G. Johnson, Shanhui Fan, Mihai Ibanescu, Erich Ippen, and J. D.

Joannopoulos. 2002*b*. "Photonic-crystal slow-light enhancement of non-linear phase sensitivity." *J. Opt. Soc. Am. B* 19: 2052-2059.

Soljačić, Marin, Chiyan Luo, J. D. Joannopoulos, and Shanhui Fan. 2003. "Nonlinear photonic crystal microdevices for optical integration." *Opt. Lett.* 28(8): 637-639.

Song, Bong-Shik, Susumu Noda, Takashi Asano, and Yoshihiro Akahane. 2005. "Ultrahigh-*Q* photonic double-heterostructure nanocavity." *Nature Materials* 4(3): 207-210.

Sözüer, H. S., and J. P. Dowling. 1994. "Photonic band calculations for woodpile structures." *J. Mod. Opt.* 41(2): 231-239.

Sözüer, H. S., and J. W. Haus. 1993. "Photonic bands: Simple-cubic lattice." *J. Opt. Soc. Am. B* 10(2): 296-302.

Sözüer, H. S., J.W. Haus, and R. Inguva. 1992. "Photonic bands: Convergence problems with the plane-wave method." *Phys. Rev. B* 45: 13962-13972.

Srinivasan, Kartik, and Oskar Painter. 2002. "Momentum space design of high-*Q* photonic crystal optical cavities." *Opt. Express* 10(15): 670-684.

Srinivasan, Kartik, Paul Barclay, and Oskar Painter. 2004. "Fabrication-tolerant high-quality factor photonic crystal microcavities." *Opt. Express* 12: 1458-1463.

Strikwerda, John C. 1989. *Finite Difference Schemes and Partial Differential Equations.* Pacific Grove, CA: Wadsworth and Brooks/Cole.

Suck, J.-B., M. Schreiber, and P. Häussler, eds. 2004. *Quasicrystals.* Berlin: Springer. Sugimoto, Yoshimasa, Yu Tanaka, Naoki Ikeda, Yusui Nakamura, and Kiyoshi Asakawa. 2004. "Low propagation loss of 0.76 dB/mm in GaAs-based single-linedefect two-dimensional photonic crystal slab waveguides up to 1 cm in length." *Opt. Express* 12(6): 1090-1096.

Suh, Wonjoo, Zheng Wang, and Shanhui Fan. 2004. "Temporal coupled-mode theory and the presence of non-orthogonal modes in lossless multimode cavities." *IEEE J. Quantum Electron.* 40(10): 1511-1518.

Sze, S. M. 1981. *Physics of Semiconductor Devices.* New York: Wiley.

Taflove, Allen, and Susan C. Hagness. 2000. *Computational Electrodynamics: The Finite-Difference Time-Domain Method.* Norwood, MA: Artech.

Temelkuran, Burak, Shandon D. Hart, Gilles Benoit, John D. Joannopoulos, and Yoel Fink. 2002. "Wavelength-scalable hollow optical fibres with large photonic bandgaps for CO_2 laser transmission." *Nature* 420: 650-653.

Tinkham, Michael. 2003. *Group Theory and Quantum Mechanics.* New York: Dover.

Toader, Ovidiu, and Sajeev John. 2001. "Proposed square spiral microfabrication architecture for large three-dimensional photonic band gap crystals." *Science* 292: 1133-1135.

Tokushima, Masatoshi, Hideo Kosaka, Akihisa Tomita, and Hirohito Yamada. 2000. "Lightwave propagation through a 120 sharply bent single-line-defect photonic crystal waveguide." *Appl. Phys. Lett.* 76(8): 952-954.

Tokushima, Masatoshi, Hirohito Yamada, and Yasuhiko Arakawa. 2004. "1.5-μm-wavelength light guiding in waveguides in square-lattice-of-rod photonic crystal slab." *Appl. Phys. Lett.* 84: 4298-4300.

Tong, Limin, Rafael R. Gattass, Jonathan B. Ashcom, Sailing He, Jingyi Lou, Mengyan Shen, Iva Maxwell, and Eric Mazur. 2003. "Subwavelength-diameter silica wires for low-loss optical wave guiding." *Nature* 426: 816-819.

Torres, D., O.Weisberg, G. Shapira, C. Anastassiou, B. Temelkuran, M. Shurgalin, S. A. Jacobs, R. U. Ahmad, T.Wang, U. Kolodny, S. M. Shapshay, Z.Wang, A. K. Devaiah, U. D. Upadhyay, and J. A. Koufman. 2005. "OmniGuide photonic bandgap fibers for flexible delivery of CO_2 laser energy for laryngeal and airway surgery." *Proc. SPIE* 5686(1): 310-321.

Tzolov, Velko P., Marie Fontaine, Nicolas Godbout, and Suzanne Lacroix. 1995. "Nonlinear self-phase-modulation effects: A vectorial first-order perturbation approach." *Opt. Lett.* 20(5): 456-458.

Ulrich, R., and M. Tacke. 1973. "Submillimeter waveguiding on periodic metal structure." *Appl. Phys. Lett.* 22(5): 251-253.

Veselago, Victor G. 1968. "The electrodynamics of substances with simultaneously negative values of ε and μ." *Sov. Phys. Uspekhi* 10: 509-514.

Villeneuve, Pierre R., and Michel Piché. 1992. "Photonic band gaps in two-dimensional square and hexagonal lattices." *Phys. Rev. B* 46: 4969-4972.

Villeneuve, Pierre R., Shanhui Fan, J. D. Joannopoulos, Kuo-Yi Lim, G. S. Petrich, L. A. Kolodziejski, and Rafael Reif. 1995. "Air-bridge microcavities." *Appl. Phys. Lett.* 67(2): 167-169.

Villeneuve, P. R., S. Fan, S. G. Johnson, and J. D. Joannopoulos. 1998. "Three-dimensional photon confinement in photonic crystals of low-dimensional periodicity." *IEE Proc. Optoelectron.* 145(6): 384-390.

Vlasov, Yurii A., Xiang-Zheng Bo, James C. Sturm, and David J. Norris. 2001. "On chip natural assembly of silicon photonic bandgap crystals." *Nature* 414: 289-293.

Vlasov, Yurii A., N. Moll, and S. J. McNab. 2004. "Mode mixing in asymmetric double-trench photonic crystal waveguides." *J. Appl. Phys.* 95(9): 4538-4544.

Vučkovič, Jelena, Marco Lončar, Hideo Mabuchi, and Axel Scherer. 2002. "Design of photonic crystal microcavities for cavity QED." *Phys. Rev. E* 65: 016608.

Wadsworth, William J., Arturo Ortigosa-Blanch, Jonathan C. Knight, Tim A. Birks, T. -P. Martin Man, and Phillip St. J. Russell. 2002. "Supercontinuum generation in photonic crystal fibers and optical fiber tapers: A novel light source." *J. Opt. Soc. Am. B* 19(9): 2148-2155.

Wakita, Koichi. 1997. *Semiconductor Optical Modulators.* New York: Springer.

Wang, Zheng, and Shanhui Fan. 2005. "Magneto-optical defects in two-dimensional photonic crystals." *Appl. Phys. B* 81: 369-375.

Ward, A. J., and J. B. Pendry. 1996. "Refraction and geometry in Maxwell's equations." *J. Mod. Opt.* 43(4): 773-793.

Watts, M. R., S. G. Johnson, H. A. Haus, and J. D. Joannopoulos. 2002. "Electromagnetic cavity with arbitrary Q and small modal volume without a complete photonic bandgap." *Opt. Lett.* 27(20): 1785-1787.

West, James, Charlene Smith, Nicholas Borrelli, Douglas Allan, and Karl Koch. 2004. "Surface modes in air-core photonic band-gap fibers." *Opt. Express* 12(8): 1485-1496.

Winn, Joshua N., Robert D. Meade, and J. D. Joannopoulos. 1994. "Two-dimensional photonic band-gap materials." *J. Mod. Opt.* 41(2): 257-273.

Winn, Joshua N., Yoel Fink, Shanhui Fan, and J. D. Joannopoulos. 1998. "Omnidirectional reflection from a one-dimensional photonic crystal." *Opt. Lett.* 23(20): 1573-1575.

Wu, Lijun, Michael Mazilu, and Thomas F. Krauss. 2003. "Beam steering in planar photonic crystals: From superprism to supercollimator." *J. Lightwave Tech.* 21(2): 561-566.

Xu, Youg, Reginald K. Lee, and Amnon Yariv. 2000. "Propagation and second-harmonic generation of electromagnetic waves in a coupled-resonator optical waveguide." *J. Opt. Soc. Am. B* 17(3): 387-400.

Xu, Yong, Wei Liang, Amnon Yariv, J. G. Fleming, and Shawn-Yu Lin. 2003. "Highquality-factor Bragg onion resonators with omnidirectional reflector cladding." *Opt. Lett.* 28(22): 2144-2146.

Yablonovitch, E. 1987. "Inhibited spontaneous emission in solid-state physics and electronics." *Phys. Rev. Lett.* 58: 2059-2062.

Yablonovitch, E., and T. J. Gmitter. 1989. "Photonic band structure: The face centered-cubic case." *Phys. Rev. Lett.* 63: 1950-1953.

Yablonovitch, E., T. J. Gmitter, and K. M. Leung. 1991*a*. "Photonic band structure: The face-centered-cubic case employing nonspherical atoms." *Phys. Rev. Lett.* 67: 2295-2298.

Yablonovitch, E., T. J. Gmitter, R. D. Meade, A. M. Rappe, K. D. Brommer, and J. D. Joannopoulos. 1991*b*. "Donor and acceptor modes in photonic band structure." *Phys. Rev. Lett.* 67: 3380-3383.

Yang, K., and M. de Llano. 1989. "Simple variational proof that any two-dimensional potential well supports at least one bound state." *Am. J. Phys.* 57(1): 85-86.

Yanik, Mehmet Fatih, and Shanhui Fan. 2004. "Stopping light all optically." *Phys. Rev. Lett.* 92(8): 083901.

Yanik, Mehmet Fatih, Shanhui Fan, Marin Soljačić, and J. D. Joannopoulos. 2003. "All-optical transistor action with bistable switching in a photonic crystal crosswaveguide geometry." *Opt. Lett.* 28(24): 2506-2508.

Yariv, A., Y. Xu, R. K. Lee, and A. Scherer. 1999. "Coupled-resonator optical waveguide: A proposal and analysis." *Opt. Lett.* 24: 711-713.

Yariv, Amnon. 1997. *Optical Electronics in Modern Communications.* 5th ed. Oxford: Oxford University Press.

Yasumoto, Kiyotoshi, ed. 2005. *Electromagnetic Theory and Applications for Photonic Crystals.* CRC Press.

Yeh, P., and A. Yariv. 1976. "Bragg reflection waveguides." *Opt. Commun.* 19: 427 430.

Yeh, P., A. Yariv, and E. Marom. 1978. "Theory of Bragg fiber." *J. Opt. Soc. Am.* 68: 1196-1201.

Yeh, P. 1979. "Electromagnetic propagation in birefringent layered media." *J. Opt. Soc. Am.* 69: 742-756.

Yeh, Pochi. 1988. *Optical Waves in Layered Media.* New York: Wiley.

Zengerle, R. 1987. "Light propagation in singly and doubly periodic planar waveguides." *J. Mod. Opt.* 34(12): 1589-1617.

Zhang, Ze, and Sashi Satpathy. 1990. "Electromagnetic wave propagation in periodic structures: Bloch wave solution of Maxwell's equations." *Phys. Rev. Lett.* 65: 2650-2653.

Zi, Jian, Xindi Yu, Yizhou Li, Xinhua Hu, Chun Xu, Xingjun Wang, Xiaohan Liu, and Rongtang Fu. 2003. "Coloration strategies in peacock feathers." *Proc. Nat. Acad. Sci. USA* 100(22): 12576-12578.

Zolla, Frederic, Gilles Renversez, André Nicolet, Boris Kuhlmey, Sebastien Guenneau, and Didier Felbacq. 2005. *Foundations of Photonic Crystal Fibres.* London: Imperial College Press.

索　引①

① 页码字体：**黑体** = 介绍/定义, *斜体* = 脚注。

D

E

F

G

H

J

K

L

M

N

O

P

Q

Z